フランスAOC
ワインガイド

蛯原健介
監修

佐藤秀良・須藤海芳子・河 清美・大滝敦史
編

三省堂

© Sanseido Co., Ltd. 2018
Printed in Japan

装丁　岡本　健＋
組版　三省堂データ編集室

はしがき

　フランスには，任意の農業製品などについて，生産地域，栽培，製造法などを厳しく規定する AOC = Appellation d'Origine Contorelee（原産地呼称統制）という制度があります．これに則り，一定の条件を満たしたものはそれぞれ特定の呼称（アペラシオン）を名乗ることが許されます．

　本作の原型となった『フランス AOC ワイン事典』の出版から 9 年の時が流れました．AOC ワインを 300 アペラシオン以上紹介したこの取り組みは，ワインの魅力に味わいという液体としての組成の側面から迫るに留まらず，フランスワインが持つ特長とも言える個性溢れる産地の歴史や文化と関連づけて愉しむという提案でもありました．出来上がった事典は，高価格だったにも関わらずたくさんの読者のお手元にお届けできましたが，大型本であったため「旅に気軽に持って行けるサイズのものがあったらよいのに」というご要望を出版当初から多数いただいておりました．

　この度，10 年を目前に『旅するように学ぶ　フランス AOC ワインガイド』として，サイズ，内容ともに生まれ変わりました．本書を携えてお出かけになる，もしくは実際には旅に出なくとも，まるでその地を訪れたような気分でフランスワインを愉しむことができる，そのようなガイド本に仕上げたつもりです．皆様が，本書を傍らにフランス各地の魅力的な産地のストーリーとともにグラスを傾けてくださったなら，編者一同にとりこの上ない喜びです．原稿の内容精査，整理など全般にわたりご尽力くださった，三省堂外国語辞書第 1 編集室の村上眞美子様に御礼申し上げます．また，『フランス AOC ワイン事典』出版時に監修をお引き受けいただきました小阪田嘉昭様にも，この場を借りて改めて御礼申し上げます．

2018 年 7 月

編者を代表して　須藤 海芳子

凡例

1. 見出し

1.1 フランスワインの 300 以上のアペラシオン（Appellation d'Origine Contrôlée＝原産地統制呼称）を項目として取り上げた.

1.2 クリュの格付け（クリュ・クラッセ）も項目に含め, そのアペラシオンの次に示した.

1.3 14 あるワイン産地の地方別にアペラシオンをまとめ, 原則としてそのなかでアルファベット順に配列した.

1.4 見出し欄には, アペラシオンのフランス語表記とそのカタカナ表記をあげた.

1.5 ひとつのアペラシオンに対して別称がある場合は,「または」として表示した.

AOC
Alsace アルザス または **Vin d'Alsace** ヴァン・ダルザス

1.6 テロワールを同じくするアペラシオンは, 項目をまとめて表示した.

AOC
Beaujolais ボージョレ,
　Beaujolais Supérieur ボージョレ・シュペリウール,
　Beaujolais-Villages ボージョレ・ヴィラージュ,
　Beaujolais + nom de la commune ボージョレ+村名

2. 政令発行年

2.1 一番最初に AOC に認定された年を表示した.

AOC
Crémant de Savoie クレマン・ド・サヴォワ

2014

2.2 発行年が異なる場合は, それぞれに表示した.

AOC
Crémant de Bourgogne クレマン・ド・ブルゴーニュ (1975),
Bourgogne Mousseux ブルゴーニュ・ムスー (1943)

2.3 ワインのタイプにより発行年が異なる場合は, それぞれに表示した.

AOC
Gaillac ガイヤック

白 *1938*, ロゼ・赤 *1970*

3. ボトル写真

3.1 原則として，項目ごとにボトルの写真を掲載した.

3.2 多くの銘柄から，なるべく一般的なもの，ひとつを選んだが，必ずしもそのアペラシオンの代表銘柄というわけではない.

3.3 「クリュ・クラッセ」などの格付けに関する項目にはボトルの写真は掲載しなかった.

4. ワインのタイプ

4.1 白（辛口），白（半甘口，甘口），ロゼ，赤，白発泡，ロゼ発泡，VDN（ヴァン・ドゥー・ナチュレル），VDL（ヴァン・ド・リクール）の 8 種類をアイコンで表示した．ヴァン・ド・パイユ（わらワイン）は白甘口，ヴァン・ジョーヌ（黄ワイン）は白（辛口）で表示した.

- ●：白（辛口）　●：白（半甘口，甘口）　●：ロゼ　●：赤
- ★：白発泡　★：ロゼ発泡　　VDN：VDN　　VDL：VDL

5. 概説

5.1 文化的・歴史的な背景を知ることによって，ワインやアペラシオンについてより深い理解が得られるような解説を施した．なお，項目に関連のあるアペラシオンを，概説中で下線をつけて記述した.

5.2 ワイン以外の地方の特産物や観光名所も紹介した.

6. ワインの特徴

6.1 色・香り・味わいについて，具体的に分かりやすく解説した.

6.2 複数のタイプをもつアペラシオンについては，それぞれに特徴を記述した.

7. テロワール

7.1 ワインの個性を決める気候と土壌について，詳しく解説した.

7.2 土壌の用語については，付録の「用語解説」を参照.

8. ワインのデータ

8.1 「地方／地区名」「ブドウ品種」「合わせる料理」について表示した.

- ●：地方／地区名　　●：ブドウ品種　　●：合わせる料理

8.2 生産量では，一部タイプ別の割合（％）を表示した.

8.3 ブドウ品種については，付録の「主な白ワイン用ブドウ品種」「主な赤ワイン用ブドウ品種」ほかを参照.

8.5 合わせる料理は，タイプごとに素材や具体的なメニューを示した．材料や料理名については，付録の「料理用語一覧」を参照．また，そのワインによく合うチーズについても，できる限り掲載した．チーズについては，付録の「チーズのタイプ」を参照.

もくじ

凡例 ··· iv

Alsace-Lorraine　アルザス・ロレーヌ

Alsace アルザス または Vin d'Alsace ヴァン・ダルザス ······················· 2

Alsace Grand Cru アルザス・グラン・クリュ ································· 4

Côtes de Toul コート・ド・トゥール ·· 8

Crémant d'Alsace クレマン・ダルザス ·· 9

Moselle モーゼル ·· 10

Beaujolais　ボージョレ

Beaujolais ボージョレ，Beaujolais Supérieur ボージョレ・シュペリウール，
Beaujolais-Villages ボージョレ・ヴィラージュ，Beaujolais + nom de la
commune ボージョレ+村名 ·· 12

Crus du Beaujolais（10 crus）クリュ・デュ・ボージョレ（10区画）········· 14

AOC Brouilly ブルイィ ·· 14

AOC Chénas シェナ ··· 15

AOC Chiroubles シルーブル ·· 15

AOC Côte de Brouilly コート・ド・ブルイィ ······························· 16

AOC Fleurie フルーリー ·· 16

AOC Juliénas ジュリエナ ·· 17

AOC Morgon モルゴン ··· 17

AOC Moulin-à-vent ムーラン・ナ・ヴァン ·································· 18

AOC Régnié レニエ ·· 19

AOC Saint-Amour サン・タムール ·· 19

Coteaux du Lyonnais コトー・デュ・リヨネ ································· 21

Bordeaux　ボルドー

Bordeaux ボルドー ·· 23

Bordeaux Haut-Benauge ボルドー・オー・ブノージュ ····················· 25

Cadillac カディヤック ··· 26

Canon Fronsac カノン・フロンサック ······································ 27

Côtes de Blaye コート・ド・ブライ ·· 28

Côtes de Bordeaux コート・ド・ボルドー ··································· 29

Côtes de Bourg コート・ド・ブール ·· 31

Entre-Deux-Mers アントル・ドゥー・メール ································ 32

Fronsac フロンサック ·· 33

Graves グラーヴ ··· 34

Margaux マルゴー ·· 36

Médoc メドック ··· 37

vi　もくじ

Moulis ムーリス または Moulis-en-Médoc ムーリス・アン・メドック･･･････41

Pauillac ポイヤック ･･42

Pessac-Léognan ペサック・レオニャン ･･････････････････････････････43

Pomerol ポムロール･･･44

Saint-Émilion サン・テミリオン ･･･････････････････････････････････45

Saint-Estèphe サン・テステフ･･･････････････････････････････････････49

Saint-Julien サン・ジュリアン ･････････････････････････････････････50

Sainte-Croix-du-Mont サント・クロワ・デュ・モン ･･････････････････51

Sauternes，Barsac ソーテルヌ，バルサック･･････････････････････････52

Bourgogne　ブルゴーニュ

Auxey-Duresses オーセイ・デュレス ･･････････････････････････････55

Beaune ボーヌ･･･57

Bonnes-Mares ボンヌ・マール ･･･････････････････････････････････58

Bourgogne ブルゴーニュ･･59

Bourgogne Aligoté ブルゴーニュ・アリゴテ ･･･････････････････････61

Bourgogne Côte Chalonnaise ブルゴーニュ・コート・シャロネーズ，･･････62

Bourgogne Hautes Côtes de Beaune
　ブルゴーニュ・オート・コート・ド・ボーヌ･････････････････････････64

Bourgogne Hautes Côtes de Nuits
　ブルゴーニュ・オート・コート・ド・ニュイ･････････････････････････66

Bourogne Côtes d'Auxerre ブルゴーニュ・コート・ドーセール･･････････68

Bourgogne Montrecul ブルゴーニュ・モントルキュ ･･････････････････69

Chablis シャブリ･･70

Chambolle-Musigny シャンボール・ミュジニィ ･･･････････････････････71

Chassagne-Montrachet シャサーニュ・モンラッシェ ･････････････････72

Chorey-Lès-Beaune ショレー・レ・ボーヌ ････････････････････････73

Clos de Vougeot クロ・ド・ヴージョ････････････････････････････････75

Clos Saint-Denis クロ・サン・ドニ，Clos de la Roche クロ・ド・ラ・ロシュ，
　Clos des Lambrays クロ・デ・ランブレ，Clos de Tart クロ・ド・タール ･･･76

Côte de Beaune コート・ド・ボーヌ ････････････････････････････････78

Côte de Beaune-Villages コート・ド・ボーヌ・ヴィラージュ または Nom de
　Commune + Côte de Beaune 村名＋コート・ド・ボーヌ ･･･････････････79

Corton コルトン ･･81

Côte de Nuits-Villages コート・ド・ニュイ・ヴィラージュ ････････････82

Crémant de Bourgogne クレマン・ド・ブルゴーニュ，
　Bourgogne Mousseux ブルゴーニュ・ムスー･･････････････････････84

Échézeaux エシェゾー，Grands-Échézeaux グラン・ゼシェゾー ･･････････86

Fixin フィサン･･･87

Gevrey-Chambertin ジュヴレ・シャンベルタン ･･････････････････････88

Irancy イランシー ･･90

もくじ　vii

Ladoix ラドワ, Ladoix-Serrigny ラドワ・セリニィ ・・・・・・・・・・・・・・・・・・・・・・・・・ 91

Mâcon マコン, Mâcon-Villages マコン・ヴィラージュ, Mâcon complétée
d'un nom géographique マコン＋地理的名称 ・・・・・・・・・・・・・・・・・・・・・・・・・・・ 93

Maranges マランジュ ・・・ 95

Marsannay マルサネ, Marsannay Rosé マルサネ・ロゼ ・・・・・・・・・・・・・・・・ 97

Mercurey メルキュレ ・・ 99

Meursault ムルソー ・・・ 100

Monthélie モンテリー ・・ 102

Montrachet モンラッシェ, Bâtard-Montrachet バタール・モンラッシェ,
Chevalier-Montrachet シュヴァリエ・モンラッシェ, Bienvenues-Bâtard-
Montrachet ビアンヴニュ・バタール・モンラッシェ, Criots-Bâtard-
Montrachet クリオ・バタール・モンラッシェ ・・・・・・・・・・・・・・・・・・・・・・・・・・ 103

Morey-Saint-Denis モレ・サン・ドニ ・・・・・・・・・・・・・・・・・・・・・・・・・・・・・・・・・ 105

Musigny ミュジニィ ・・ 107

Nuits-Saint-Georges ニュイ・サン・ジョルジュ または Nuits ニュイ ・・・・・・・ 108

Pernand-Vergelesses ペルナン・ヴェルジュレス ・・・・・・・・・・・・・・・・・・・・・・・ 109

Pommard ポマール ・・ 110

Pouilly-Fuissé プイィ・フュイッセ ・・・・・・・・・・・・・・・・・・・・・・・・・・・・・・・・・・・・・ 111

Puligny -Montrachet ピュリニィ・モンラッシェ ・・・・・・・・・・・・・・・・・・・・・・・・ 112

Romanée-Conti ロマネ・コンティ, La Romanée ラ・ロマネ, Romanée-
Saint-Vivant ロマネ・サン・ヴィヴァン, Richebourg リシュブール, La
Tâche ラ・ターシュ, La Grande Rue ラ・グランド・リュー ・・・・・・・・・・・ 113

Saint-Aubin サン・トーバン ・・・ 115

Saint-Bris サン・ブリ ・・ 117

Saint-Romain サン・ロマン ・・・ 118

Santenay サントネイ ・・ 119

Savigny-lès-Beaune サヴィニィ・レ・ボーヌ ・・・・・・・・・・・・・・・・・・・・・・・・・・ 120

Vézelay ヴェズレ ・・ 122

Volnay ヴォルネイ ・・・ 123

Vosne-Romanée ヴォーヌ・ロマネ ・・・・・・・・・・・・・・・・・・・・・・・・・・・・・・・・・・ 124

Champagne シャンパーニュ

Champagne シャンパーニュ ・・・ 126

Coteaux Champenois コトー・シャンプノワ ・・・・・・・・・・・・・・・・・・・・・・・・・ 129

Rosé des Riceys ロゼ・デ・リセイ ・・・・・・・・・・・・・・・・・・・・・・・・・・・・・・・・・・・ 130

Corse コルシカ

Ajaccio アジャクシオ ・・ 132

Muscat du Cap Corse ミュスカ・デュ・カップ・コルス ・・・・・・・・・・・・・・・ 133

Patrimonio パトリモニオ ・・ 134

Vin de Corse suivi de l'une des appellations locales ヴァン・ド・コルス, ヴァ
ン・ド・コルス＋地区名 ・・ 135

Jura　ジュラ

Arbois　アルボワ，Arbois Pupillan　アルボワ・ピュピラン ··················· 139
Château-Chalon　シャトー・シャロン ····························· 141
Côtes du Jura　コート・デュ・ジュラ ···························· 142
Crémant du Jura　クレマン・デュ・ジュラ ························· 144
L'Étoile　レトワール ······································· 145

Languedoc　ラングドック

Blanquette de Limoux　ブランケット・ド・リムー，Blanquette Méthode
　Ancestrale　ブランケット・メトッド・アンセストラル，Crément de Limoux
　クレマン・ド・リムー ·································· 147
Cabardès　カバルデス ······································ 149
Clairette de Languedoc　クレレット・ド・ラングドック，Clairette de
　Languedoc + nom de la commune　クレレット・ド・ラングドック＋村名 150
Corbières　コルビエール，Corbières-Boutenac　コルビエール・ブトナック ··· 151
Faugère　フォジェール ······································ 153
Fitou　フィトゥー ··· 154
Frontignan　フロンティニャン　または Muscat de Frontignan　ミュスカ・ド・フ
　ロンティニャン　または Vin de Frontignan　ヴァン・ド・フロンティニャン ··· 155
Languedoc　ラングドック，Languedoc + la dénomination　ラングドック＋地
　区名 ··· 156
Malepère　マルペール ······································ 158
Minervois　ミネルヴォワ，Minervois-La Livinière　ミネルヴォワ・ラ・リヴィニ
　エール ·· 159
Muscat de Lunel　ミュスカ・ド・リュネル，Muscat de Mireval　ミュスカ・ド・
　ミルヴァル，Muscat de Saint-Jean-de-Minervois　ミュスカ・ド・サン・ジャ
　ン・ド・ミネルヴォワ ·································· 161
Picpoul de pinet　ピクプル・ド・ピネ ···························· 163
Saint-Chinian　サン・シニアン，Saint-Chinian Berlou　サン・シニアン・ベルルー，
　Saint-Chinian Roquebrun　サン・シニアン・ロクブラン ················· 164

Loire　ロワール

Anjou-Coteaux de la Loire　アンジュー・コトー・ド・ラ・ロワール ········· 167
Anjou-Village　アンジュー・ヴィラージュ ························· 168
Bonnezeaux　ボヌゾー ······································· 169
Burgueil　ブルグイユ ······································· 170
Cheverny　シュヴェルニー，Cour-Cheverny　クール・シュヴェルニー ········ 171
Chinon　シノン ··· 173
Côte Roannaise　コート・ロアネーズ ···························· 174
Coteaux de l'Aubance　コトー・ド・ローバンス ····················· 175
Coteaux du Giennois　コトー・デュ・ジェノワ ······················ 176
Coteaux du Layon　コトー・デュ・レイヨン ······················· 177

もくじ　ix

Coteaux du Loir コトー・デュ・ロワール ‥‥‥‥‥‥‥‥‥‥‥‥‥‥ 178

Coteaux du Vendômois コトー・デュ・ヴァンドモワ ‥‥‥‥‥‥‥‥‥ 179

Crémant du Loir クレマン・ド・ロワール ‥‥‥‥‥‥‥‥‥‥‥‥‥ 180

Jasnières ジャスニエール ‥‥‥‥‥‥‥‥‥‥‥‥‥‥‥‥‥‥‥‥‥ 181

Menetou-Salon メヌトゥー・サロン ‥‥‥‥‥‥‥‥‥‥‥‥‥‥‥‥ 182

Montlouis-sur-Loire モンルイ・シュル・ロワール, Montlouis-sur-Loire
　　　Mousseux モンルイ・シュル・ロワール・ムスー, Montlouis-sur-Loire
　　　Pétillant モンルイ・シュル・ロワール・ペティヤン ‥‥‥‥‥‥‥‥ 183

Muscadet-Sévre-et-Maine ミュスカデ・セーヴル・エ・メーヌ ‥‥‥‥ 184

Orléans オルレアン ‥‥‥‥‥‥‥‥‥‥‥‥‥‥‥‥‥‥‥‥‥‥‥ 185

Pouilly-Fumé プイィ・フュメ, または Blanc Fumé de Pouilly ブラン・フュメ・
　　　ド・プイィ, Pouilly-sur-Loire プイィ・シュル・ロワール ‥‥‥‥‥‥ 186

Quarts de Chaume カール・ド・ショーム ‥‥‥‥‥‥‥‥‥‥‥‥ 187

Quincy カンシー ‥‥‥‥‥‥‥‥‥‥‥‥‥‥‥‥‥‥‥‥‥‥‥‥ 188

Reuilly ルイィ ‥‥‥‥‥‥‥‥‥‥‥‥‥‥‥‥‥‥‥‥‥‥‥‥‥ 189

Rosé Anjou ロゼ・ダンジュー ‥‥‥‥‥‥‥‥‥‥‥‥‥‥‥‥‥ 190

Rosé de Loire ロゼ・ド・ロワール ‥‥‥‥‥‥‥‥‥‥‥‥‥‥‥ 191

Saint-Nicolas-de-Bourgueil サン・ニコラ・ド・ブルグイユ ‥‥‥‥‥ 192

Sancerre サンセール ‥‥‥‥‥‥‥‥‥‥‥‥‥‥‥‥‥‥‥‥‥‥ 193

Saumur ソーミュール ‥‥‥‥‥‥‥‥‥‥‥‥‥‥‥‥‥‥‥‥‥ 194

Saumur Mousseux ソーミュール・ムスー ‥‥‥‥‥‥‥‥‥‥‥‥ 195

Savennières サヴニエール, Savennières Roche-aux-Moines サヴニエール・
　　　ロッシュ・オ・モワンヌ, Savennières Coulée de Serrant サヴニエール・クー
　　　レ・ド・セラン ‥‥‥‥‥‥‥‥‥‥‥‥‥‥‥‥‥‥‥‥‥‥‥‥ 196

Touraine トゥーレーヌ ‥‥‥‥‥‥‥‥‥‥‥‥‥‥‥‥‥‥‥‥‥ 197

Touraine Mesland トゥーレーヌ・メラン ‥‥‥‥‥‥‥‥‥‥‥‥‥ 199

Touraine Noble-Joué トゥーレーヌ・ノーブル・ジュエ ‥‥‥‥‥‥‥ 200

Valençay ヴァランセ ‥‥‥‥‥‥‥‥‥‥‥‥‥‥‥‥‥‥‥‥‥‥ 201

Vouvray ヴーヴレ, Vouvray Mousseux ヴーヴレ・ムスー, Vouvray Pétillant
　　　ヴーヴレ・ペティヤン ‥‥‥‥‥‥‥‥‥‥‥‥‥‥‥‥‥‥‥‥‥ 202

Provence　プロヴァンス

Bandol バンドール ‥‥‥‥‥‥‥‥‥‥‥‥‥‥‥‥‥‥‥‥‥‥ 204

Bellet ベレ または Vin de Bellet ヴァン・ド・ベレ ‥‥‥‥‥‥‥‥‥ 205

Cassis カシス ‥‥‥‥‥‥‥‥‥‥‥‥‥‥‥‥‥‥‥‥‥‥‥‥‥ 206

Coteaux d'Aix-en-Provence コトー・デク・サン・プロヴァンス ‥‥‥‥ 207

Coteaux Varois en Provence コトー・ヴァロワ・ザン・プロヴァンス ‥‥‥ 208

Côtes de Provence コート・ド・プロヴァンス ‥‥‥‥‥‥‥‥‥‥ 209

Les Baux de Provence レ・ボー・ド・プロヴァンス ‥‥‥‥‥‥‥‥ 211

Palette パレット ‥‥‥‥‥‥‥‥‥‥‥‥‥‥‥‥‥‥‥‥‥‥‥‥ 212

Pierrevert ピエールヴェール ‥‥‥‥‥‥‥‥‥‥‥‥‥‥‥‥‥‥ 213

x　　もくじ

Rhône ローヌ

Beaumes-de-Venise ボーム・ド・ヴニーズ ······························ 215

Château Grillet シャトー・グリエ ··································· 216

Châteauneuf-du-Pape シャトーヌフ・デュ・パプ ···················· 217

Clairette de Bellegarde クレレット・ド・ベルガルド ················· 219

Clairette de Die クレレット・ド・ディー ·························· 220

Côte Rôtie コート・ロティ ····································· 221

Côtes du Rhône コート・デュ・ローヌ ··························· 222

Côtes du Vivarais コート・デュ・ヴィヴァレ ······················ 224

Condrieu コンドリュー ······································· 225

Cornas コルナス ·· 226

Costières de Nîmes コスティエール・ド・ニーム ··················· 227

Crozes-Hermitage クローズ・エルミタージュ または Crozes-Ermitage クロー
ズ・エルミタージュ ······································· 228

Gigondas ジゴンダス ··· 229

Grignan les adhémar グリニャン・レ・ザデマール ················· 230

Hermitage エルミタージュ (l'Hermitage, l'Ermitage) レルミタージュ ······· 231

Lirac リラック ··· 232

Lubéron リュベロン ··· 233

Muscat de Beaumes-de-Venise ミュスカ・ド・ボーム・ド・ヴニーズ ······· 234

Rasteau ラストー ··· 235

Saint-Joseph サン・ジョゼフ ··································· 236

Saint-Péray サン・ペレ ······································ 237

Tavel タヴェル ··· 238

Vacqueyras ヴァケラス ······································· 239

Ventoux ヴァントゥー ·· 240

Vinsobres ヴァンソーブル ····································· 242

Roussillon ルシヨン

Banyuls バニュルス, Banyuls Grand Cru バニュルス・グラン・クリュ ······· 244

Collioure コリウール ··· 246

Côtes du Roussillon コート・デュ・ルシヨン ····················· 247

Maury, Maury Rancio モリー, モリー・ランシオ ·················· 249

Rivesaltes リヴザルト, Muscat de Rivesaltes ミュスカ・ド・リヴザルト ··· 251

Savoie サヴォワ

Bugey ビュジェ, Bugey + nom de cru ビュジェ + クリュ名, Rousette de
bugey ルーセット・ド・ビュジェ ····························· 254

Crémant de Savoie クレマン・ド・サヴォワ ····················· 256

Roussette de Savoie ルーセット・ド・サヴォワ, Roussette de Savoie + nom
de commune ルーセット・ド・サヴォワ + クリュ名 ················ 257

Seyssel セイセル, Seyssel Mousseux セイセル・ムスー ············· 258

もくじ　xi

Vin de Savoie ヴァン・ド・サヴォワ，Vin de Savoie + nom du cru ヴァン・ド・
サヴォワ+クリュ名 ・・・ 259

Sud-Ouest　南西

Béarn ベアルン，Béarn Bellocq ベアルン・ベロック ・・・・・・・・・・・・・・・・・・・・・・ 262

Bergerac ベルジュラック，Bergerac Sec ベルジュラック・セック，Côtes de
Bergerac コート・ド・ベルジュラック ・・・・・・・・・・・・・・・・・・・・・・・・・・・・・・・・ 263

Buzet ビュゼ・・ 265

Cahors カオール ・・ 266

Côtes de Duras コート・ド・デュラス ・・・・・・・・・・・・・・・・・・・・・・・・・・・・・・・・ 267

Côtes du Marmandais コート・デュ・マルマンデ・・・・・・・・・・・・・・・・・・・・・・ 268

Fronton フロントン ・・・ 269

Gaillac ガイヤック ・・ 270

Irouléguy イルレギー・・ 271

Jurançon ジュランソン・・・ 272

Madiran マディラン ・・・ 274

Marcillac マルシヤック ・・ 275

Monbazillac モンバジヤック・・ 276

Montravel モンラヴェル，Côtes de Montravel コート・ド・モンラヴェル，
Haut-Montravel オー・モンラヴェル・・・・・・・・・・・・・・・・・・・・・・・・・・・・・・・・・・ 277

Pacherenc du Vic-Bilh パシュランク・デュ・ヴィク・ビル，Pacherenc du
Vic-Bilh Sec パシュランク・デュ・ヴィク・ビル・セック ・・・・・・・・・・・・・ 279

Pécharmant ペシャルマン・・ 280

付　録

世界に広がる AOC 法の精神・・・ 282

主な白ワイン用ブドウ品種 ・・・ 288

主な赤ワイン用ブドウ品種 ・・・ 290

チーズのタイプ ・・ 292

料理用語一覧 ・・ 294

用語解説・・ 297

写真素材提供ご協力一覧 ・・ 306

編著者紹介 ・・ 307

Alsace-Lorraine

アルザス・ロレーヌ

　フランスの北東部，ライン川を挟みドイツと国境を接する地域．ボージュ山脈の麓に170kmにわたり「ワイン街道」と呼ばれるブドウ畑が続く．何度も領土争いをしてきたこの地方には，フランスとドイツ両方の文化が根づいている．すらりと背の高いボトルが目印で，産地名ではなく，使用されるブドウ品種名がワイン名となっている．すっきりとした辛口の白ワインとして知られる．厳しい規定を遵守した51のアルザス・グラン・クリュや，クレマン・ダルザス（発泡性ワイン），ヴァンダンジュ・タルディヴ（遅摘みの甘口ワイン）など，すばらしいワインが生まれる産地である．木骨の家（コロンバージュ）や，赤い屋根，小塔をもつ教会など，中世の町並みが残るストラスブールやコルマールは有名な観光地．ストラスブール旧市街は世界遺産にも登録されている．ヴィンシュテュブ（Winstubs＝アルザスのビストロ）では，名物のシュークルートやシャルキュトリ，フォワグラが楽しめる．

AOC
Alsace アルザス または Vin d'Alsace ヴァン・ダルザス

1945

アルザス地方はフランス北東部，ライン川を挟んでドイツと国境を接する地域．歴史的背景などにより，隣国ドイツの影響が色濃く残る．そのため，フランスのワイン産地としては，非常に独特である．1972 年の政令により，ボトルはすらりと伸びた特徴のある「フリュート・ダルザス（Flûte d'Alsace）」に瓶詰めされることが定められている．白ワインが全体の 9 割を占め，ブドウ品種もフランスとドイツの折衷となっている．単一品種で醸造されることが多く，ブドウ品種名がワイン名となっていることもアルザスワインの大きな特徴だ．複数の白品種で混醸される場合は「ジャンティ」，「エデルツヴィケール」となる．また，2011 年から，AOC アルザスは，規定されたコミューン名（村名）またはリュー・ディ(Lieux-dits＝区画)など地理的表示が可能となった．ブドウ畑は，ヴォージュ山脈の東側斜面を北のマルレンアイムから南のタンまで 170km（直線で 100km）にわたる幅 1〜5km の帯状に伸び，標高 200〜400m に位置する．

ワインの特徴

以下にワイン名（ここではブドウ品種名）ごとにワインの特徴を示す．

- ●（リースリング）柑橘類など果実のアロマに花やミネラル感を伴う．繊細で優雅な辛口．長熟．初めは生き生きとして，気品とバランスのよさが現れ，余韻が長く続く．
- ●（ゲヴュルツトラミネール）マンゴーやライチ，カリン，グレープフルーツなどの果実や，バラやアカシアなどの花，シナモン，クローブ，コショウなどスパイスのアロマが豊か．コクがあり活力にあふれ，腰が強くて魅惑的．半甘口に仕上がることもある．長熟．
- ●（ピノ・グリ）森の腐葉土を思わせるアロマは複雑で，ときには軽くスモーキーな要素も感じられる．力強く豊満で，とても特徴的な味わいのワイン．長期熟成が可能．
- ●（ミュスカ・ダルザス）ブドウのアロマが豊かで，果実味を見事に表現している．ミュスカ種の生ブドウを噛むような風味．南仏のミュスカ種とは違い，辛口．
- ●（ピノ・ブラン）早熟な品種．柔らかく繊細で，生き生きとしたところと，しなやかさがうまく調和している．クレヴネ（Klevener, Clevener）種とも呼ばれる．
- ●（シルヴァネール）熟期が早い品種で，きめの細かい砂混じりの石灰質の深い土壌でよく育つ．とてもフレッシュで，わずかに花のアロマがあり，果実味は控えめ．心地よく，のどの渇きを癒してくれる生き生きとしたワイン．
- ●（クレヴネ・ド・ハイリゲンシュタイン）18 世紀初めに，ハイリゲンシュタインで植えられ，ハイリゲンシュタインとその周辺地域のみで造られていた．かつてのトラミネール種かサヴァニャン・ロゼ種から派生した，よりアロマが控えめの品種．円くバランスがとれ，食事との相性も抜群．
- ●●（ピノ・ノワール）アルザスで唯一認められている黒ブドウで，ロゼや赤ワインに仕立てられる．チェリー，カシスなどの果実の典型的なアロマを感じさせる．繊細

で絹のようなタンニンのストラクチャーとコクがある．樽で熟成されることもあり，この場合しっかりとした骨格が加わり，複雑なワインとなる．
- ●（ジャンティまたはエデルツヴィケール）複数の白ブドウがバランスよくブレンドされたワイン．ジャンティはリースリング種，ゲヴュルツトラミネール種，ピノ・グリ種，ミュスカ種のいずれかが 50% 以上占めていなければならない．

以下にアルザスの貴腐ブドウで造られた有名な甘口ワインを示す．
- ●ヴァンダンジュ・タルディヴ（Vendange tardive）グラン・クリュで認可されている品種と同じものから造るが，収穫公示日より数週間遅れて，過熟したブドウを収穫する．ブドウが凝縮し，貴腐菌（Botrytis Cinerea，ボトリティス・シネレア）がつくため，ブドウのアロマティックな特徴に，強さが加わる．
- ●セレクション・ド・グラン・ノーブル（Sélection de Grains Nobles）貴腐菌がついた果実だけを選び摘んでいくもの．ブドウが凝縮していて腰が強く，骨組みがしっかりとし，味わいが複雑で余韻がすばらしく長いため，品種本来の個性の表現は控えめとなる．まさしく傑作のワインである．

▌テロワール

アルザス地方は北欧のような気候と思われているが，実際には夏の気温は 30℃を超える．日照時間も国内平均を超えている．ヴォージュ山脈により，海の影響を受けずに済み，ライン渓谷は偏西風から守られている．降雨量はフランスで最も少なく年間平均 500 〜 600mm．日照量が多く，暑く乾燥した半大陸性気候に恵まれている．この気候が秋まで続き，ブドウを過熟の状態にする．このアルザス固有の恵まれた気候は，ブドウがゆっくりと時間をかけて熟すのに適しており，とても繊細なアロマを生み出す．ブドウ畑のテロワールは多様で，多くの品種を生み出すことができる．

Alsace （アルザス）
- ●リースリング，ピノ・グリ，ゲヴュルツトラミネール，ミュスカ・ブラン・ア・プティ・グラン，ミュスカ・ロゼ・ア・プティ・グラン，ミュスカ・オットネル，オーセロワ，ピノ・ブラン，シルヴァネール，シャスラ・ブラン，シャスラ・ロゼ，クレヴネ・ド・ハイリゲンシュタイン（サヴァニャン・ロゼ），ピノ・ノワール
- ●（エデルツヴィケール）白ワイン用品種を複数
- ●ピノ・ノワール
- ●（リースリング）小海老のカクテル，ローストチキン，鮨，チーズ（AOP シュブロタン）
- ●（ピノ・グリ）フォワグラ，仔牛のロースト，チーズ（AOP マンステール，AOP マロワール，AOP リヴァロ）
- ●（ゲヴュルツトラミネール）フォワグラ，小海老のチリソース，豚肉のソテーパイナップル風味，タコス，チーズ（AOP フルム・ダンベール）
- ●（シルヴァネール）シャルキュトリ，エスカルゴ，牡蠣，ムール貝ワイン蒸し
- ●（ピノ・ブラン）キッシュ・ロレーヌ
- ●（ミュスカ）茹でたアスパラガス，生のフルーツ
- ●（ピノ・ノワール）シュルキュトリ，鹿肉のロースト

アルザス　3

AOC
Alsace Grand Cru アルザス・グラン・クリュ

1975

アルザス・グラン・クリュは，厳しい収量規制，ブドウ栽培方法の規定，最低アルコール度，官能検査などの多くの基準を遵守した51のリュー・ディ（Lieux-dits＝区画）のワイン．手摘みで収穫され，その土地の個性を強く感じるワインである．原則としてグラン・クリュに認められているブドウ品種は，リースリング，ゲヴュルツトラミネール，ピノ・グリ，ミュスカの4品種．基本的に，この4品種を単一で造ることが決められている．しかし，51のリュー・ディのうち，ゾッツェンベルグ（Zotzenberg），アルテンブルグ・ド・ベルグアイム（Altenberg de Bergheim），ケッフェルコップフ（Kaefferkopf）は複数品種が認められている．エチケットには，これら3つの例外を除き，規定された51のリュー・ディ（区画）のそれぞれの名前，ヴィンテージ，ブドウ品種名が記載される．

▌ワインの特徴
- （リースリング）果実，白い花のアロマにミネラル感を伴い，生き生きとして気品とバランスのよさが現れた，優雅な辛口．
- （ゲヴュルツトラミネール）ライチ，カリンなどの果実の香りにシナモン，クローブ，コショウなどのスパイスのアロマが特徴的．コクのある魅惑的なワイン．半甘口に仕上がることもある．
- （ピノ・グリ）フルーティーなアロマにスモーキーな要素も加わる，骨格のある複雑な味わいの辛口．
- （ミュスカ・ダルザス）ミュスカ種の生ブドウのアロマが非常に豊かな，果実味のある辛口ワイン．

▌テロワール
ジュラ山脈の東側の南あるいは南東に面した斜面に位置するため，偏西風から守られ，降雨量が少なく，日照量に恵まれた乾燥した気候．なかでもミクロクリマ（微気候）の恩恵に浴した地区．

グラン・クリュの畑は主に標高が高く，急勾配の水はけのよい土壌にあり，地質はモザイクのように多様で，花崗岩質から粘土質，片麻岩質，泥灰岩質，砂岩質，石灰岩質まで幅広い地層である．

- Alsace（アルザス）
- ●リースリング，ゲヴュルツトラミネール，ピノ・グリ，ミュスカ・ブラン・ア・プティ・グラン，ミュスカ・ロゼ・ア・プティ・グラン，ミュスカ・オットネル
- ●（アルテンベルグ・ド・ベルグアイム）ゲヴュルツトラミネール，ピノ・グリ，リースリングのうち，いずれかを単独で，もしくは次のアサンブラージュ，リー

スリング 50 ～ 70%，ピノ・グリ，ゲヴュルツトラミネール 10 ～ 25%，ピノ・ブラン，ピノ・ノワール，ミュスカ・ブラン・ア・プティ・グラン，ミュスカ・ロゼ・ア・プティ・グラン，ミュスカ・オットネル，2005 年 3 月 26 日以前に植樹されたシャスラ併せて 10% 以内

● (ゾッツェンベルグ) リースリング，ゲヴュルツトラミネール，ピノ・グリ，シルヴァネール

● (ケッフェルコップフ) ゲヴュルツトラミネール，ピノ・グリ，リースリングのうち，いずれかを単独で，もしくは次のアサンブラージュ，ゲヴュルツトラミネール 60 ～ 80%，リースリング 10 ～ 40%，ピノ・グリ 30% 以内，ミュスカ・ブラン・ア・プティ・グラン，ミュスカ・ロゼ・ア・プティ・グラン，ミュスカ・オットネル，併せて 10% 以内

● (ヴァンダンジュ・タルディヴ，セレクション・ド・グラン・ノーブル) ゲヴュルツトラミネール，ミュスカ・ブラン・ア・プティ・グラン，ミュスカ・ロゼ・ア・プティ・グラン，ミュスカ・オットネル，ピノ・グリ，リースリング

● (ミュスカ) アペリティフ，アスパラガスのムスリーヌソース，アスパラガスのフラン

● (リースリング) シュークルート，牡蠣のカレー風味，スズキのパイ包み焼き，若鶏のリースリング煮

● (ピノ・グリ) フォワグラ，ホロホロ鳥 パパイヤのピューレ添え

● (ゲヴュルツトラミネール) フォワグラ，肥育鶏ゲヴュルツトラミネール煮，チーズ (AOP マンステール)

アルザス・グラン・クリュの 51 のリュー・ディ (区画)
バ・ラン (Bas-Rhin) 県

	リュー・ディ (区画)	村 名
1	Steinklotz (シュタインクロッツ)	Marlenheim (マルレンアイム)
2	Engelberg (エンゲルベルグ)	Dahlenheim (ダーレンアイム) および Scharrachbergheim (シャーラックベルグアイム)
3	Altenberg de Bergbieten (アルテンベルグ・ド・ベルグビーテン)	Bergbieten (ベルグビーテン)
4	Altenberg de Wolxheim (アルテンベルグ・ド・ヴォルクスアイム)	Wolxheim (ヴォルクスアイム)
5	Bruderthal (ブルデルタール)	Molsheim (モルスアイム)
6	Kirchberg de Barr (キルシュベルグ・ド・バール)	Barr (バール)
7	Zotzenberg (ゾッツェンベルグ)	Mittelbergheim (ミッテルベルグアイム) *1
8	Kastelberg (カステルベルグ)	Andlau (アンドロー)
9	Wiebelsberg (ヴィーベルスベルグ)	Andlau (アンドロー)
10	Mœnchberg (ムンシュベルグ)	Andlau (アンドロー) および Eichhoffen (アイショフェン)
11	Muenchberg (ミュンシュベルグ)	Nothalten (ノタルテン)

アルザス　5

12	Winzenberg（ヴィンゼンベルグ）	Blienschwiller（ブリンシュヴィレール）
13	Frankstein（フランクシュタイン）	Dambach-la-ville（ダンバック・ラ・ヴィル）
14	Praelatenberg（プレラテンベルグ）	Kintzheim（キンツアイム）

*1 　ミュスカの代わりにシルヴァネールが認可

オー・ラン（Haut-Rhin）県

	リュー・ディ（区画）	村　名
15	Glœckelberg（グロッケルベルグ）	Rodern（ロデルン）および Saint-Hippolyte（サン・ティポリット）
16	Altenberg（アルテンベルグ・ド・ベルグアイム）	Bergheim（ベルグアイム）*2
17	Kanzlerberg（カンツラーベルグ）	Bergheim（ベルグアイム）
18	Geisberg（ガイスベルグ）	Ribeauvillé（リボヴィレ）
19	Kirchberg de Ribeauvillé（キルシュベルグ・ド・リボヴィレ）	Ribeauvillé（リボヴィレ）
20	Osterberg（オステルベルグ）	Ribeauvillé（リボヴィレ）
21	Rosacker（ロザケール）	Hunawihr（ユナヴィール）
22	Frœhn（フルーン）	Zellenberg（ゼレンベルグ）
23	Schœnenbourg（シュネンブール）	Riquewihr（リックヴィール）および Zellenberg（ゼレンベルグ）
24	Sporen（シュポーレン）	Riquewihr（リックヴィール）
25	Sonnenglanz（ゾネングランツ）	Beblenheim（ベブレンアイム）
26	Mandelberg（マンデルベルグ）	Mittelwihr（ミッテルヴィール）および Beblenheim（ベブレンアイム）
27	Marckrain（マルクラン）	Bennwihr（ベンヴィール）および Sigolsheim（ジゴルスアイム）
28	Mambourg（マンブール）	Sigolsheim（ジゴルスアイム）
29	Furstentum（フルステントゥム）	Kientzheim（キンツアイム）および Sigolsheim（ジゴルスアイム）
30	Schlossberg（シュロスベルグ）	Kientzheim（キンツアイム）
31	Kaefferkopf（ケッフェルコップフ）	Ammerschwihr（アメルシュヴィール）*2
32	Wineck-Schlossberg（ヴィネック・シュロスベルグ）	Katzenthal（カッツェンタール）および Ammerschwihr（アメルシュヴィール）
33	Sommerberg（ソマーベルグ）	Niedermorschwihr（ニーデルモルシュヴィール）および Katzenthal（カッツェンタール）
34	Florimont（フロリモン）	Ingersheim（インゲルスアイム）および Katzenthal（カッツェンタール）
35	Brand（ブラント）	Turckheim（トュルクアイム）
36	Hengst（エングスト）	Wintzenheim（ヴィンツェンアイム）
37	Steingrubler（シュタイングルブレール）	Wettolsheim（ヴェトルスアイム）
38	Eichberg（アイシュベルグ）	Eguisheim（エギスアイム）
39	Pfersigberg（プフェルシックベルグ）	Eguisheim（エギスアイム）および Wettolsheim（ヴェトルスアイム）
40	Hatschbourg（アッチュブール）	Hattstatt（アットスタット）および Vœgtlinshoffen（フークリンスオーフン）
41	Goldert（ゴルデルト）	Gueberschwihr（ゲベルシュヴィール）

6　Alsace

42	Steinert（シュタイネルト）	Pfaffenheim（プファッフェンアイム）および Westhalten（ヴェスタルテン）
43	Vorbourg（フォルブール）	Rouffach（ルーファック）および Westhalten（ヴェスタルテン）
44	Zinnkœpflé（ズィンコップフレ）	Soultzmatt（スルツマット）および Westhalten（ヴェスタルテン）
45	Pfingstberg（プフィングスベルグ）	Orschwihr（オルシュヴィール）
46	Spiegel（シュピーゲル）	Bergholtz（ベルグオルツ）および Guebwiller（ゲブヴィレール）
47	Kessler（ケスレール）	Guebwiller（ゲブヴィレール）
48	Kitterlé（キッテルレ）	Guebwiller（ゲブヴィレール）
49	Saering（セーリング）	Guebwiller（ゲブヴィレール）
50	Ollwiller（オルヴィレール）	Wuenheim（ヴュンアイム）
51	Rangen（ランゲン）	Thann（タン）および Vieux-Thann（ヴュー・タン）

*2 複数品種のアサンブラージュ可

かわいらしい木骨の家（コロンバージュ）

AOC
Côtes de Toul　コート・ド・トゥール

1998

　トゥールは10世紀前半，神聖ローマ帝国から司教管区として独立した地位を認められた地．この地が正式にフランス領となったのは1648年，ヴェストファーレン条約締結の際である．トゥールのあるロレーヌ地方は，ブドウの根につく害虫フィロキセラの発生以前，隣接するアルザス地方より広大な面積のブドウ畑が広がっていた．そのロレーヌ・ワイン復活の先鋒がAOCコート・ド・トゥール．1951年VDQS認定後，1998年にAOCに昇格した．モーゼル川左岸，トゥールの町の西側，コート・ド・ムーズ（Côtes de Meuse）と呼ばれる斜面の一画に南北20kmにわたり広がる産地では，ワインのほかに，農水省認定ラベル・ルージュとEUのIGP（地理的表示保護）に認定されている果実のミラベル，およびその蒸留酒AOCミラベル・ド・ロレーヌ（Mirabelle de Lorraine）も産出される．

▌ワインの特徴

- ● 主にオーセロワ種から造られる．柑橘類のアロマが豊か．しなやかでボディがあり，溌剌としてフルーティーである．
- ● (グリ) ピノ・ノワール種とガメ種のアサンブラージュから直接圧搾法により造られる．グリ・ド・トゥール（Gris de Toul）としても知られ，フランスの数少ないグリワインのひとつ．淡い銅色を帯びたサーモン色を呈し，赤スグリやカシスなどの小さな果実と花のアロマが豊か．心地よく生き生きとしていて，余韻が長い．
- ● ピノ・ノワール種のみで造られ，タンニンがきめ細やか．コクがあり，熟成に耐える．

▌テロワール

　半大陸性気候で，冬は寒く乾燥している．嵐の少ない暑い夏と秋は陽光に恵まれる．東と南に面する丘陵が畑を西風から守り，湾曲するモーゼル川に沿ってトゥールにまで張り出している．中世代ジュラ紀オックスフォーディアン階の粘土から派生した土壌が，崩落した石灰岩を含む古い沖積土と混ざり合っている．

- Lorraine（ロレーヌ）
- ● オーセロワ・ブラン，オーバン・ブラン
  - （グリ）ピノ・ノワール10～85％，ガメ・ノワール85％以内，ピノ・ムニエ，オーセロワ・ブラン，オーバン・ブラン併せて15％以内
  - ● ピノ・ノワール
- ● 帆立貝，手長海老，鮭のカルパッチョ，フォワグラのポワレ，仔牛のクリーム煮，チーズ（AOPピコドン，AOPカンタル），アーモンドのタルト
  - （グリ）シャルキュトリ，キッシュ・ロレーヌ，たんぽぽのサラダ，エスカルゴ，スパイシーなアジア料理
  - ● 仔牛のロースト，白身魚の赤ワイン煮，鴨のコンフィ

AOC
Crémant d'Alsace クレマン・ダルザス

1976

AOCシャンパーニュと同じく，瓶内二次発酵により造られるクレマン・ダルザス．現在フランスには8つのクレマンがあるが，生産者は500を超えるまでに発展し，フランスで最も消費されるクレマンとなっている．ピノ・ブラン種が主体だが，そのほかの品種も使われる．木骨の家（コロンバージュ）など，中世の町並みが残るストラスブールでは，11月末からマルシェ・ド・ノエル（クリスマス市）が開催される．アルザス最大のこの都市に多くの観光客が集うこの時期，クレマン・ダルザスは人気だ．アペリティフから食中酒にまで，さまざまなシーンによく合う．アルザス語でフラムキュシュと呼ばれる，タルト・フランベ（薄く焼いたピザでアルザスの郷土料理）は欠かせない．

■ワインの特徴

トーストやブリオッシュの香りに加え，白い花，ネーブルオレンジやグレープフルーツなどの柑橘類，黄色い果実やドライフルーツのアロマを伴う．味わいは凝縮感があり，ふくよかで広がりがある．円みのある女性らしさを備えている．

★（ピノ・ブラン）繊細さとしなやかさをもたらす．ほとんどのブラン・ド・ブラン（Blanc de Blancs）はこの品種から造られる．オーセロワ種は，同系統の品種．
★（リースリング）溌剌，果実味，優雅，気品を与える．
★（ピノ・グリ）豊満と骨組みをもたらす．
★（シャルドネ）気品と軽快さを与える．
★★（ピノ・ノワール）ロゼを造る唯一の黒ブドウ品種．稀にブラン・ド・ノワール（Blancs de Noirs）に用いられる．魅力的でフィネスがある．

■テロワール

ヴォージュ山脈のおかげで，気候は海の影響を受けずに済み，ライン渓谷は偏西風から守られている．このため夏の気温は30℃を超え，日照時間は国内平均を超えている．降雨量はフランスで最も少なく年間平均500〜600mmで，日照量が多く，暑く乾燥した半大陸性気候に恵まれている．

ブドウ畑の地質はモザイクのように多様で，花崗岩質から粘土質，片麻岩質，片岩質，砂岩質，石灰質まで幅広く，多くの品種を生み出すことができ，個性と複雑さをもたらす．

- Alsace（アルザス）
- ★ピノ・ブラン，ピノ・ノワール，ピノ・グリ，シャルドネ，リースリング，オーセロワ
- ★ピノ・ノワール100%
- ★★キャヴィアやカナッペ，タルト・フランベ，生のフルーツ

アルザス

AOC
Moselle モーゼル

2010

　ドイツ及びルクセンブルグと国境を接するロレーヌ地方の唯一の AOC にコート・ド・トゥールがあったが，2010 年，モーゼルが VDQS より AOC へ昇格．当地方の AOC は 2 つとなり，モーゼルはフランス最北の AOC となった．モーゼル川はライン川の最大の支流だが，その源はフランスのヴォージュ山脈．くねくねと蛇行するその姿は，酔っ払いのようだと人々に喩えられ愛され続けてきた．このモーゼル川に沿い，美しい自然とともにワイン文化も発展してきた．これまで，モーゼルと言えばドイツ (Mosel) が有名だったが，モーゼルワイン街道 (Routes des vins de Moselle) がフランス側に開かれメッス (Metz) の町周辺までつながる大きなワイン街道になると，フランスの Moselle も注目されるようになった．春に開催されるモーゼルワイン祭り (Fête des vins de Moselle) では，バラエティ豊かなモーゼルワインが楽しめる．

ワインの特徴

　モーゼルワインは辛口で，フレッシュさが持ち味．
- 軽やかで繊細，しばしばフローラルな香りが特徴．いくつかのセパージュがアサンブラージュされた白ワインは，より複雑な味わいとなる．
- わずかにサーモン色を帯びたピンク色．フルーティーでフレッシュな香り．赤い果実やフローラルな香りと口中の味わいとのハーモニーが心地よい．
- ピノ・ノワール種の特徴がよく出ていて，口中の繊細なタンニンの味わいと長い余韻．

テロワール

　北部に位置しながらも和らいだ大陸性気候の影響を受ける．ときに春先の霜で壊滅的な被害もあるが，夏には理想的な日照量を誇る．西側に開けた山岳地形から，海流の影響で雨はやや多いがそれほど寒くない気候．土壌は石灰岩質粘土に粗削りな岩石を豊富に含む．

Lorraine（ロレーヌ）

- オーセロワ・ブラン 30% 以上，ミュラ・トゥルガウ，ピノ・グリ 3 種併せて 70% 以上，ゲヴュルツトラミネール 10% 以内，ピノ・ブラン，リースリング
- ピノ・ノワール 70% 以上，ガメ・ノワール
- ピノ・ノワール 100%
- ザワークラウト，鰯のオリーヴオイル漬け，洋ねぎのタルト，チーズ (AOP マンステール)
- シャルキュトリ，キッシュ・ロレーヌ，ブルスケッタ，仔牛のロースト
- チーズバーガー，ポークソテー，コック・オ・ヴァン

Beaujolais

ボージョレ

　ブルゴーニュ地方マコネ地区の南から，ローヌ・アルプ地方の中心地リヨンまでの全長約 50 km の丘陵地帯に広がるワイン産地．毎年 11 月の第三木曜日に販売が解禁となる新酒「ボージョレ・ヌーヴォー」で世界的に知られ，ワインが地域産業の第 1 位となっている．ガメ種から造られる，渋みが少なくフルーティーで飲みやすい赤ワインが生産の大半を占めるが，白やロゼも造られている．地理的に北と南に大きく分けることができ，北部には，10 の村で造られる飲み応えのある一番格上のクリュ・デュ・ボージョレと，果実味豊かで AOC ボージョレよりも格上の AOC ボージョレ・ヴィラージュがある．一方南部では，最も畑の面積が広く，軽やかでフルーティーな AOC ボージョレが造られる．美しい丘，森，ブドウ畑など，典型的なフランスの田園風景が広がる自然の宝庫で，チーズ，ハム，シャロレー産の牛，蜂蜜など，食材も豊富である．

ボージョレ　11

AOC

Beaujolais ボージョレ,
Beaujolais Supérieur ボージョレ・シュペリウール,
Beaujolais-Villages ボージョレ・ヴィラージュ,
Beaujolais + nom de la commune ボージョレ+村名

1937

　ブルゴーニュ地方のマコネ地区の南から，古都リヨン（Lyon）までの全長約50kmの丘陵地帯に広がる広大なワイン産地．ローヌ県を中心とし，ソーヌ・エ・ロワール県にも少しまたがるこの区域は，ワインの生産地としてはブルゴーニュ地方の一部と区分されることが多く，生産地区も一部重なっている．しかし土壌の質，気候，ブドウ品種，ワインのタイプが異なるため，最近のワイン業界では2つの地方を分ける傾向にある．

　ワインは下からボージョレとボージョレ・シュペリウール，ボージョレ・ヴィラージュ，クリュ・デュ・ボージョレ（Cru du Beaujolais）の3ランクに大きく分かれている．96市町村に及ぶボージョレ地方全域に認められているアペラシオンが地方名の「ボージョレ」で，白，ロゼ，赤の3タイプからなる．「ボージョレ・シュペリウール」は最低アルコール度が「ボージョレ」より0.5％高い赤ワインのみに認められた呼称である．AOCボージョレ・ヴィラージュは，北側の38市町村で産出される白，ロゼ，赤ワインに認められている．そのうちの30市町村で栽培されるブドウから出来るワインは，「ボージョレ」のAOC呼称の後に，それぞれの市町村名（コミューン名）を併記することが政令で認められている．この場合，「ヴィラージュ」という語は省略される．

　この地方を世界的に有名にしたのが，赤ワインの新酒，すなわち「ボージョレ・ヌーヴォー（Beaujolais Nouveau）」「ボージョレ・ヴィラージュ・ヌーヴォー（Beaujolais-Villages Nouveau）」だ．その年に収穫されたブドウを，フルーティーで若々しい風味を出したこの地方特有の新酒である．毎年11月の第三木曜日に出荷し，翌年の8月までしか市場に出すことができない期間限定ワインとなっている．11月の第三木曜日にボージョレ・ヌーヴォーの解禁を祝う行事は世界中に広まった．

■ワインの特徴

ボージョレ，ボージョレ・シュペリウール▶

- ● きらめく淡い黄色の色調で，黄金を帯びることもある．かすかな白い花の香りと，柑橘類や白桃の皮，アンズなど果実の心地よい香りが調和している．北部で生まれるワインは肉づきがよくしっかりしたボディをもち，豊満．南部のワインは軽く生き生きとして酸が豊か．
- ● 輝く透明感のあるピンクの色調．口あたりが円やかで，爽やかで生き生きとして，若飲みタイプのワイン．
- ● 鮮やかなチェリー色から紫を帯びたルビーまでの輝く色調．花や赤スグリ，イチゴ，木イチゴなど小さな赤い果実を思わせる華やかなアロマ．口あたりがよく，生き

生きとして軽くフルーティー.

ボージョレ・ヴィラージュ／ボージョレ＋村名▶

- ●かすかな白い花の香りと，柑橘類など果実の心地よい香りとのバランスがよくとれている．わずかな生産量だが評価は高い.
- ●輝きのある赤スグリ色の色調．フルーティーなアロマを持ち，フレッシュで肉づきがよい飲み心地の辛口.
- ●きれいなチェリー色からガーネット色の際立った色調．イチゴやカシスなどの赤や黒の果実の香りをもつ．バランスがとれたなめらかな味わい．口あたりよく繊細ながらしっかりしたボディ.
  オート・アゼルグ（Haute-Azergue）の山々を背にした南寄りのワインはフルーティー．ボージュー（Beaujeu）周辺の中部はしっかりとしたストラクチャーをもち，クリュの周辺の北部は骨格がしっかりとして長熟型，年とともに円くなる.

▌テロワール

ボージョレ，ボージョレ・シュペリウール▶乾燥した寒い冬，そして暑い夏の大陸性気候に属している．東または南東向きの丘にあるブドウ畑は西からの湿気の多い風を防ぎ，天気のよい夏の恩恵を受ける．気候は温暖で，涼しく乾燥している北風はブドウを病気から守る．起伏の多い地形は堆積した石灰岩質粘土で構成され，ピエール・ドレ（Pierres dorées）と呼ばれる美しい黄金色の石灰岩で彩られる.

ボージョレ・ヴィラージュ，ボージョレ＋村名▶標高200m～450mの起伏の多い地形は，数多くのミクロクリマ（微気候）に恵まれ，多様な個性を生む．東と南に面し，日あたりがよい.
ガメ種の潜在力を表現することができる花崗岩と片岩の下層土の上に，多くの砂とわずかな粘土から構成された，軽い酸性砂地の土壌.

🔍 Beaujolais（ボージョレ）

🍇 ●シャルドネ
　●●ガメ

🍴 ●鯉のボージョレ煮込み，マッシュルームのクリーム煮，アンドゥイエット（内臓の腸詰）白ワイン煮，魚のムース
　●シャルキュトリ，鰯の酢漬けオリーヴオイルとレモン添え
　●ローストチキン，ポトフ，オッソ・ブッコ，とんかつ，リヨン風ポテト，焼き鳥，パスタ，ピッツァ，チーズ（アペリ・シェーヴル，ブリック・デュ・フォレ，カブリオン，セッション・ボージョレ，フルム・ボージョレ，ピエール・ドレ）

Crus du Beaujolais (10 crus) クリュ・デュ・ボージョレ（10区画）

ソーヌ（Saône）川沿いに南北に50kmほど続くボージョレ地方の北半分は，この地方のガメ種100％の赤ワインのなかで最も上質で，一番格上のクリュ・デュ・ボージョレの産地が集中する地域．赤に限定されるクリュは10地区からなり，それぞれAOCに認定されており，エチケットに《Cru du Beaujolais》と表記することができる．

主役であるガメ種は，現地で「ガメ・ノワール・ア・ジュ・ブラン（Gamay noir à jus blanc，「白い果汁で果皮が黒い」という意味）」と呼ばれている．もともとはブルゴーニュ地方のコート・ドール地区でも栽培されていたが，1395年にブルゴーニュ公国のフィリップ豪胆公がピノ・ノワール種の栽培を奨励しガメ種の栽培を禁じたために，もっぱらボージョレ地方で栽培されるようになった．クリュ・デュ・ボージョレのワインは，一般的に収穫・醸造後数か月熟成させ，翌年の春の復活祭（4月初旬）の後に出荷するのがよいとされている．

10のクリュは以下のとおり．

AOC Brouilly　ブルイィ　　　　　　*1938*

10のクリュのなかで最南に位置し，生産面積が最も広いAOC．畑は6村にまたがり，小高い「ブルイィの丘」の麓に広がっている．ブルイィはボージョレ地方のワインのなかでも最も早くから知られ，高い評価を受けていたが，そのことがクリュ・デュ・ボージョレ全体のAOC認定に結びついた．

▎ワインの特徴
- 深いルビー色で，プラム，白桃，赤や黒い果実のアロマとミネラル香を併せもつ．繊細でフルーティー，締まっていてコクがあり，タンニンが溶けていて円みがある．バランスがとれ，柔らかく心地よい．

▎テロワール
乾燥した寒い冬，そして暑い夏の大陸性気候に属している．東または南東の丘にあるブドウ畑は西からの湿気の多い風を防ぎ，天気のよい夏の恩恵を受ける．気候は温暖で，涼しく乾燥している北風は，ブドウを病気から守る．

土壌は花崗岩と沖積砂が主体を占める．痩せた土地や酸性の土地，乾いた土地，やや肥沃な土地など，土地の個性によって多様な性格のワインが生まれる．

- Beaujolais（ボージョレ）／北部
- ●ガメ
- ●若鶏のブルイィワイン煮，牛背肉ロースト ブルイィ・ソース モリーユ茸添え，焼き肉，ハンバーグステーキ，ブルイィワインのグラニテ イチゴ添え，洋梨のゼリー寄せブルイィワイン風味，チーズ（アペリ・シェーヴル，ブルー・ド・ラクイーユ）

AOC Chénas シェナ　　　1936

　ローヌ県のシェナ村とソーヌ・エ・ロワール県のラ・シャペル・ド・ガンシェ（La Chapelle-de-Guinchay）村に広がる生産面積 242ha のごく小さな地区．シェナという呼称は，はるか昔にこの地が広大なオーク（仏語でシェーヌ Chêne）の森で覆われていたという伝説に由来．ある日，森の中で仕事をしていた１人のきこりが，神の鳥によってもたらされた種から自然に育ったブドウを発見し，この聖なる樹を栽培するために土地を開墾したという．

■ワインの特徴
● ガーネットを帯びた濃いルビー色の色調．シャクヤクやバラなどの花のアロマに熟成にしたがってスパイシーな特徴が現れる．ボディにはしっかりとした骨格があり，豊かで柔らかな味わいの長熟タイプのワイン．「ビロードのかごに入れた花束」と称されるように，絹の繊細さ，複雑性，華やかな果実の風味が特徴．

■テロワール
　乾燥した寒い冬，そして暑い夏の大陸性の気候に属している．ブドウ畑は西からの湿気の多い風を防ぎ，天気のよい夏の恩恵を受けている．

　この地区は北西，東，南に面し，標高は 250 ～ 400m．西側は険しい斜面だが，ソーヌ川に向かう斜面の傾斜はなだらかである．

　ブドウは，「フルーリー（Fleurie）の花崗岩」の下層土の上に植えられている．主体を占めるレモン山（Pic Rémont）が張り出している高地は，花崗岩がソーヌ川流域の平地まで続く．低地は珪土質粘土と，小石の多い土壌が表土となっている．

> 🍷　Beaujolais（ボージョレ）／北部
> 🍇　● ガメ
> 🍴　● 仔羊もも肉，仔牛リブロースのソテー 栗とレーズン添え，ウズラロースト，ローストビーフ，ビーフシチュー，チーズ（フルム・ペルシレ・ド・ボージョレ）

AOC Chiroubles シルーブル　　　1936

　ローヌ県北部に位置する．クリュのなかで最も標高の高い丘の斜面（約 400m）で栽培されるガメ種 100% の赤ワインは，最もボージョレらしいワインといわれている．すぐ北に位置する AOC フルーリーと同様に女性的なクリュと評されることが多い．

■ワインの特徴
● 軽く芳香高く，最もボージョレらしいワインといわれる．シンプルでガメ種の個性をよく表現する．ルビーからガーネット色に輝く色調．アイリス，シャクヤク，スズラン，スミレなどの花のアロマとスパイス香を伴い，繊細で非常にフルーティー．柔らかな赤い果実の味わいが，エレガントで優しく女性的．

■テロワール
　氷河により削られた窪地は東と南東に向き，日差しを浴びる．起伏は高低があり，標高 250 ～ 450m と，ボージョレのクリュのなかで最も高いところに位置するため，気温はほかより低く，ブドウの生育は 5 ～ 10 日間遅れる．

　ブドウは，風化した花崗岩の下層土の上，痩せて水はけのよい，軽い砂地に植えら

ボージョレ　15

れている.

> 🍷 Beaujolais（ボージョレ）／北部
> 🍇 ●ガメ
> 🍴 ●シャルキュトリ, ポークソテー, アンドゥイエット, ヒメジのシルーブル・ワイン煮, 牛ミノのリヨン風, チーズ（アペリ・シェーヴル, AOPライヨール）

AOC Côte de Brouilly コート・ド・ブルイィ　　　　1938

　10のクリュのなかで最も南に位置するAOCブルイィに囲まれ, 畑は「ブルイィの丘」の日あたりのよい斜面に広がっている. この丘については, はるか遠い昔, ソーヌ川を造った巨人が掘った土をかごから降ろした所にぽっこりできた小山という楽しい伝説もある.

■ ワインの特徴
●チェリー色に光り輝き, 赤紫色や深紅色のニュアンスがある色調. アイリスの香りがし, 赤や黒い果実のアロマを伴い, ときにミネラルを感じる. フルーティーで繊細, 生き生きとして気品があり, 筋肉質で肉づきがよく口あたりは円い. 時を経ると複雑性と風味が増し, スパイシーな特徴が現れる.

■ テロワール
　標高280〜400mにある畑はブルイィ山の日あたりのよい急斜面にあり, クリュのなかで唯一, 東西南北に広がっている.

　花崗岩と片岩からなる土壌は, ボージョレでは珍しく均質なもの. わずかに西側の斜面はピンク色の花崗岩. 下層土は火山に由来する硬い花崗岩と片岩, 凝灰岩, 閃緑岩. その色は深緑から黒まで多様.

> 🍷 Beaujolais（ボージョレ）／北部
> 🍇 ●ガメ
> 🍴 ●シャルキュトリ, ポークソテー, アンドゥイエット網焼き, 羊もも肉のロースト, 肉じゃが, チーズ（ブルー・ド・ラクイーユ）

AOC Fleurie フルーリー　　　　1936

　北をムーラン・ナ・ヴァン村, 南をシルーブル村に囲まれている. 生産面積はAOCブルイィ, AOCモルゴンに次いで3番目に大きい. 村名の「フルーリー」は仏語で「花の咲き乱れる」という意味. 10のクリュのなかで最も女性的なワイン, 「クリュ・デュ・ボージョレの女王」と評されている.

■ ワインの特徴
●紫がかった深紅色の色調. アイリス, スミレ, バラなどの花の香り, 赤桃, カシス, 赤い果実などのフルーティーな香り. タンニンは細やかでビロードのように喉ごしがなめらか. エレガントで洗練されている. 熟成するにつれ, スパイスのニュアンスが現れる.

■ テロワール
　フルーリーの丘は南東に面し, 日あたりに恵まれている.

土壌は非常に均質で，ボージョレの他の地区ではあまり見られないピンク色の花崗岩と大きな結晶の花崗岩の混じった砂からなる．ブドウは「フルーリー（Fleurie）の花崗岩」と呼ばれる風化した下層土の上，標高250～400mに植えられている．その石英を含む花崗岩質の砂利はわずかに粘土が入っている．ピンク色の花崗岩は果実とエレガンスをもたらす．主体となるラ・マドーヌ丘陵の麓にあたる，より高く険しい斜面の酸性で乾いた薄い土壌からは，芳香高いワインが生まれる．低い斜面の粘土を含む深い土壌からは，よりボディがあり長熟型のワインとなる．

- 🍷 Beaujolais（ボージョレ）／北部
- 🍇 ●ガメ
- 🍴 ●ハムのゼリー寄せパセリ風味，アンドゥイエット網焼き，羊のもも肉ボージョレ風，農家飼育の鶏フルーリー・ワイン煮，牛リブロース フルーリー・ワインソース，チキングラタン，スパゲティ カルボナーラ，チーズ（IGPサン・マルスラン）

AOC Juliénas　ジュリエナ　　　　1938

AOC サン・タムールのすぐ南に隣接するクリュで，畑は4村に広がる．呼称は『ガリア戦記』の著者として知られるユリウス・カエサルの名に由来するといわれている．ここではワイン生産者組合ラ・カーヴ・デュ・ボワ・ド・ラ・サル（La Cave du Bois de la Salle）が生産の主体となっている．

■ワインの特徴
- ●深く濃いルビー色．桃やイチゴ，チェリー，スグリなど赤い果実の香り，スミレ，シャクヤクなどの花の香りが感じとれ，シナモンのアロマを伴う．年により，カシスの香りも現れる．筋肉質で骨組みがたくましく豊かなワイン．
  粘土質の土壌から生まれるものは，酸味のある生き生きとしたワインとなる．若いうちから楽しめ，長期熟成のポテンシャルも備えている．

■テロワール
乾燥した寒い冬，そして暑い夏の大陸性の気候に属している．ブドウ畑は西からの湿気の多い風を防ぎ，天気のよい夏の恩恵を受けている．気候は温暖で，涼しく乾燥している北風は，ブドウを病気から守り，ワインに果実の風味をもたらす．

ジュリエナは標高230～430mの南斜面に位置し，日あたりに恵まれている．西部は，マンガンと斑岩の鉱脈が走っている，痩せて乾いた花崗岩からなり，東部は，非常に深い砂質粘土の多い古い沖積土層となっている．

- 🍷 Beaujolais（ボージョレ）／北部
- 🍇 ●ガメ
- 🍴 ●コック・オ・ヴァン，鶏レバーケーキ，鴨のコンフィ ランド風，インゲン豆のソテー リヨン風，とんかつ，チーズ（フルム・ペルシレ・ド・ボージョレ）

AOC Morgon　モルゴン　　　　1936

畑は1867年にナポレオン3世が小集落を結合してできた，ヴィリエ・モルゴン

（Villié-Morgon）村に広がる．ローヌ県北部，マコン（Mâcon）市の南西25km，ソーヌ（Saône）川を東に見る丘陵にある．生産面積はクリュのなかでは AOC ブルイィに次ぎ 2 番目に大きい．長熟型の力強くコクのある赤ワインが生まれる．ヴィリエ・モルゴン村には，ワイン生産者組合が経営する「カヴォー・ド・モルゴン（Caveau de Morgon）」という有名な試飲所がある．

■ワインの特徴

●深みのある紫紅色またはきらめく鮮やかなルビー色の色調．チェリー，桃，アンズ，プラムなどの核果実の香り．熟成させると木イチゴやキルシュ（チェリーブランデー）の香りが現れ，森の腐葉土の香りを伴う．豊かで肉づきがよくストラクチャーがあり，複雑で力強い長熟型のワイン．

■テロワール

南東に面し，日あたりに恵まれる．畑はコート・デュ・ピィ（Côte du Py）を中心に標高 250 ～ 500m，主体は 350m あたりに広がる．

ブドウは，この地方ではテール・プーリー（Terre Pourrie ＝風化した土壌）と呼ばれる粘土を含む花崗岩質砂土の上に植えられている．表土は，黄土を赤く染める酸化鉄とマンガンを多く含んだ黄鉄鉱片岩が風化したもろい岩，および，粘土を含む変成岩からなる．

> 🍷 Beaujolais（ボージョレ）／北部
> 🍇 ●ガメ
> 🍴 ●田舎風パテ，淡水魚モルゴン ワイン蒸し，羊の煮込み，仔羊もも肉のロースト，モツ煮込み，スペアリブ焙り焼き，チーズ（フルム・ペルシレ・ド・ボージョレ）

AOC Moulin-à-vent　ムーラン・ナ・ヴァン　*1936*

畑はソーヌ・エ・ロワール県のロマネッシュ・トラン村（Romanèche-Thorins）と，ローヌ県のシェナ（Chénas）村にまたがる．フランス語で「風車」という意味の呼称は村名ではなく，ロマネッシュ・トラン村の丘にある 15 世紀の風車に由来する．1930 年に歴史的建造物に認定され「ボージョレの領主」と呼ばれ，シンボルとなっている．長期熟成に適したワインで，熟成を重ねていくと，スパイスやトリュフの香りを帯びるようになる．

■ワインの特徴

●濃いルビーからガーネットの色調が特徴．香りは，若いうちはチェリーなどの果実とスミレなどの花のアロマが主体だが，年とともに複雑性を増して，アイリス，枯れたバラ，スパイス，熟したチェリーなどの果実の香りが現れ，トリュフ，麝香，ジビエを伴う．タンニンが豊かで肉づきがよくスパイシーで複雑．腰のしっかりしたワインで，フィネスと調和があり余韻が長い．

若いうちはたくましく，熟成するとブルゴーニュを思わせるアロマをもち，優雅さを増す．10 年の熟成に耐える長熟タイプで，クリュ・デュ・ボージョレのなかで最もコクがある．

■テロワール

南東に面し，日あたりに恵まれる．ブドウ畑は，標高 230 ～ 390m，主に 250 ～

280m のなだらかにうねった斜面にある.

　ブドウ樹は風化した「フルーリー（Fleurie）の花崗岩」の下層土の上に植えられている. 表土は深く，希少金属であるマンガン鉱脈が走っている「ゴール（Gore）」と呼ばれるもろいピンクの花崗岩質の砂で，このマンガン鉱脈がワインを個性あるものにしている.

> 🔍　Beaujolais（ボージョレ）／北部
> 🍇　●ガメ
> 🍴　●若鶏のムーラン・ナ・ヴァン煮，七面鳥のロースト トリュフ添え，牛肉の
> 　　　赤ワイン煮ブルゴーニュ風，牛リブロース赤ワインソース
> 　　　●（熟成）ステーキ，ラムチョップ，チーズ（フルム・ペルシレ・ド・ボージョレ）

AOC Régnié　レニエ　　　　　　　　　　　　　　　　　*1988*

　北を AOC モルゴン，南を AOC ブルイィに囲まれた，レニエ・デュレット（Régnié-Durette）村とランティニエ（Rantignié）村にまたがるクリュ. AOC 取得年は 1988 年で，10 のクリュのなかで最も若い. 村の中心に 2 つの鐘楼をもつ教会があり，そのすぐ近くに気軽に試飲を楽しめるワイン生産者組合経営のカーヴがある.

▮ワインの特徴
●チェリー色から紫色を帯びたルビー色の色調. 木イチゴ，赤スグリ，カシス，桑の実，西洋サンザシの香り. ミネラル，スパイスと花のアロマと，ときには熟れた桃の香りを伴う. タンニンは溶けて柔らかく調和がとれている. 比較的砂質の多い土壌のため，しなやかでエレガント. 親しみやすく女性的なワイン.

▮テロワール
　ブドウ畑は標高 250 〜 500m，多くは 350m に位置し，風化した「フルーリー（Fleurie）の花崗岩」の下層土の上にある.

　土壌は軽く痩せた砂状でピンク色の花崗岩が主体を占め，砂地と花崗岩の砂利はところにより粘土質が入る. カリウムが豊富なピンクの花崗岩の長石が多く，ときにポリフロイドと呼ばれる土壌には鉱物が多様に混ざっている.

> 🔍　Beaujolais（ボージョレ）／北部
> 🍇　●ガメ
> 🍴　●シャルキュトリ，テリーヌ，パテ，ソーセージのブリオッシュ包み，ロー
> 　　　ストポーク ブルーベリー添え，クリームシチュー，チーズ（IGP サン・
> 　　　マルスラン）

AOC Saint-Amour　サン・タムール　　　　　　　　　　　*1946*

　10 のクリュのなかで最北に位置し，ソーヌ・エ・ロワール県とローヌ県の県境にある. 白ワインで有名なブルゴーニュ地方のマコネ地区と隣接しているが，マコネ地区は石灰岩質と粘土質，サン・タムール村周辺は花崗岩質，結晶片岩質と土壌が異なる. 畑はいくつかの区画（クリマ）に分かれ，そのなかでもより自然条件に恵まれ，政令で格上と認定された区画があるが，例えば「Saint Amour En Paradis」は「楽園の

ボージョレ　**19**

愛の聖人」という意味となり，バレンタインのプレゼントにふさわしいワインだ．

ワインの特徴

- **（短いマセラシオン）** 輝くルビーの色調．木イチゴ，チェリーなど赤い果実の繊細なアロマに，桃，シャクヤク，アンズの香りが垣間見える．エレガントでフィネスがあり，フルーティーで心地よい．口に含むと生き生きとして，しなやかで調和がとれている．若いうちに楽しめる．軽くフルーティーな典型的なワイン．
- **（長いマセラシオン）** 力強く豊満なワイン．深い紫紅色を帯び，キルシュ（チェリーブランデー），スパイスとノコギリ草のアロマをもつ．肉づきがよく，しなやかで調和がとれている．果実の風味のなかに柔らかいタンニンが溶け込んでいる．時とともに力強くなり，奥行きと魅力を増す．4～5年で頂点に達する．

テロワール

乾燥した寒い冬，暑い夏の大陸性の気候に属している．東または南東向きの丘にあるブドウ畑は西からの湿気の多い風を防ぎ，地中海性の天気のよい夏の恩恵を受けている．ブドウは，標高250～470m，風化した花崗岩の下層土の上，花崗岩から変成してできた粘土質の砂地に植えられている．花崗岩，粘土珪質岩が主体．花崗岩，花崗砂岩と片岩に由来する岩石や小石が多い表土を粘土が覆っている．

🔍	Beaujolais（ボージョレ）／北部
🍇	●ガメ
🍴	●ローストチキン，牛ローススステーキ ボージョレ風，インゲン豆のポテ，海老グラタン，鴨の山椒焼き，レバーの焼き鳥，チーズ（IGP サン・マルスラン，フルム・ペルシレ・ド・ボージョレ）

手摘みで行う収穫

Beaujolais

AOC
Coteaux du Lyonnais コトー・デュ・リヨネ

1984

　ローヌ（Rhône）川右岸，ソーヌ（Saône）平野とリヨネ山の間に位置する．フランス第3の都市であるリヨン市街地の北西に広がるローヌ県の49村にまたがるブドウ畑は，特に日照の良い花崗岩質土壌の丘の斜面に広がっている．白，ロゼ，赤があり，すべてプリムール（新酒）が認められている．ローヌ県の県庁所在地であるリヨンは印刷，絹織物，金融などの産業で栄えてきた．ソーヌ川沿いの旧市街からクロワ・ルース（Croix-Rousse）と呼ばれる丘までの歴史地区は，世界遺産に登録されている．

　厳密にはボージョレ地方ではないが，限りなく地域が近いため，便宜上ボージョレの南と位置づけた．

▍ワインの特徴
- ●黄色い果実やトロピカルフルーツのアロマをもち，生き生きとして爽やかな口あたりの辛口ワイン．
- ●溌溂としていてフルーティーな辛口ワイン．
- ●濃いルビー色の鮮やかな色調．赤や黒い果実のアロマがあり，しっかりとしたタンニンによるボディをもちながらフルーティー．まれに熟成に向くものもある．

▍テロワール
　温度差の大きい大陸性気候，湿度のある海洋性気候と，対称的な，熱く乾燥した地中海性気候の影響を受ける．標高200～450mに位置し，東向きで日照に恵まれる．

　ブドウ畑は，ソーヌ川とローヌ川の渓谷にある台地と丘陵の連なりにある．花崗岩と変成岩の床土に砂，泥土と水はけのよい沖積土の表土からなる．

- 🍷　Beaujolais（ボージョレ）／南
- 🍇　●シャルドネ，アリゴテ
- 　　●●ガメ
- 🍴　●クネル，淡水魚のクールブイヨン煮，チーズ（パヴェ・ド・リヨンヌ）
- 　　●リヨン風シャルキュトリ
- 　　●赤身肉網焼き，ソーセージのパイ包み焼き，ポトフ，アンドゥイエット網焼き，家禽のロースト

シャルキュトリの盛り合わせ

ボージョレ　21

Bordeaux

ボルドー

　ジロンド県全域に広がる世界的な銘醸ワイン産地．ヨーロッパ最大の森林が大西洋の潮風を防ぎ，夏の暑さを海が和らげる温暖な海洋性気候で，ブドウ栽培に適している．フランス南西部を流れるドルドーニュ川とガロンヌ川が合流し，ジロンド川となって大西洋へと流れ込む．世界的に名高いワインから日常的な気軽なものまで，白，ロゼ，赤，発泡性ワイン，甘口の白と，多種多様なワインを産出．1855年に制定されたボルドー-メドック地区のシャトー格付けが有名．ワインの積み出し港として栄え，重要な商業都市であったガロンヌの港町は，川が三日月形に湾曲していることから，「月の港」としてユネスコの世界遺産に登録されている．地元産の仔羊（アニョー・ド・ポイヤック）がIGPに指定されているほか，牡蠣，うなぎなどが名産．ワインの清澄に卵白を使い，残った卵黄を消費するためにつくられたという説のあるカヌレという銘菓がある．

AOC
Bordeaux ボルドー

1936

　フランス南西部のボルドー地方（ジロンド県全域）のすべてのブドウ栽培区域に適用される地方名アペラシオン．生産地域はドルドーニュ川，ガロンヌ川，ジロンド川の流域と広範囲に広がる．中心となるボルドー市はワインとともに繁栄してきた商業都市である．第1の黄金時代は，イングランド王領として栄えた中世の時代（12～15世紀）で，フランスのどの地方よりも早くワインを船で出荷できる特権を得て，イングランドや北欧への安定した輸出で繁栄した．第2の黄金時代は17～19世紀で，海運王国オランダという顧客を得て世界へと販路を広げた．さらに植民地である西インド諸島との交易でボルドー市は莫大な富を築いた．ブドウ農園の華やかなシャトーやボルドー市内の重厚な建造物群は，この時代に建てられたものである．

　AOC ボルドーは非発泡性の辛口・半甘口の白，クレレ，ロゼ，赤ワインのすべてに対する呼称だが，実際には赤の生産量が大半を占める．珍しいクレレはロゼと赤の中間のワインで，これは中世の時代，この地で造られる赤ワインは色が淡く，イングランド人から「色が淡い」という意味の「クラーレット（フランス語では「クレレ」）」と呼ばれていたことに由来する．

　なお，AOC ボルドーより厳しい生産規定に準じて造られるワインに，AOC ボルドー・シュペリウール（Bordeaux Supèrieur）がある．そのほか，ボルドー地方のすべてのブドウ栽培地域に適用される地方名の AOC に，発泡性ワインの AOC クレマン・ド・ボルドー（Crèmant de Bordeaux）がある．

■ワインの特徴
- ●果実や花のエレガントな香り．柑橘類の要素が，白い花や桃などの果実香に支えられている．味わいは生き生きとしていて円みがあり，力強く，バランスもとれている．
- ●果実味が豊かで爽やかなアロマがある．口に含むとなめらか．繊細で柔らかな味わい．
- ●澄んだ輝くルビー色．円みとほどよいアルコール感があり，爽やかで軽い．
- ●（クレレ）ロゼと赤の中間のクレレは，明るいルビー色．イチゴのアロマに加え，スグリやザクロなどがわずかにあり，ときにはバラの花の要素も感じられる．
- ●なめらかで果実味豊かである．アサンブラージュ後のワインの香りは，木イチゴなどの赤い果実やカシス，スミレなどの心地よいアロマが主体．

■テロワール
　フランス南西部の大西洋岸に位置し，ジロンド県全域に及ぶボルドー地方の気候は，メキシコ湾暖流の影響で安定した温暖な海洋性気候になっている．大西洋沿いに広がる広大な森林は西からの塩分を含んだ強い風を遮り，降雨の影響も緩和している．ドルドーニュ川，ガロンヌ川，ジロンド川の働きで，ブドウ畑はさまざまな土壌で構成されている．

- 🔍 Bordeaux（ボルドー）
- 🍇 ●セミヨン，ソーヴィニヨン・ブラン，ソーヴィニヨン・グリ，ミュスカデル
  - ●（クレレ）●カベルネ・ソーヴィニヨン，カベルネ・フラン，メルロ，マルベック（コット），カルムネール，プティ・ヴェルド
- 🍴 ●エスカルゴ，魚のグラタンきのこ添え，川カマスのクネル 白バターソース，チーズ（AOP シャビシュー・デュ・ポワトー），果物のコンポート
  - ●肥育鶏のクリーム煮，チーズ（AOP ブルー・デ・コース）
  - ●（クレレ）シャルキュトリ，サラダ，パエリア，バーベキュー，ナシゴレン
  - ●椎茸入りオムレツ，ボルドー風牛ステーキ，仔羊の背肉のロースト，ロースト・チキン，チーズ（AOP サン・ネクテール）

ボルドー国立歌劇場

内部の美しい天井

AOC
Bordeaux Haut-Benauge ボルドー・オー・ブノージュ

1936

　ボルドー市の東に広がるアントル・ドゥー・メール地区は，ドルドーニュ川とガロンヌ川に挟まれた三角形の地帯で，ボルドー全体のブドウ栽培面積の4分の1を占める広大なワイン生産地．数千年前には海の中に沈んでいたため，その痕跡として一部の丘陵地の土壌に牡蠣の貝殻の化石が残っている．AOC ボルドー・オー・ブノージュはこの地区のほぼ中心部に位置し，畑は盆地状の地帯に広がっている．夏の終わりから秋にかけて朝霧が発生し，日中暖かいこの地では白ブドウがよく熟すため，糖度が十分にある半甘口の白ワインが造られている．また，AOC ボルドー・オー・ブノージュと同じコミューンで造られる辛口白ワインに，1937年に認められた <u>AOC アントル・ドゥー・メール・オー・ブノージュ (Entre-Deux-Mers Haut-Benauge)</u> がある．

■ワインの特徴
●● ソーヴィニヨン・ブラン種，セミヨン種，ミュスカデル種を用いた辛口か半甘口のワイン．爽やかさと柑橘系やトロピカルフルーツの要素が溶け込んだ心地よいアロマが豊かである．味わいはエレガントで，きりっとした酸とミネラル感を伴う爽やかな甘さを有し，甘みとボディのバランスがよくとれている．軽快で若いうちから楽しめるが，数年熟成させると繊細さが現れる．

■テロワール
　アントル・ドゥー・メール地区の中央部に位置する．ブドウ畑は，粘土石灰質の盆地状の場所に広がり，基層は石灰岩である．この盆地では，夏の終わりには夜霧が発生し，日中は穏やかな気候のため，貴腐菌（ボトリティス・シネレア）の発生に適している．

- Bordeaux（ボルドー）／Entre-Deux-Mers（アントル・ドゥー・メール）
- ● セミヨン，ソーヴィニヨン・ブラン，ソーヴィニヨン・グリ，ミュスカデル
- ● シーフードサラダ，アサリのワイン蒸し
- ● フォワグラ，肥育鶏のクリーム煮，デザート

AOC
Cadillac カディヤック

1973

　ボルドー市から南東へ 30km, ガロンヌ川右岸に位置する勾配が険しい細長い丘陵地帯には, AOC プルミエール・コート・ド・ボルドー（Premières Côtes de Bordeaux）の 37 村からなる生産地区が広がっている. そのうちの, カディヤックの町を中心とする 22 村で造られる甘口白の貴腐ワインのアペラシオンが AOC カディヤックであり, アルコール度 13% 以上が条件となっている. ガロンヌ川流域には甘口と半甘口の白の AOC が集中しているが, AOC カディヤックはブドウの成熟度や貴腐ブドウの比率が AOC ソーテルヌや AOC バルサックより低いことが多く, 比較的甘さが控えめになる.

ワインの特徴
- 色はきれいな黄金色である. 香りは砂糖漬け果実, 果肉の白い果実などのアロマが豊かでエレガント. 味わいはふっくらとした甘みがあり, ボディが豊か. しっかりとしていて複雑である. 繊細な酸があり, 糖がしっかりと残っている. セミヨン種が主体で, ソーヴィニヨン・ブラン種とミュスカデル種をアサンブラージュする.

テロワール
　畑はガロンヌ川右岸の粘土石灰質の斜面に広がり, 南か南西向きである. 気温が高めで, 日あたりのよい丘陵が続き, ガロンヌ川に張り出している. 自然の傾斜で水はけがよく, 低い部分は粘土石灰質のような細かい土壌. ガロンヌ川の影響で, 貴腐菌の発生に適したミクロクリマ（微気候）であるため, ブドウの果肉は糖分とアロマが凝縮し糖度が高まる.

- Bordeaux（ボルドー）／Entre-Deux-Mers（アントル・ドゥー・メール）
- セミヨン, ソーヴィニヨン・ブラン, ソーヴィニヨン・グリ, ミュスカデル
- フォワグラ, 仔牛のクリーム煮, 鴨の白桃添え, チーズ（AOP ロックフォール）, りんごのシャルロット, フルーツのタルト

AOC
Canon Fronsac カノン・フロンサック

1939

カノン・フロンサックは，ドルドーニュ川右岸のリブルネ地区に属する AOC．フロンサックとサン・ミシェル・ド・フロンサック（Saint-Michel-de-Fronsac）の2村の粘土石灰質の丘の斜面から生まれる赤ワインに認められた，ボルドーのなかで最も小さいアペラシオンのひとつ．フロンサック村から3kmほど東にリブルヌ（Libourne）という町がある．ドルドーニュ川とイール（Isle）川の合流点にあるこの町は，西暦4世紀頃から古代ローマ人によって交易の要衝としての重要性を認められていた．城塞が築かれ，港として最初の黄金期を迎えたのは，アキテーヌ地方がイングランド王領となった13世紀である．エドワード3世から交易上の特権を与えられ，フランス内陸部の特産物や，特にリブルネ地区と南西地方のワインをイギリスや北欧へ輸出することで発展した．

■ワインの特徴
● スミレ色を帯びた濃いルビー色．木イチゴやイチゴ，スグリなどの心地よい果実の香りは，熟成すると干しスモモの砂糖漬け，皮革，モカなどのニュアンスが現れる．素直で力強いアタックの後，豊かなコクのある味わいが現れる．余韻も長く，力強いビロードのような味わい．

■テロワール
畑の面積が狭く，カノンの丘全体に及ぶヒトデ石灰岩の基盤土壌のため，地質も地形もアペラシオン全体で均質．ブドウ畑は斜面にあり，穏やかな海洋性気候の恩恵を受ける．日あたりがよく，自然の排水性に優れている．土壌は粘土石灰質で，その下に密度の高い石灰質の堆積層がある．メルロ種とカベルネ・フラン種によく合う土地である．

- Bordeaux（ボルドー）／Saint-Emilion Pomerol Fronsac（サン・テミリオン ポムロール フロンサック）
- ●メルロ，カベルネ・フラン，カベルネ・ソーヴィニヨン，マルベック（コット）
- ●バベットステーキ，椎茸のボルドー風，やつめうなぎの赤ワイン煮ボルドー風，キジ焼き丼

AOC
Côtes de Blaye コート・ド・ブライ

1936

　フランス南西部のボルドー市の北 45km に地点広がる，ジロンド川右岸のブライ地区にある AOC コート・ド・ブライは白ワインに認められた呼称．北東側にはコニャックの産地として名高いシャラント（Chatente）地方がある．ブライ村には 2008 年に世界遺産に登録された「ヴォーバンの要塞群」のひとつがあるが，ブドウ畑はこの要塞の傍らの日照がよく，風通しのよい丘陵地に広がっている．なお．当地区にはこのほか，AOC ブライ（Blaye）があり赤ワインを産出している．

■ワインの特徴
● 美しく澄んだ黄色の色調．生き生きとしてフレッシュさあふれる味わい．まろやかさとフローラルを兼ね備えたフルーティーな辛口ワイン．若いうちに飲みたい．

■テロワール
　ジロンド川の河口沿いに位置し海洋性気候であり，日照時間も長く温暖な気候．水はけのよい石灰岩質の丘，台地上部のより粘土質土壌，後背地のより砂質土壌の 3 種類の地域で構成されている．

- Bordeaux（ボルドー）／Côtes（コート）
- ● コロンバール，ユニ・ブラン併せて 60 ～ 90%，ミュスカデル，ソーヴィニヨン・ブラン，ソーヴィニヨン・グリ，セミヨン
- ● 網焼きやオーブン焼きにしたスズキ，鮭のリゾット，若鶏のクリーム煮

ソーヴィニヨン・ブラン種

セミヨン種

AOC

Côtes de Bordeaux コート・ド・ボルドー

2009

ボルドーの丘陵地（Côtes＝コート）で造られるワインのブランド化を目指し，2007年に創設されたコート・ド・ボルドー・プロジェクト．2009年には，AOC コート・ド・ボルドーという呼称が認められた． 決められた生産区域で栽培されたブドウをアサンブラージュして造られた赤は AOC コート・ド・ボルドーとなり，より生産場所を限定し造られたワインには，コート・ド・ボルドーの前に地区名が記載できる．それらは5つあり，赤だけではなく，白に対しても認められているものもある．AOC ブライ・コート・ド・ボルドー（Blaye Côtes de Bordeaux，白・赤），AOC カディヤック・コート・ド・ボルドー（Cadillac Côtes de Bordeaux，赤），AOC カスティヨン・コート・ド・ボルドー（Castillon Côtes de Bordeaux，赤），AOC フラン・コート・ド・ボルドー（Francs Côtes de Bordeaux，白・赤），AOC サント・フォワ・コート・ド・ボルドー（Sainte-Foy- Côtes de Bordeaux，白・赤）となっている．

▋ワインの特徴

口あたりまろやかで，果実の風味があり，3〜10年の熟成が期待できる．

フラン・コート・ド・ボルドー▶

●生き生きとした口あたりで，熟成につれまろやかさと繊細さが現れる．

フラン・コート・ド・ボルドー▶

●蜂蜜や柑橘のアロマを感じる．

サント・フォワ・コート・ド・ボルドー▶

●白い花の香りとフレッシュな果実の香り．そのまろやかさと軽めの酸味が口中に心地よく余韻も長い．

サント・フォワ・コート・ド・ボルドー▶

●トロピカルフルーツの香りに心地よい甘味とフィネスを感じる．

カディヤック・コート・ド・ボルドー▶

●際立った黒に近い濃い色調．フィネスのあるアロマティックな香りにしっかりとした味わい．若いときにフルーティーさで楽しむこともできるが，4〜10年熟成後のまろやかさや複雑味を見出すこともできる．

カスティヨン・コート・ド・ボルドー▶

●濃いルビー色の色調．濃厚で深い，干しプルーン，なめし皮，ジビエ，ときには森の下草のフレッシュな香りとよく熟した小さな赤い果実のブーケが特徴．口中フルーティーで，ボディがあり力強く，長熟型．

フラン・コート・ド・ボルドー▶

●濃い色合い．しっかりとしたボディをもち，円やかさもある．

サント・フォワ・コート・ド・ボルドー▶

●とても濃い色合い．赤い果実のアロマが主体．口あたりのフレッシュさと，後味のわずかな収斂味のバランスがよい．

▋テロワール

コート・ド・ボルドー（Côtes de Bordeaux）は，ジロンド川の東に位置し，南

ボルドー　29

北に 100km以上伸びる日あたりのよい斜面に畑が広がり，主に粘土石灰岩質土壌である．この地域は，大西洋，ジロンド川河口，ガロンヌ川とドルドーニュの渓谷の水辺に近いことから，比較的温度変化が少なく均一な気候となっている．

> Bordeaux（ボルドー）／Côtes（コート）
> ●● セミヨン，ソーヴィニヨン・ブラン，ソーヴィニヨン・グリ，ミュスカデル
> ● カベルネ・ソーヴィニヨン，カベルネ・フラン，メルロ，マルベック（コット）
> ● 網焼きやオーブン焼きにしたスズキやカレイ，帆立貝の椎茸添え，鶏ささみのサラダ
> ● フォワグラ，仔牛のクリーム煮，チーズ（AOPロックフォール）
> ● 仔牛のソテー マレンゴ風，サーロインステーキ エシャロット添え，フォワグラと椎茸のマカロン

AOP ロックフォール

AOC
Côtes de Bourg コート・ド・ブール

白 1941, 赤 1936

ジロンド川右岸，メドック地区の対岸に位置するブライエ・ブルジェ（Blayais Bourgeais）地区に属する AOC．生産地区は，ボルドー市の北約 35km，ドルドーニュ川がジロンド川に合流する地点にあるブール村を中心とする．畑は太陽の恵みを最大限に受けることのできる斜面に広がっており，また河口にあるため，大量に流れる水の影響で夏も冬も気温が緩和されるという自然条件に恵まれている．ジロンド川は，ワインの生産を育んできただけでなく水産物にも恵まれている．河口部で採れるうなぎが特に有名で，ボルドーワインと少量のアルマニャック（またはコニャック），エシャロット，ベーコンで味つけした「うなぎのボルドー風」が名物だ．

■ワインの特徴
- ソーヴィニヨン・ブラン種とセミヨン種，コロンバール種のアサンブラージュで造られる辛口の白は，柑橘類，白桃，黄色や白い花の香りが現れ，生き生きとしていて，繊細かつエレガントなのが特徴．
- 優美なボディで，小さな黒い果実のコンポートの香りに，森の腐葉土やスパイスのニュアンスも感じられる．3〜8 年の瓶熟成に向いている．熟成後は，複雑で力強く洗練された香りが現れる．

■テロワール
ジロンド川の河口右岸にあり，畑は日照を最大限に得られる向きに広がり，それがワインの色の濃さをもたらす．河口に近いために，流水が斜面の強い日照を和らげ，冬も夏も気温が緩和される．土壌は比較的重い粘土石灰質が主で，その基盤には多孔性の石の層があり，排水性に優れている．メルロ種は特にこの土壌に適している．

- Bordeaux（ボルドー）／Côtes（コート）
- セミヨン，ソーヴィニヨン・ブラン，ソーヴィニヨン・グリ，ミュスカデル，コロンバール
- メルロ，カベルネ・ソーヴィニヨン，カベルネ・フラン，マルベック（コット）
- ソースを添えた平目や甘鯛，砂肝のサラダ，仔牛のクリーム煮
- ポトフ，牛ランプ肉の網焼きあるいはロースト，羊の肩肉ロースト，仔牛のキドニーのソテー マスタード添え，家禽のシチュー，マグレ・ド・カナールの網焼き

AOC
Entre-Deux-Mers アントル・ドゥー・メール

1937

ジロンド県のなかで，ドルドーニュ川とガロンヌ川に挟まれた三角地帯をアントル・ドゥー・メール地区（仏語で「2つの海の間」という意味）と呼ぶ．どちらの川も大西洋から押し寄せる「潮津波」という世界的に珍しい現象が起こるため，サーフィンやジェットスキーができることでも有名である．この三角地帯に位置するAOCアントル・ドゥー・メールは，ソーヴィニヨン・ブラン種を主体とした辛口の白ワインのみに認められたアペラシオン．同地区の赤ワインはAOCボルドー，AOCボルドー・シュペリウールとして市場に出される．カジュアルに楽しめる爽やかな白は，大西洋で採れる海産物によく合う．ボルドー市の南西約55kmに砂丘で有名なアルカション（Arcachon）という大西洋沿岸のリゾート地があるが，この町の特産物である牡蠣との相性もよい．

ワインの特徴

- 柑橘類，トロピカルフルーツなどのアロマが豊か．味わいは生き生きとして爽やかなワインである．ソーヴィニヨン・ブラン種の爽やかな特徴をベースに，セミヨン種は円みと力強さをもたらし，ミュスカデル種は心地よい香りを与える．

テロワール
粘土石灰質を主体とし，砂利，砂，シルト，粘土と多様性に富む土壌．粘土石灰質では緻密な酸とミネラルを伴った上品さ，砂利では力強さ，砂では軽やかさ，粘土では厚みのある果実味が特徴となる．このため，この地域の西部ではしなやかな質感としっかりした骨格，北部では爽やかな酸，東部では苦味を伴った堅牢さ，川沿いではなめらかさをもった味わいになる．

- Bordeaux（ボルドー）／Entre-Deux-Mers（アントル・ドゥー・メール）
- セミヨン，ソーヴィニヨン・ブラン，ソーヴィニヨン・グリ，ミュスカデル
- 生牡蠣，シーフードサラダ，鯉のオーブン焼き，鯖の塩焼き，アサリのワイン蒸し

海の幸

AOC
Fronsac フロンサック

1937

ジロンド県のドルドーニュ川右岸に広がる地域は，ワインの積み出し港として栄えた中心都市のリブルヌ（Libourne）市から名を取ってリブルネ地区と呼ばれている．AOC サン・テミリオン，AOC ポムロールがある同地区のなかで，最も西に位置するのがAOC フロンサック．畑は，ドルドーニュ川とイール川の合流点の丘陵地に広がり，谷から丘へと登っていく小道沿いに，ブドウ樹に囲まれた美しいシャトーが点在する．今はもう残っていないが，フロンサックは 767 年にシャルルマーニュ（カール）大帝が要塞を築いた地として有名である．また，国王ルイ 13 世の宰相リシュリューの子孫で，フロンサックのワインの発展に貢献したといわれるリシュリュー公の館跡が残っている．

■ワインの特徴
●赤い果実やコショウあるいはスパイスの香りを放ち，樽香がある．しっかりとした骨格のワインで，タンニンは多く存在しているが攻撃的ではなく，熟成に向いている．

■テロワール
穏やかな海洋性気候の恩恵を受け，冬暖かく，雨も平均して降る（年間 700mm）．ドルドーニュ川とイール川のおかげで，春の夜の霜のリスクが減り，夏の暑さが和らげられる．恵まれた地中海性気候である．ブドウ畑は，日あたりのよい丘陵の斜面に広がる．土壌は多様で，斜面や丘の上は，石灰分を含む粘土と砂岩が混ざり合った「フロンサックの軟質砂岩（Molasse du Fronsadais）」とも呼ばれる土壌が基層で，水はけがよい．

🍷 Bordeaux（ボルドー）／Saint-Emilion Pomerol Fronsac（サン・テミリオン ポムロール フロンサック）

🍇 ●メルロ，カベルネ・フラン，カベルネ・ソーヴィニヨン，マルベック（コット）

🍴 ●マグレ・ド・カナール，鴨の蕪添え，椎茸のボルドー風，仔牛の薄切りや鶏胸肉のクリームソース

ボルドー　33

AOC
Graves グラーヴ

1937

　グラーヴ地区はボルドー市の南東，ガロンヌ川左岸の全長約50kmの地帯に広がる．5,000haにも及ぶこの地は，ガロンヌ川とその支流が，ピレネー山脈や中央山塊から運んできた砂利や玉石に覆われている．「グラーヴ」は仏語でまさに「砂利」を意味し，土壌の性質がAOCの呼称となっているのはフランスではこの地区だけである．また，三権分立の思想を唱えた『法の精神』の著者であるモンテスキューが生まれ，ワイン業で手腕を発揮した地でもある．AOCグラーヴは全域で栽培されるブドウから造られる辛口の白，赤に適用される．

　同区域で生産される遅摘みブドウから生まれる半甘口ワインの白にAOC グラーヴ・シュペリウール (Graves Supérieur) がある．また，AOC グラーヴの近隣に，AOC グラーヴ・ド・ヴェイル (Grave de Veyres) があり，白（辛口，半甘口）と赤が認められている．

▌ワインの特徴

● ソーヴィニヨン・ブラン種が柑橘類やトロピカルフルーツ，ミントの香りと生き生きとした爽やかさをもたらし，セミヨン種が蜜蝋のアロマと生気，円み，力強さ，濃厚さ，余韻の長さを与える．オークの小樽熟成をすると数年後に豊かさと複雑性が生まれる．樽熟成しないものはフレッシュでフルーティー．

● イチゴや木イチゴなどの赤い果実，カシスなどの黒い果実のほか，スミレなど花の要素や，ときにはかすかに樹脂やスパイスの要素やトースト香も感じられる．酸は穏やかで厚みがある．樽熟成により，わずかにチョコレートやヴァニラやロースト香が感じとれる．

▌テロワール

　気候は大西洋の影響で温暖．ピレネー山脈からガロンヌ川に押し流された砂礫，砂，粘土，硬砂岩，石灰岩が堆積してできた，低い丘が続いている地形．グラーヴ地区の砂礫層の厚さはさまざまで，砂や粘土が混ざっている．砂利の畑にはカベルネ・ソーヴィニヨン種が植えられる．砂利以外の畑も多く，メドック地区よりメルロ種の比率は高くなる．底土は保水性が高い土壌．

- Bordeaux（ボルドー）/Graves（グラーヴ）
- ● ソーヴィニヨン・ブラン，ソーヴィニヨン・グリ，セミヨン，ミュスカデル
- ● カベルネ・ソーヴィニヨン，メルロ，カベルネ・フラン，カルムネール，マルベック（コット），プティ・ヴェルド
- ● 舌平目のムニエル，海老のバターソース，帆立貝の串焼き，仔牛の煮込み昔風，ガロンヌ川産チョウザメの輪切りのグリル，カリフラワーのケッパー

とブドウ添え，チーズ（AOP ペラルドン）
●キジのロースト キャベツ添え，鰻の赤ワイン煮，牛肉の煮込み

グラーヴ地区の格付け（1953 年・1959 年）クリュ・クラッセ・ド・グラーヴ（Crus Classés de Graves）

グラーブ地区に限定したワインの格付けは，1953 年と 1959 年に行われ，以降現在まで改正されていない．すべてのクリュが 1987 年に新設された．AOC ペサック・レオニャン地区にあるため，AOC の呼称はグラーヴではなく，ペサック・レオニャンとなる．

銘柄名	タイプ	村名
Château Haut-Brion（オー・ブリオン）	赤	Pessac
Château Pape Clément（パプ・クレマン）	赤	Pessac
Château de Fieuzal（ド・フューザル）	赤	Léognan
Château Haut-Bailly（オー・バイィ）	赤	Léognan
Château La Mission Haut-Brion（ラ・ミッション・オー・ブリオン）	赤	Talence
Château La Tour Haut-Brion（ラ・トゥール・オー・ブリオン）	赤	Talence
Château Smith Haut Lafitte（スミス・オー・ラフィット）	赤	Martillac
Château Carbonnieux（カルボニュー）	白・赤	Léognan
Domaine de Chevalier（ドメーヌ・ド・シュヴァリエ）	白・赤	Léognan
Château Malartic-Lagravière（マラルティック・ラグラヴィエール）	白・赤	Léognan
Château Olivier（オリヴィエ）	白・赤	Léognan
Château Bouscaut（ブスコー）	白・赤	Cadaujac
Château La Tour-Maltillac（ラ・トゥール・マルティヤック）	白・赤	Martillac
Château Laville Haut-Brion（ラヴィル・オー・ブリオン）	白	Talence
Château Couhins（クーアン）	白	Villenave-d'Ornon
Château Couhins-Lurton（クーアン・リュルトン）	白	Villenave-d'Ornon

ボルドー　35

AOC
Margaux マルゴー

1954

　AOC マルゴーはジロンド川左岸に延びるオー・メドック地区の村名格付け AOC のなかで最南に位置する．マルゴー，カントナック(Cantenac)，スーサン(Sousans)，ラバルド(Labarde)，アルサック（Arsac）の 5 村にまたがるブドウ農園のなかに，18 〜 19 世紀に建てられた華やかな城館が点在する．マルゴー地区には，パリ万国博覧会（1855 年）のメドック地区を中心とした公式格付けで「クリュ・クラッセ」に選ばれたシャトーが 21（現在は 20）ある．代表的なシャトーは，名高い格付け第一級（プルミエ・クリュ）の「シャトー・マルゴー（Château Margaux）」である．このシャトーでは，ワンランク下の「パヴィヨン・ルージュ・デュ・シャトー・マルゴー（Pavillon Rouge du Châteaux Margaux）」というセカンドラベルも出している．

ワインの特徴
● メドック地区のなかで「最も女性的」といわれ，エレガントで繊細なワインとして知られている．フルーティーで香り高く，強いが硬さのないタンニンと柔らかさ，複雑性が印象的．長期熟成に向いている．木イチゴ，チェリー，スグリなどの赤い果実やバラ，ヒヤシンスなどの花，スパイス，あるいはコーヒー豆の焙煎香などのアロマが調和よく溶け込み，繊細で複雑な香りをもつ．

テロワール
　メドック地区の南部に位置するため気候は温暖で，ブドウ樹と果実の成熟には最適．砂礫質の沖積土の台地は砂利質土壌が主体であり，石灰質や粘土，沖積土の地層の上に位置する．土壌が浅く，大きな砂利や小石の比率がほかより高いため，水はけがよく，カベルネ・ソーヴィニヨン種に，緻密な味わいや柔らかい広がりをもたらす．土壌の多様性も特徴で，石灰岩，粘土が重なっていて地表に露出しているところにはメルロ種が多く植えられている．

- Bordeaux（ボルドー）／Médoc（メドック）／Haut-Médoc（オー・メドック）
- ● カベルネ・ソーヴィニヨン，メルロ，カベルネ・フラン，カルムネール，マルベック（コット），プティ・ヴェルド
- ● 仔羊もも肉ロースト，フォワグラのポワレ，鹿肉のロースト，和牛フィレ，チーズ（AOP サン・ネクテール）

AOC
Médoc メドック

1936

メドック地区はボルドー市の北西，ジロンド川左岸の半島のような地帯に伸びる全長約 120km の地区で，名前は「水の真ん中」を意味するラテン語に由来．上流域のオー・メドック地区と中・下流域のメドック地区に二分される．AOC メドックは，法律的には 2 つの地区全域で造られる赤ワインに適用される呼称だが，実際には中・下流域の 14 コミューン（市町村）で生産されるものが AOC メドックを名乗っている．より上質な赤ワインを生む AOC オー・メドック（Haut-Médoc）の生産地は，上流域の 29 コミューン（市町村）に限定されている．同地区には多くの名門格付けシャトーをもつポイヤック，マルゴーなどの 6 つの村名 AOC がある．1855 年のメドック公式格付けで「クリュ・クラッセ（Crus classes de Médoc）」に選ばれたシャトーのうち，AOC オー・メドックを名乗るものは 5 シャトーある．また，村名 AOC ワインを造っている名門シャトーが，買いやすい価格で品質が高いワインを AOC オー・メドックで出していることも多い．ボルドー地方，特にオー・メドック地区のワインの繁栄をもたらしたのはイギリスやオランダとの交易である．これらの国々はボルドーワインの品質向上にも大きな役割を果たした．例えば，オランダからはブドウ畑の拡大をもたらした干拓技術と，ワインの腐敗を遅らせるために樽を硫黄で殺菌するという技術を学んだ．また，イギリスとの取引によってワインを樽ではなくガラス瓶に詰めて，コルク栓で閉めるスタイルが初めて導入された．

▍ワインの特徴

●フィネスと香りが特徴．骨格がしっかりとしていて，豊かで，口に含むと口中に満ちあふれるワイン．甘草と赤い果実や黒い果実が心地よくなじんだアロマがあり，円みと気品が調和している．熟成に耐える力があり，年とともに動物的な香り，焙煎したコーヒー豆の香り，干しスモモ，ヒマラヤ杉，トリュフなどの要素が混ざり合ったすばらしい熟成香が感じられる．

▍テロワール

気候は海洋性気候である．土壌は砂礫質の沖積土で，小川で区切られた広い段丘に広がり，水はけがよい．砂礫，沖積土，砂質，小石．ガロンヌ川沿いの砂利とピレネーの砂利および粘土石灰質．底土は保水性が高い．この軽い土壌は，カベルネ・ソーヴィニヨン種に特に向いている．メルロ種は，砂礫質の土壌のなかでも，より粘土質で深い土壌を好む．

- 🔍 Bordeaux（ボルドー）／Médoc（メドック）
- 🍇 ●カベルネ・ソーヴィニヨン，メルロ，カベルネ・フラン，カルムネール，マルベック（コット），プティ・ヴェルド
- 🍴 ●牛フィレ蒸し煮，七面鳥小玉ねぎ添え，仔羊のもも肉ロースト，チーズ（AOP ブリー・ド・モー）

ボルドー　37

グラン・クリュ・クラッセ・アン・メドック 1855（Grand Crus Classés en Médoc 1855）の格付け

　1855 年のパリ万国博覧会の時に，ナポレオン 3 世の命でボルドー市の商工会議所とワイン仲買人組合が行ったフランス初のワインの公式格付けである．ボルドー地方では 17 世紀末頃から，ワインを「クリュ」という単位で評価するようになったが，この「クリュ」とは 1 生産者が所有するブドウ畑とワイン醸造所からなるワイン農園のことを指し，またその農園の名を冠するワインのことを指す．醸造所は城館のなかにあることが多かったため，クリュはシャトー（城）とも呼ばれ，現在もそれは続いている．「クリュ・クラッセ」の格付けはボルドー地方で 1855 年当時，長い年月をかけて名実ともに高い評価を築いていたクリュ（シャトー）を対象としたもので，赤ワインでは 61 のシャトーが選ばれ，グラーヴ地区のシャトー・オー・ブリオンを唯一の例外として，すべてオー・メドック地区から選ばれた．等級は 1 級から 5 級までである．1973 年に一度見直しがあり，唯一，シャトー・ムートン・ロートシルトが第 2 級から第 1 級に昇格した．

Premiers Crus（1 級）：5

シャトー名	AOC 名
Château Lafite-Rothschild（ラフィット・ロートシルト）	Pauillac
Château Latour（ラトゥール）	Pauillac
Château Mouton Rothschild（ムートン・ロートシルト）	Pauillac
Château Margaux（マルゴー）	Margaux
Château Haut-Brion（オー・ブリオン）	Pessac

Seconds Crus（2 級）：14

シャトー名	AOC 名
Château Cos d'Estournel（コス・デス・トゥネル）	Saint-Esetèphe
Château Montrose（モンローズ）	Saint-Esetèphe
Château Pichon-Longueville Baron（ピション・ロングヴィル・バロン）	Pauillac
Château Pichon Longueville Comtesse de Lalande（ピション・ロングヴィル・コンテス・ド・ラランド）	Pauillac
Château Ducru-Beaucaillou（デュクリュ・ボーカイユ）	Saint-Julien
Château Gruaud Larose（グリュオー・ラローズ）	Saint-Julien
Château Léoville Barton（レオヴィル・バルトン）	Saint-Julien
Château Léoville-Poyferré（レオヴィル・ポワフェレ）	Saint-Julien
Château Léoville Las Cases（レオヴィル・ラス・カーズ）	Saint-Julien
Château Durfort-Vivens（デュルフォール・ヴィヴァン）	Margaux
Château Lascombes（ラスコンブ）	Margaux
Château Rauzan-Ségla（ローザン・セグラ）	Margaux
Château Rauzan-Gassies（ローゼン・ガシ）	Margaux
Château Brane-Cantenac（ブラーヌ・カントナック）	Cantenac

Troisièmes Crus (3級)：14

シャトー名	AOC名
Château Calon-Ségur（カロン・セギュール）	Saint-Esetèphe
Château Lagrange（ラグランジュ）	Saint-Julien
Château Langoa Barton（ランゴア・バルトン）	Saint-Julien
Château Desmirail（デスミライユ）	Margaux
Château Malescot Saint-Exupéry（マレスコ・サン・テグジュペリ）	Margaux
Château Ferrière（フェリエール）	Margaux
Château Marquis d'Alesme Becker（マルキ・ダレーム・ベッケル）	Margaux
Château Kirwan（キルヴァン）	Margaux
Château d'Issan（ディッサン）	Margaux
Château Boyd-Cantenac（ボワ・カントナック）	Margaux
Château Cantenac Brown（カントナック・ブラウン ）	Margaux
Château Palmer（パルメ）	Margaux
Château Giscours（ジスクール）	Margaux
Château La Lagune（ラ・ラギューヌ）	Haut-Médoc

Quatrièmes Crus (4級)：10

シャトー名	AOC名
Château Lafon-Rochet（ラフォン・ロシェ）	Saint-Esetèphe
Château Duhart-Milon（デュアール・ミロン）	Pauillac
Château Beychevelle（ベイシュヴェル）	Saint-Julien
Château Branaire-Ducru（ブラネール・デュクリュ）	Saint-Julien
Château Saint-Pierre（サン・ピエール）	Saint-Julien
Château Talbot（タルボ）	Saint-Julien
Château Marquis de Terme（マルキ・ド・テルム）	Margaux
Château Pouget（プージェ）	Margaux
Château Prieuré-Lichine（プリューレ・リシーヌ）	Margaux
Château La Tour Carnet（ラ・トゥール・カルネ）	Haut-Médoc

Cinquièmes Crus (5級)：18

シャトー名	AOC名
Château Cos Labory（コス・ラボリ）	Saint-Esetèphe
Château Batailley（バタイエ）	Pauillac
Château Clerc Milon（クレール・ミロン）	Pauillac
Château Croizet-Bages（クロワゼ・バージュ）	Pauillac
Château d'Armailhac（ダルマイヤック）	Pauillac
Château Grand-Puy-Lacoste（グラン・ピュイ・ラコスト）	Pauillac
Château Grand-Puy Ducasse（グラン・ピュイ・デュカス）	Pauillac
Château Haut-Bages Libéral（オー・バージュ・リベラル）	Pauillac
Château Haut-Batailley（オー・バタイエ）	Pauillac
Château Lynch-Bages（ランシュ・バージュ）	Pauillac
Château Lynch-Moussas（ランシュ・ムーサ）	Pauillac

ボルドー　39

Château Pédesclaux（ペデスクロー）	Pauillac
Château Pontet-Canet（ポンテ・カネ）	Pauillac
Château Dauzac（ドザック）	Margaux
Château du Tertre（デュ・テルトル）	Margaux
Château Belgrave（ベルグラーヴ）	Haut-Médoc
Château de Camensac（ド・カマンサック）	Haut-Médoc
Château Cantemerle（カントメルル）	Haut-Médoc

「クリュ・クラッセ」以外の格付け，認証
クリュ・ブルジョワ・デュ・メドック（Crus Bourgeois du Médoc）
　クリュ・クラッセに選ばれなかったクリュ（シャトー）を評価するために，1932年から始まった格付け．「ブルジョワ」という名称は，中世期のイギリス統治下でイギリス王国から特権を得てワインにより栄えた「特権階級の人々（ブルジョワ）」に由来する．
メドック・クリュ・アルティザン（Médoc Crus Artisan）
　畑の面積が5ha以下で，自ら栽培，醸造，販売を行う家族経営の小さなワイン農家を対象とした格付け．2005年のヴィンテージによる適用された．

ボルドーのブドウ畑

上空からのブドウ畑

AOC
Moulis ムーリス または Moulis-en-Médoc ムーリス・アン・メドック

1938

　ボルドー市から北西へ大西洋に向かって流れるジロンド川左岸に沿って延びるオー・メドック地区は、6つの村名AOCワインがある。AOCムーリス・アン・メドックは同地区のなかで最も生産面積が小さく、AOCマルゴーよりもやや内陸に入った所に位置する。広大な松林で風から守られた段丘に広がる畑はミクロクリマ（微気候）に恵まれている。名称は、はるか昔この地にたくさん建っていた「風車（フランス語でムーラン，Moulin）に由来する。1855年の格付けで「クリュ・クラッセ」に選ばれたシャトーはないが、この格付けの選考に漏れたシャトーの評価のために1932年に導入された格付けである「クリュ・ブルジョワ」のシャトーが多い。この格付けは2003年に起きた訴訟問題により、一度廃止の危機に立たされたが、生産者連合の努力により、2008年のミレジム以降、「格付け」ではなく「認証」という形で復活した。なお、ムーリスと似ている土壌から生まれるワインにAOCリストラック・メドック（Listrac-Médoc）がある。

▎ワインの特徴
● 複雑かつ力強い香り、エレガントなブーケ、しっかりしたストラクチャーと余韻の長さが魅力。若いうちから繊細さと豊満さを兼ね備え、時とともに、タンニンの力強さと豊かなアロマが魅力を増す。調和のとれたエレガントなワイン。ボディがしっかりしているものもあるが、円みがあり、タンニンはよく溶け込んでいて、とても心地よい甘みを感じさせてくれる。

▎テロワール
　松林に囲まれた畑は風から守られ、ブドウがよく熟すのに適したミクロクリマとなっている。土壌は変化に富む。砂礫質の段丘が、壌土質あるいは石灰質のエリアでさえぎられ、軽く熱い土壌と、冷たく深い土壌の段丘が交互に現れる。石灰岩と粘土の上に砂利が堆積したところにはカベルネ・ソーヴィニヨン種が、低地の石灰質土壌にはメルロ種が植えられている。

- 🔑 Bordeaux（ボルドー）／Médoc（メドック）／Haut-Médoc（オー・メドック）
- 🍇 ● カベルネ・ソーヴィニヨン、メルロ、カベルネ・フラン、カルムネール、マルベック（コット）、プティ・ヴェルド
- 🍴 ● ポトフ、七面鳥小玉ねぎ添え、ラムチョップ

AOC
Pauillac ポイヤック

1936

　ジロンド川左岸オー・メドック地区のポイヤック村を中心とする赤ワインの銘醸地．1855年のメドック格付けで最高峰とされるプルミエ・クリュに選ばれた5大シャトーのうちの3シャトー，すなわちシャトー・ラトゥール，シャトー・ラフィット・ロートシルト，シャトー・ムートン・ロートシルトはこのAOCポイヤックに属している．ラトゥールはこの地にあった13世紀の塔（仏語で「ラ・トゥール」）から名を採ったシャトーで，「ランクロ」と呼ばれる区画の老樹から崇高なワインが造られている．ラフィットとムートンは，世界金融史に名を残すロスチャイルド財閥一族の所有．エレガントなラフィットは，国王ルイ15世が愛した「王のワイン」としても有名．力強い長寿のムートンは100年もの間変わらなかった1855年の格付けを，1973年に唯一くつがえし，2級から1級に昇格したシャトーである．毎年変わる有名画家によるエチケットも人気が高い．なお，ムートンは仏語で「羊」という意味だが，ポイヤック村周辺はIGP取得の良質な子羊の生産地でもある．

▍ワインの特徴
● 若いうちは力強く，アロマの種類は幅広い．赤い果実，カシス，ブラックチェリーなどの黒い果実，甘草，スミレやバラなどの花の香り，ヒマラヤ杉，燻製，スパイスなどが感じられる．熟成を経て余韻の長いブーケに変わっていく．タンニンが豊かでコクがあり，濃密で深く芳醇．偉大な気品が備わり，タンニンは引き締まっているが，硬さは見られない．一般的に，充分に花開くまでには時間が必要．

▍テロワール
　ブドウ畑はやや高いところにあるなだらかな丘の上に広がっている．丘の頂は砂礫質で水はけがよく，石灰質を多少含んだ泥灰土の地層の上にある．土壌が痩せているのでブドウ樹は栄養分を求めて地中深くまで根を伸ばし，これがワインの品質を形づくる．ガロンヌ川の砂利の層が全体に一様に，しかも厚く堆積しているのが特徴．成熟の遅いカベルネ・ソーヴィニヨン種はこの土壌に最も向き，多く栽培される．

- Bordeaux（ボルドー）／Médoc（メドック）／Haut-Médoc（オー・メドック）
- ● カベルネ・ソーヴィニヨン，メルロ，カベルネ・フラン，カルムネール，マルベック（コット），プティ・ヴェルド
- ● IGPポイヤックの仔羊背肉のロースト，鹿肉のロースト，チーズ（AOPブリー・ド・ムーラン，AOPブルー・デ・コース）

AOC
Pessac-Léognan ペサック・レオニャン

1987

ボルドー市の南端に位置し，ガロンヌ川左岸に広がるペサック・レオニャン地区は，グラーヴ地区のなかで特にテロワールに恵まれた地区．ここから産出される辛口の白と赤は，AOC グラーヴのワインと差別化するために，1987 年に独自の AOC を獲得した．この AOC ができる前の 1953 年と 1959 年のグラーヴ地区のワインの格付けで「クリュ・クラッセ」に選ばれた 16 のシャトーは，すべてこのペサック・レオニャン地区にある．このため，格付けシャトーの AOC はすべてペサック・レオニャンとなり，エチケットに「クリュ・クラッセ・ド・グラーヴ（Cru Classé de Graves）」「グラン・クリュ・クラッセ・ド・グラーヴ（Grand Cru Classé de Graves）」と表記されるようになった．また，有名な 1855 年のメドック地区を中心とした格付けで，グラーヴ地区から唯一，第一級に選ばれたシャトー・オー・ブリオン（Château Haut-Brion）も当地区にある．

■ワインの特徴
- エニシダの花，ヘーゼルナッツ，柑橘類，アカシア，蜂蜜，白桃，ネクタリンなど多彩で豊かなアロマが広がる．味わいは複雑で上品．生き生きとした果実味，円みと力強さが見事なバランスで現れている．
- 熟した赤い果実やスミレの香りが，炒ったアーモンドの香りに支えられている．肉づきがよく，タンニンはしっかりとあるが攻撃的ではなく，長く心地よい余韻を伴う．豊かでエレガントな気品あるワイン．

■テロワール
ブドウ樹は松林に囲まれているために，湿った西風から理想的に守られている．地層は，小石混じりの砂利と，川の影響で円くなった石が集まる砂礫質の特別に厚い層である．礫質が多く砂質が少ないのがこの土壌の特徴で，小石は日光を反射し，蓄えた熱を徐々に放射してブドウの実を成熟させる．

- Bordeaux（ボルドー）／Graves（グラーヴ）
- ● ソーヴィニヨン・ブラン，ソーヴィニヨン・グリ，セミヨン，ミュスカデル
- ● カベルネ・ソーヴィニヨン，メルロ，カベルネ・フラン，カルムネール，マルベック（コット），プティ・ヴェルド
- ● 鮭の網焼きアニス風味，スズキの香草焼き，伊勢海老の姿焼き，仔牛のクリームソース，チーズ（AOP ライヨール）
- ● 鴨のオレンジソース，ウズラの紙包み焼きイチジク添え，仔羊のパン粉焼き，キジ焼き丼

AOC
Pomerol ポムロール

1936

　ボルドー市から東へ約 30km，ワインの積み出し港として繁栄したリブルヌ市の北隣に位置する赤ワインの銘醸地．ドルドーニュ川右岸に広がる栽培面積約 800ha ほどの AOC ポムロールは，素朴な農家風のシャトーが多い控えめな地区で，メルロ種を主体とした繊細かつ豊満なワインを造っている．他地区のような公式の格付けはないが，シャトー・ペトリュス（Châteaux Pétrus）や，シャトー・ル・パン（Châteaux Le Pin）など，揺るぎない名声を誇る右岸の銘柄がある．この地のブドウ畑は中世の時代にキリスト教のエルサレム聖ヨハネ修道会の手によって開拓された．15 〜 16 世紀にはリブルヌ港から海外へと輸出され，諸外国で高い評価を得るようになった．当地区の北には AOC ラランド・ド・ポムロール（Lalande-de-Pomerol）があり，メルロ種を主体とした赤を産出している．

ワインの特徴

● 赤い果実，スミレ，トリュフ，ジビエなど微妙で多彩な香りがある．味わいはフィネスがあると同時にコク，円み，肉づきがあり，力強く，優しく肥えたふくよかさがある．若いうちから楽しめる．長期熟成にも向いており，熟成するとたぐいまれな複雑なブーケとすばらしいフィネスが現れる．

テロワール

　気候は温暖で，ワインに果実味や豊満さをもたらす．表層は砂礫質で，密度が高く，粘土質や砂質を含んでいる．底土は粘土質で，酸化鉄が含まれている．これが，ミクロクリマ（微気候）と相まってポムロールのワインに，他には代えがたい個性を与えている．東側一帯にある粘土はスメクタイト（Smectite）と呼ばれる膨張性粘土．大雨の後はこの粘土質がすぐに膨張し，ブドウ樹の根が過剰な水分を吸い上げるのを防ぎ，余分な水分は排水される．逆に夏は，粘土質が蓄えておいた水分を徐々に吐き出し，ブドウ樹が乾燥するのを防いでくれる．西に行くほど粘土層が沈降し，砂が多くなる．粘土の質も東側とは異なり，雨が降っても膨張しないため，ブドウが水分を吸収し，東側より優しい味わいとなり，早く熟成する．

- Bordeaux（ボルドー）／Saint-Emilion Pomerol Fronsac（サン・テミリオン ポムロール フロンサック）
- ● メルロ，カベルネ・フラン，カベルネ・ソーヴィニヨン，マルベック（コット），カルムネール，プティ・ヴェルド
- ● 牛フィレ トリュフ風味，ウズラなどのジビエ，イノシシの赤ワイン煮込み，ホロホロ鳥のクリーム煮ポテト添え，チーズ（AOP ブルー・ドーヴェルニュ）

AOC
Saint-Émilion サン・テミリオン

1936

　AOC サン・テミリオンはジロンド県北東部に位置し，ドルドーニュ川右岸のリブルヌ市の近隣に広がる赤ワインの銘醸地．畑はサン・テミリオン村を中心とする9村に広がり，地形は台地，段丘，丘陵と変化に富んでいる．全体的に粘土質を多く含む石灰質の土壌でメルロ種の栽培に適している．次に多い品種はカベルネ・フラン種で，カベルネ・ソーヴィニヨン種の割合は5～15%と少ない．この地区の北を流れるバルバンヌ（Barbanne）川の右岸に，サン・テミリオン衛星地区（Satellites de Saint-Émilion）と呼ばれる4つのAOC，すなわちリュサック・サン・テミリオン（Lussac-Saint-Émilion），モンターニュ・サン・テミリオン（Montagne-Saint-Émilion），ピュイスガン・サン・テミリオン（Puisseguin-Saint-Émilion），サン・ジョルジュ・サン・テミリオン Saint-George-Saint-Émilion）の畑が広がっている．いずれもメルロ種の特徴が良く表れた赤ワインを産出している．

　サン・テミリオン村は，中世の石造りの町並みが残る風情ある小村である．村名は8世紀にこの地で隠遁生活を送ったといわれるキリスト教ベネディクト派の聖人エミリオンに由来．その聖域跡に築かれた，世界でここにしかない一枚石で造られた教会が有名で，中世期にはスペインの聖地サンティアゴ・デ・コンポステーラ巡礼の経由地として栄えた．この歴史ある村は周辺の階段状の段丘に広がるブドウ畑の景観全体とともに，1999年から世界遺産に「文化的景観」として登録されている．ブドウ畑の景観が世界遺産に登録されたのは世界で初めてのことである．

■ワインの特徴

● 気品があり，アロマは豊かで強い．赤い果実の香りに，ときにはトリュフの要素が感じられる．熟成するとスパイスやヴァニラ，皮革，スモーキーなニュアンスが現れる．エレガントなストラクチャー，円み，強さが微妙に結びついた味わいで，なめらかでビロードのような繊細なタンニンが感じられる．肉づきがよく，ボディのしっかりとしたワイン．

■テロワール

　起伏は台地や段丘，丘陵や谷などさまざまである．ボルドーのほかの地域に比べると大陸性気候に近く，日照に恵まれ比較的暖かい秋が長く続き，冬も温暖で乾燥し，春の霜を避けることができるというミクロクリマの恩恵を受けている．この地域の土壌は，石灰岩が全体に粘土質を含んでいて，粘土石灰質，ヒトデ石灰岩，粘土砂質，粘土砂礫質からなる．

> 🔍　Bordeaux（ボルドー）／Saint-Emilion Pomerol Fronsac（サン・テミリオン ポムロール フロンサック）

- ●メルロ，カベルネ・フラン，カベルネ・ソーヴィニヨン，マルベック（コット），カルムネール，プティ・ヴェルド
- ●ホロホロ鳥ジロール茸添え，仔羊の背肉プロヴァンス風，鹿肉のグラン・ヴニュール，仔牛の薄切り肉バスク風，塩鱈のニース風，鴨の五香粉風味揚げ，やつめうなぎの赤ワイン煮，チーズ（AOP ブリー・ド・モー，AOP コンテ）

サン・テミリオン・グラン・クリュ，クリュ・クラッセ・ド・サン・テミリオン(1955年) (AOC Saint-Émilion Grand Cru, Crus Classés de Saint-Émilion Grand Cru)

AOC サン・テミリオン・グラン・クリュは，AOC サン・テミリオンよりも厳しい生産基準のもとで造られる，より品質の高い赤ワインに認められたアペラシオン．生産地域はサン・テミリオン地区と同じ．生産者は土壌，畑の向き，樹齢，ブドウの凝縮度合いなどにより，どちらかのアペラシオンのワインを造ることができるが，AOC サン・テミリオン・グラン・クリュは数々のより厳しい生産基準を守らなければならない．基本収量は 40hℓ/ha までと厳しく，ブドウ樹 1 本あたりの果房の数が抑えられるため，色素やタンニン，アロマが凝縮された芳醇なワインとなる．

AOC サン・テミリオン・グラン・クリュのワインのなかには，品質が特に秀逸と評価され，格付けされた「クリュ・クラッセ」のワインがある．サン・テミリオン地区の公式の格付けは 1955 年に初めて行われ，他の地区とは異なり，10 年に一度見直されることになっている．最新の改定は 2012 年で，「プルミエ・グラン・クリュ・クラッセ（Premier Grand Cru Classé）」が 18 シャトー，「グラン・クリュ・クラッセ（Grand Cru Classé）」が 64 シャトーである．最上級の A ランクには 4 シャトーが選ばれている．

サン・テミリオン地区の格付け（2012年）
PREMIERS GRANDS CRUS CLASSÉS（第一特別級，18）

A（4）
Château Angélus（アンジェリュス）
Château Ausone（オーゾンヌ）
Château Cheval Blanc（シュヴァル・ブラン）
Château Pavie（パヴィ）

B（14）
Château Beau-séjour（Duffau-Lagarrosse）（ボーセジュール）
Château Beau-Séjour-Bécot（ボー・セジュール・ベコ）
Château Bél Air-Monange（ベレール・モナンジュ）
Château Canon（カノン）
Château Canon La Gaffelière（カノン・ラ・ガフリエール）
Château Figeac（フィジャック）
Clos Fourtet（クロ・フルテ）
Château La Gaffelière（ラ・ガフリエール）
Château Larcis Ducasse（ラルシ・デュカス）
La Mondotte（ラ・モンドット）
Château Pavie-Macquin（パヴィ・マカン）

Château Troplong-Mondot（トロロン・モンド）
Château Trottevieille（トロットヴィエイユ）
Château Valandraud（ヴァランドロー）

GRANDS CRUS CLASSÉS（特別級，64）

Château l'Arrosée（ラロゼ）
Château Balestard la Tonnelle（バルスタール・ラ・トネル）
Château Barde-Haut（バルド・オー）
Château Bellefont-Belcier（ベルフォン・ベルシエ）
Château Bellevue（ベルヴュ）
Château Berliquet（ベルリケ）
Château Cadet Bon（カデ・ボン）
Château Cap de Mourlin（カップ・ド・ムルラン）
Château le Chatelet（ル・シャトレ）
Château Chauvin（ショーヴァン）
Château Clos de Sarpe（クロ・ド・サルプ）
Château la Clotte（ラ・クロット）
Château la Commanderie（ラ・コマンドリー）
Château Corbin（コルバン）
Château Côte de Baleau（コート・ド・バロー）
Château la Couspaude（ラ・クスポード）
Château Dassault（ダッソー）
Château Destieux（デステュー）
Château la Dominique（ラ・ドミニク）
Château Faugères（フォジェール）
Château Faurie de Souchard（フォリー・ド・スシャール）
Château de Ferrand(ド・フェラン)
Château Fleur Cardinale（フルール・カルディナル）
Château La Fleur Morange Mathilde（ラ・フルール・モランジュ・マチルド）
Château Fombrauge（フォンブロージュ）
Château Fonplégade（フォンプレガード）
Château Fonroque（フォンロック）
Château Franc Mayne（フラン・メイヌ）
Château Grand Corbin（グラン・コルバン）
Château Grand Corbin-Despagne（グラン・コルバン・デスパーニュ）
Château Grand Mayne（グラン・メーヌ）
Château les Grandes Murailles（レ・グラン・ムライユ）
Château Grand Pontet（グラン・ポンテ）
Château Guadet（グアデ）
Château Haut Sarpe（オー・サルプ）
Clos des Jacobins（クロ・デ・ジャコバン）
Couvent des Jacobins（クーヴァン・デ・ジャコバン）
Château Jean Faure（ジャン・フォール）

ボルドー　47

Château Laniote（ラニオット）
Château Larmande（ラルマンド）
Château Laroque（ラロック）
Château Laroze（ラローズ）
Clos la Madeleine（クロ・ラ・マドレーヌ）
Château La Marzelle（ラ・マルゼル）
Château Monbousquet（モンブスケ）
Château Moulin du Cadet（ムーラン・デュ・カデ）
Clos de l'Oratoire（クロ・ド・ロラトワール）
Château Pavie Decesse（パヴィ・デセス）
Château Peby Faugères（ペビ・フォジェール）
Château Petit Faurie de Souchard（プティ・フォリー・ド・スシャール）
Château de Pressac（ド・プレサック）
Château le Prieuré（ル・プリウレ）
Château Quinault l'Enclos（キノー・ランクロ）
Château Ripeau（リポー）
Château Rochebelle（ロシュベル）
Château Saint-Georges-Côte-Pavie（サン・ジョルジュ・コート・パヴィ）
Clos Saint-Martin（クロ・サン・マルタン）
Château Sansonnet（サンソネ）
Château La Serre（ラ・セール）
Château Soutard（スタール）
Château Tertre Daugay（テルトル・ドゲイ）
Château La Tour Figeac（ラ・トゥール・フィジャック）
Château Villemaurine（ヴィルモリーヌ）
Château Yon-Figeac（ヨン・フィジャック）

AOC
Saint-Estèphe サン・テステフ

1936

　ボルドー市の北西を流れるジロンド川左岸の半島のような細長い地帯に広がるメドック地区のうち，上流部分のオー・メドックと呼ばれる地区は，極上のボルドーワインを生む銘醸地として名高い．サン・テステフは，このオー・メドック地区に属する6つの村名AOCのなかで最北に位置し，格付け第一級シャトーが集中するポイヤック村に隣接している．1855年のメドック地区を中心とした公式格付けで「クリュ・クラッセ」に選ばれたシャトーは5つある．なかでも第二級のシャトー・コス・デストゥルネル（Château Cos d'Estournel）などは，第一級シャトーの実力に限りなく近い「スーパー・セカンド」として高い評価を得ている．このシャトーは中国風の独特な建築様式の城館そのものも有名で，19世紀の文豪，スタンダールがこの異彩を放つエレガントな城について美しい記述を残している．

ワインの特徴
● 繊細な香りをもち，豊かでタンニンがしっかりして，頑丈な骨格と腰がある．香りは，赤い果実やカシス，スミレ，甘草，スパイスに樽香が調和されている．味わいは力強く，ストラクチャーがしっかりとしていて，余韻は気品と爽やかさに満ちている．若いうちにはコクのある力強いニュアンスをもつが，しだいに円みが出てきて，ワインにフィネスと複雑性，調和をもたらす．

テロワール
　地区最北に位置し，オー・メドック地区の中では冷涼な気候．ジロンド川の上に張り出した砂礫質の台地は，排水性に優れている．メドックのほかのアペラシオンより層が薄い砂利の下には，ワインに重厚さや土のようなニュアンス，スパイシーな風味をもたらす粘土が多くある．そのためオー・メドックのなかではメルロ種が多く植えられ，肉厚な果実味を与える．

- Bordeaux（ボルドー）／Médoc（メドック）／Haut-Médoc（オー・メドック）
- ● カベルネ・ソーヴィニヨン，メルロ，カベルネ・フラン，カルムネール，マルベック（コット），プティ・ヴェルド
- ● ラムチョップ，鹿肉の煮込み，キジ焼き丼，鳩のソテー グリーンピース添え，チーズ（AOPブリー・ド・ムーラン，AOPブルー・デ・コース）

AOC
Saint-Julien サン・ジュリアン

1936

　ボルドー市から北西40km，ジロンド川左岸に沿って延びるオー・メドック地区のほぼ中間に位置する村名格AOC．畑はサン・ジュリアン・ベイシュヴェル（Saint-Julien-Beychevelle）村と周辺の2村の一部にまたがり，ブドウ畑のなかにボルドー地方特有の優美な城館が点在する．ボルドー最高峰の赤ワインを生むオー・メドック地区の6つの村名アペラシオンのひとつであるサン・ジュリアンは，1855年のメドック格付けで「クリュ・クラッセ」に選ばれたシャトーが11あり，そのうちの5シャトーが第2級に格付けされている．第1級はないが，第2級のなかに，第1級シャトーの品質に迫ると高く評価されているワインもある．

ワインの特徴
● 濃いガーネットを帯びたルビー色．香りは，心地よく繊細で気品があり，複雑．ブルーベリーやカシス，干しスモモ，たばこ，甘草が主体のアロマで，時間が経つと，皮革，ジビエ，トリュフなどのブーケが現れる．味わいは濃密で豊満．繊細でビロードのようでありながら力強いタンニンを伴う．しっかりした骨格があり，力強さと凝縮感が，フィネスと女性的ともいえるエレガントさと結びついている．長熟型である．

テロワール
　土壌は際立って均一．表土に石灰質は見られず，砂利の下にある底土は保水性が高い粘土質．水はけがよい．ガロンヌ川によって運ばれた砂礫質の段丘では，ブドウは地中深くまで根を張ることができる．この段丘は泥灰岩，小石，鉄分を含んだ腐食土の集積層の地層が基盤となっている．カベルネ・ソーヴィニヨン種は特にこの段丘に適している．粘土の多い北側からは比較的力強く厚みのあるポイヤックに似たワインができる．砂利の多い南側からは緻密でしなやかなワイン，風通しがよく日照が多いジロンド川沿いの畑からはエレガントなワイン，そして暖かく，より肥沃な内陸からは，土っぽくスパイシーな骨太のワインができる．

- Bordeaux（ボルドー）／Médoc（メドック）／Haut-Médoc（オー・メドック）
- ● カベルネ・ソーヴィニヨン，メルロ，カベルネ・フラン，カルムネール，マルベック（コット），プティ・ヴェルド
- ● ラムチョップ，仔羊のもも肉ロースト，キジのパテ，地鶏のロースト，サーロインステーキ，鹿肉の煮込み，チーズ（AOPブリー・ド・ムーラン，AOPブルー・デ・コース）

AOC
Sainte-Croix-du-Mont サント・クロワ・デュ・モン

1936

ボルドー市の南東約 40km，ガロンヌ川右岸の小さな村，サント・クロワ・デュ・モンを産地とする甘口白の貴腐ワイン．村名は「山の聖なる十字架」という意味で，その名の通り，村は美しい河畔の風景を願望できる丘の頂上にある．ボルドー地方のガロンヌ川周辺は，甘口（リコルー，Vin Liquoreux），半甘口（モワルー，Vin Moelleux）の白ワインの AOC が集中している．ガロンヌ川を挟んで南側には，フランス貴腐ワインの王といわれる AOC ソーテルヌ（p.53 参照）と AOC バルサック（p.53 参照）の畑が広がる．そのほか AOC セロンス（Cérons）はガロンヌ川左岸の 3 村にまたがる甘口白の AOC で，その名はこの地を流れる水温の低いシロン（Ciron）川に由来する．右岸には甘口の AOC ルピアック（Loupiac），半甘口の AOC コート・ド・ボルドー・サン・マケール（Côtes de Bordeaux Saint-Macaire）などがある．いずれもセミヨン種を主体とし，アペリティフやデザートワインとして飲まれることが多い．この地方の白ワインは 17 世紀頃にオランダに盛んに輸出され，当時のオランダ人はこれを蒸留して飲んでいた．オランダ語で「燃やしたワイン」という意味の「ブランデヴェイン（Brandewijn）」という言葉から，ブドウの蒸留酒は「ブランデー」と呼ばれるようになった．

▍ワインの特徴
- 金色を帯びたきれいな黄色．香りは，干しブドウ，イチジク，アカシア，アンズ，白桃などが感じられる．ふっくらとしていて，なめらかな甘味がある．繊細な酸をもち，しっかりしたボディと複雑な味わいで余韻は長く，長期熟成に耐えうるワインである．セミヨン種が主体で，ソーヴィニヨン・ブラン種とミュスカデル種をアサンブラージュする．

▍テロワール
ブドウ畑はシロン川との合流点近くのガロンヌ川右岸沿いの谷間に位置している．土壌は粘土石灰質で，急斜面では石灰岩の塊が露出している．日照に恵まれ，夏の雷雨もさらに北側の峡谷を通っていくため，雨の影響を受けずに済む．穏やかな秋と夜間の湿気のお陰で，貴腐菌が発生しやすい．

🍷	Bordeaux（ボルドー）／ Entre-Deux-Mers（アントル・ドゥー・メール）
🍇	●セミヨン，ソーヴィニヨン・ブラン，ソーヴィニヨン・グリ，ミュスカデル
🍴	●フォワグラ，豚の骨付き背肉アンズ添え，仔牛リドボーのクリーム煮，チーズ（AOP ブルー・デ・コース），フルーツのサヴァラン

AOC
Sauternes, Barsac ソーテルヌ, バルサック

1936

　ボルドー市の南東約40km，ガロンヌ川左岸に位置する白の甘口貴腐ワインで世界的に名を知られる銘醸地．西に広がる広大な松林で強風から守られた畑は，秋になるとガロンヌ川と冷たいシロン（Ciron）川から立ち込める朝霧に覆われる．この朝霧と午後の暖かな太陽の光が交互に現れる秋の気候が，ブドウの貴腐化に欠かせないボトリティス・シネレア菌の発生を促し，果汁が黄金色のジャム状に濃縮された糖度とアロマの高い貴腐ブドウができる．ワイン生産者は「ロースト（rôtis，ロティ）」と呼ばれる，完腐してしわしわの状態になったブドウの実を，数回にわけて1粒ずつ丁寧に手で選り摘みし，甘美な美酒へと昇華させる．天候に大きく左右され，ブドウの選別や醸造に非常に手間がかかるため，生産量は少ない．AOCソーテルヌの畑はソーテルヌ村，バルサック村などの5村にまたがっている．

　バルサック村は他の4村と底土の地質が異なるため，AOCバルサックという独自の呼称も認められている．生産基準はAOCソーテルヌと同じで，この村の貴腐ワインの生産者は自らの意向でAOCソーテルヌ，AOCバルサックのいずれかのアペラシオンを選ぶことができる．双方の名は，極上の甘口白ワインを生む地として，すでに17世紀頃からヨーロッパ各地に広まっていた．1855年のパリ万国博覧会の際に，フランス各地方の郷土特産品を紹介する活動の一環として，ナポレオン3世の命で有名なボルドーワインの格付けが行われたが，白ワインで選考に残ったのはバルサックとソーテルヌのワインのみであった．「クリュ・クラッセ」に選ばれた27シャトーのうち，10シャトー（1級2シャトー，2級8シャトー）はバルサック村にある．

■ワインの特徴
● 黄金のニュアンスをもった美しい濃い色調，熟成すると魅力的な琥珀色へと変わっていく．香りはナッツ，トロピカルフルーツ，桃のコンポート，干しアンズ，蜂蜜などの多くの要素が調和している．さらに菩提樹やアカシアなどの花のニュアンスが加わる．味わいは力強く，とろりとしてエレガント．長熟型のこのワインは，数年瓶熟成させると，優雅なブーケが花開く．

■テロワール
　ガロンヌ川に流れ込むシロン川が小川に近いため，非常に特殊なミクロクリマ（微気候）に恵まれている．林に覆われ水温の低いシロン川が水温の高いガロンヌ川に合流するところに，霧は発生する．ブドウが成熟した9月後半に，シロン川からの朝霧が畑を覆って湿気を与え，日中には晴れあがるため，ブドウの粒に貴腐菌が繁殖しやすくなる．土壌は主に砂礫質で表土が深く，その下層は粘土を含む石灰質のため，力強く，豊満で酸が低めの酒質になる．

🍾	Bordeaux（ボルドー）／ Graves（グラーヴ）
🍇	●セミヨン，ソーヴィニヨン・ブラン，ソーヴィニヨン・グリ，ミュスカデル
🍴	●フォワグラのテリーヌ，鶏のローストあるいは網焼き，仔牛のクリーム煮，鴨の白桃添え，チーズ（AOP ロックフォール），りんごのシャルロット，パイナップルのタルト

ソーテルヌ＆バルサック地区の格付け（Crus classés des Sauterres & Barsac）

Premier Cru Supérieur（特別第 1 級）

シャトー名	AOC 名
Château d'Yquem（ディケム）	Sauternes

Premiers Crus（第 1 級）

シャトー名	AOC 名
Château Climens（クリマン）	Barsac
Château Coutet（クーテ）	Barsac
Château Guiraud（ギロー）	Sauternes
Château Rieussec（リューセック）	Sauternes
Château Suduiraut（シュデュイロー）	Sauternes
Château la Tour Blanche（ラ・トゥール・ブランシュ）	Sauternes
Château Rabaud-Promis（ラボー・プロミ）	Sauternes
Château Sigalas-Rabaud（シガラ・ラボー）	Sauternes
Château de Rayne-Vigneau（ド・レイヌ・ヴィニョー）	Sauternes
Château Clos Haut-Peyraguey（クロ・オー・ペラゲ）	Sauternes
Château Lafaurie-Peyraguey（ラフォリ・ペラゲ）	Sauternes

Seconds Crus（第 2 級）

シャトー名	AOC 名
Château Broustet（ブルステ）	Barsac
Château Nairac（ネラック）	Barsac
Château Caillou（カイユ）	Barsac
Château Doisy Daëne（ドワジー・デーヌ）	Barsac
Château Doisy-Dubroca（ドワジー・デュブロカ）	Barsac
Château Doisy-Védrines（ドワジー・ヴェドリヌ）	Barsac
Château de Myrat（ド・ミラ）	Barsac
Château Suau（シュオ）	Barsac
Château d'Arche（ダルシュ）	Sauternes
Château Filhot（フィロ）	Sauternes
Château Lamothe（ラモット）	Sauternes
Château Lamothe-Guignard（ラモット・ギニャール）	Sauternes
Château Romer du Hayot（ロメール・デュ・アヨ）	Sauternes
Château Romer（ロメール）	Sauternes
Château de Malle（ド・マル）	Sauternes

ボルドー

Bourgogne

ブルゴーニュ

　フランスの中東部にあり，銘醸ワインの産地として世界中にその名が知られている．中世にシトー派修道士がワインを造りはじめ，ブルゴーニュ大公国がワイン造りを奨励した土地である．夏に日照量が多く冬の寒さが厳しい大陸性気候はブドウ栽培に最適で，すばらしいワインが生まれる．基本的に単一のブドウ品種でワイン造りを行う．変化に富む自然条件から畑の区画ごとにミクロクリマ（微気候）が見られ，産出されるワインは多様である．ワイン産地は，「シャブリ」，「コート・ド・ニュイ」，「コート・ド・ボーヌ」，「コート・シャロネーズ」，「マコネ」の5地区に分かれている．フランス革命により，貴族や教会の所有地であった畑が細分化され，小さな区画の畑が入り組んで存在している．ワインのほかに，エスカルゴやディジョン市のマスタードが有名．AOPチーズやシャロレ牛など，畜産物も豊富である．伝統料理に「ブッフ・ブルギニヨン」や「コック・オ・ヴァン」などがある．

AOC
Auxey-Duresses オーセイ・デュレス

1937

オーセイ・デュレス村は，ブルゴーニュ地方のコート・ド・ボーヌ地区の中心地であるボーヌ市の南西約 8km に位置する．辛口白ワインで有名なムルソー村から西の高い丘側に広がるオート・コート地区に面している．白ワインの畑はムルソー村側の斜面，赤ワインの畑はモンテリー村側にある．オーセイ・デュレスという村名で 1937 年に AOC 認定されるまでは，コート・ド・ボーヌ・ヴィラージュ，ヴォルネ，ポマールなどの名で市場に出回っていた．プルミエ・クリュ（一級畑）は 9 区画（Climat du Val, Clos du Val, Les Bréterins, La Chapelle, Reugne, Les Duresses, Bas des Duresses, Les Grands Champs, Les Écusseaux）ある．村の南に 6 本の塔が目印の美しいロシュポ城があり，ブルゴーニュワイン街道のひとつの名所となっている．赤は AOC 呼称の後に《Côtes de Beaune》（コート・ド・ボーヌ）という文字を付記することができる．

▍ワインの特徴
- 緑色を帯びた黄金色．明るく澄んだ透明な麦わら色．生のアーモンドやリンゴのアロマをもち，ビスケットのニュアンスや擦った火打石のミネラルを伴う．味わいは柔らかく，かすかな酸味を伴ったなめらかさをもつ．若いうちは生き生きとしている．余韻がとても長い．
- 鮮やかなルビー色．香りは調和が保たれ，カシス，桑の実，ブルーベリーなどの小さな黒い果実，シャクヤクなどの花の芳香が高い．アタックはしなやかで節度があり，肉づきがよく心地よい繊細なスタイル．若いうちはわずかに収斂性を感じるが，タンニンはすぐになめらかになり，スパイスやなめし革など動物的な香りが現れ，ビロードのような風合いになる．

▍テロワール
ブドウの完熟を促す暑い夏と乾燥した秋，寒い冬をもつ大陸性気候である．東と南東に面し，斜面への日照時間が長く，日の出から太陽を燦々と浴びる．標高 265～330m に位置する．自然条件によって赤と白ワインの生産地域が明確に分かれている．ヴォルネとモンテリーの延長に，ブルドン（Bourdon）山の小石の多い泥灰質石灰岩の地層が現れ，プルミエ・クリュのデュレスに特長をもたらす．プルミエ・クリュのクロ・デュ・ヴァルは石灰質が強く真南を向き，ラ・シャペルは石灰岩の上を泥灰土が覆っている．

Bourgogne（ブルゴーニュ）／ Côte d'Or（コート・ドール）／ Côte de Beaune（コート・ド・ボーヌ）

- ● シャルドネ，ピノ・ブラン
- ● ピノ・ノワール，以下併せて 15% 以内シャルドネ，ピノ・ブラン，ピノ・

🍴
　　　グリ
● テリーヌ，エスカルゴのパイ，小海老や魚のピカントソース，ラタトゥイユ，牡蠣フライ，海の幸のグラタン，川カマスのクネル，スズキのソース添え，チーズ（IGP グリュイエール，AOP マコネ，AOP ブルード・ジェックス）
● AOP ノワール・ド・ビゴールや IGP ジャンボン・ド・バイヨンヌなどの生ハム，シャルキュトリ，ローストビーフ，牛フィレ鉄板焼き，仔牛フィレ・ミニョン，ローストポーク，ケバブ，AOP ブレス鶏や IGP ブルゴーニュ産家禽のパスタやリゾット，ホロホロ鳥ロースト

ブレス鶏のソテー

AOC
Beaune ボーヌ

1936

ブルゴーニュ地方を代表する「コート・ドール（Côte-d'Or＝黄金の丘）」地区の中心にあるボーヌ市は，「ワインの首都」と呼ばれている．ここから生まれる AOC ボーヌのワインには白と赤があり，42 の区画（クリマ）がプルミエ・クリュ（一級畑）に格付けされている．旧市街にはブルゴーニュ大公国のフィリップ善良王（ル・ボン）時代の財務長官，ニコラ・ロランが貧しい人を救済するために，私財を投じて設立した施療院（通称オスピス・ド・ボーヌ，Hospice de Beaune）がある．ここでは，毎年 11 月の第 3 日曜日に，ワイン祭「栄光の 3 日間」の大イベントのひとつであるワインオークションが開かれている．競売にかけられるのはこのオスピス・ド・ボーヌが所有する畑からできたワインで，その収益は建物の修復と維持に使われている．

■ ワインの特徴
- 緑色を帯びた穏やかな金色．アーモンド，ドライフルーツ，シダや白い花のアロマは，常に蜂蜜とシナモンの香りを伴う．なめらかでボディが厚く，豊かな酸とのバランスがよい．
- 輝く鮮やかな深紅色．カシスや桑の実などの黒い果実，チェリーやスグリなどの赤い果実の香りをもつ．熟成とともに森の腐葉土，トリュフ，なめし革やスパイスの香りが現れる．花開くと堅固で率直で生気にあふれ，骨組みがしっかりとする．コクがあり，肉づきがよい．ブドウ畑の位置により微妙に差異が現れる．中央部や南部のものは，色調が深く，果実と動物的なアロマをもち，タンニンが豊かで力強くしっかりした骨格がある．北部のものは色調もそれほど強くなく，なめらかで円い．

■ テロワール
ブドウの完熟を促す暑い夏と乾燥した秋，寒い冬をもつ大陸性気候である．標高 220 ～ 300m にあり，東と南に面し，斜面への日照時間が長く，太陽を燦々と浴びる．

畑は，泥灰岩の上に，やや厚い褐色土壌が広がる．斜面と頂上では，石灰岩を見ることができる．丘を下ると，鉄分を含む下層岩の上に，白色，灰色，黄色や赤みを帯びた厚い土壌があり，丘の麓では粘土のまじった石灰岩土壌となる．

🔍	Bourgogne（ブルゴーニュ）／ Côte d'Or（コート・ドール）／ Côte de Beaune（コート・ド・ボーヌ）
🍇	● シャルドネ，ピノ・ブラン，ピノ・グリ 10% 以内 ● ピノ・ノワール，以下併せて 15% 以内シャルドネ，ピノ・ブラン，ピノ・グリ
🍴	● 仔牛のクリーム煮，魚のタジン，鮨，チーズ（シトー，AOP マコネ） ● バベットステーキ，鹿肉のロースト，鮪中トロ，天ぷら，チーズ（AOP エポワス，IGP スーマントラン，AOP マンステール，AOP マロワル）

ブルゴーニュ 57

AOC
Bonnes-Mares ボンヌ・マール

1936

ブルゴーニュ地方，コート・ド・ニュイ地区にあるシャンボール・ミュジニィ村では，グラン・クリュ（特級），プルミエ・クリュ（一級），村名ワインの3ランクの赤ワインが造られている（地方名AOCを除く）．グラン・クリュは2つあり，ボンヌ・マールの畑はそのうちのひとつ．シャンボール・ミュジニィ村だけでなく，北隣りのモレ・サン・ドニ村にもまたがっており，この村のグラン・クリュであるクロ・ド・タール（Clos de Tart）と同じ斜面に広がっている．土壌もモレ・サン・ドニと似て粘土分を多く含む．「マール」はフランスの古語で「栽培する」という意味の「マレ（Marer）」に由来．「ボンヌ・マール」は「よい畑」を意味し，この畑は中世の時代からこの名で知られていた．《Grand Cru》（グラン・クリュ）の文字は，エチケットのクリマ名の直下に表示されなければならない．

ワインの特徴
● 生き生きとして光り輝く明るいルビー色を呈し，深みを帯びた色合いをもつ．イチゴや木イチゴなどの小さな赤い果実のアロマが典型的な香りを構成し，香り高く複雑性がある．熟成するにつれ，スパイシーで熟れた果実，干しアンズ，トリュフや動物の香りが現れる．洗練されたボディは，堅固で長命な骨組みを保っている．豊満でなめらか，フローラルというよりもコクがある．酸が豊かで噛み応えのあるなめらかな優しいタンニンがボディを形づくり，優雅さとフィネスを兼ね備えている．
スミレや森の腐葉土の香りを想い起こさせ，円くエレガント．力強く繊細なタンニンがすばらしい．

テロワール
ブドウの完熟を促す暑い夏と乾燥した秋，寒い冬をもつ大陸性気候である．標高250〜280mにあり，勾配の緩やかな斜面は東に向き，日照時間が長く，日の出から太陽を燦々と浴びる．母岩は石灰岩と白い泥灰岩．表土はかなり軽く砂利混じりの，褐色や赤みを帯びた粘土質珪土が40cmの層となって覆っている．

- Bourgogne（ブルゴーニュ）／Côte d'Or（コート・ドール）／Côte de Nuits（コート・ド・ニュイ）
- ● ピノ・ノワール，以下併せて15％以内シャルドネ，ピノ・ブラン，ピノ・グリ
- ● 鹿肉のローストや赤ワインソース，AOPブレス鶏の照り焼き，すき焼き，北京ダック，鮑の醤油煮，チーズ（AOPエポワス）

AOC
Bourgogne ブルゴーニュ

1937

　AOC ブルゴーニュは，パリの東南にあるディジョン（Dijon）市を中心として南北に細長く延びるブルゴーニュ地方全域に認められた地方名のアペラシオン．ヨンヌ県，コート・ドール県，ソーヌ・エ・ロワール県，ローヌ県の4県に広がる．ブルゴーニュという名称は，中世初期に定住し始めたゲルマン人の一派であるブルグント族の名に由来．この地方は 14 ～ 15 世紀のブルゴーニュ大公国時代に全盛期を迎え，パリを拠点とするフランス王家とは完全に独立した国として勢力を誇っていた．なお <u>AOC ブルゴーニュ・グラン・オルディネール（Bourgogne Grand Ordinaire）</u> も同地域を生産地域とし，白，ロゼ，赤を産出している．ブルゴーニュ地方は単一品種で造られることがほとんであるが，AOC グラン・オルディネールは複数のブドウを混合して造られる．同地方の <u>AOC ブルゴーニュ・パス・トゥ・グラン（Bourgogne Passe-Tout-Grains）</u> は，ガメ種とピノ・ノワール種を混合して造られる．

■ワインの特徴
- 🟢 緑を帯びた澄んで輝く黄金色．ヨンヌ県で造られるワインは，火打石を擦ったようなミネラル香がある．コート・ドール県で造られるワインは，ヘーゼルナッツ，蜂蜜，バターの香りに，シダのニュアンスとマロン・グラッセの香りを伴う．ソーヌ・エ・ロワール県のものは，西洋サンザシやアカシアの花の香りが特徴．芳香高く，繊細．ボディがあり，なめらかで引き締まって，やさしい辛口．
- 🟠 透明感のある明るいルビー色からサーモン色．フルーティーでアロマティック，しなやかな口あたりの辛口．
- 🔴 深い紫紅色は，年とともにより深いルビーから赤紫色を帯びる．香りは，イチゴ，チェリー，カシスやブルーベリーなどの小さな赤から黒い果実のアロマがあり，干しアンズ，コショウのニュアンス，苔やきのこの香りとともに開いてくる．口に含むと生き生きとして，骨格がしっかりとしているが，しなやかでなめらかな味わい．

■テロワール
　冬は寒く乾燥し，夏はブドウの完熟を促す暑さと日照が豊かな大陸性気候である．冬の寒さが厳しいが，最北端のシャブリでも，最も暖かい土地をブドウ畑に利用している．ディジョンからマコンまで細長く 140 km に延びる南部では，東側と南側の日あたりがよい場所にブドウが植えられ，最もこの土地に適した品種が中世から栽培されている．

　コート・ドール県は，泥灰岩，泥灰質石灰岩，白っぽい深い土壌からなり，やや小石が多い．シャロネとマコネの断層からできた起伏は，石灰質，粘土，泥灰岩が組み合わさり，ソーヌ・エ・ロワール県の南では花崗岩質が現れる．

ブルゴーニュ　59

Bourgogne（ブルゴーニュ）

- ●シャルドネ，ピノ・ブラン，ピノ・グリ 30%以内
- ●(クレレ) ピノ・ノワール，ピノ・グリ，ヨンヌ県のみセザール栽植 10%アサンブラージュ 49%以内，以下併せて 15%以内シャルドネ，ピノ・ブラン
- ●ピノ・ノワール，ヨンヌ県のみセザール栽植 10%アサンブラージュ 49%以内，クリュ・デュ・ボジョレの生産区画のみガメ 30%以内，以下併せて 15%以内シャルドネ，ピノ・ブラン，ピノ・グリ

ブルゴーニュ・ガメ

- ●ガメ 85%以上
- ●甲殻類や魚のムース，オニオン・タルト，マッシュルームのクリーム煮，小肌の握り，チーズ（AOP ブリー・ド・モー，AOP サン・ネクテール，AOP モンドール，AOP ボーフォール，AOP コンテ，IGP グリュイエール）
- ●(クレレ) シャルキュトリ
- ●野菜サラダ，IGP ブルゴーニュ産家禽のパイ包み焼き，タブレ，ポトフ，若いものは赤身肉網焼き，やや熟成したものは仔牛ロースト，鴨の青コショウ添え，仔牛ソテー マレンゴ風，ブッフ・ブルギニヨン，帆立貝とブロッコリのオイスターソース，チーズ（AOP エポワス，AOP アボンダンス）

ブルゴーニュの街並み

AOC
Bourgogne Aligoté ブルゴーニュ・アリゴテ

1937

ブルゴーニュ地方の白ワインといえばシャルドネ種から造られるものが大半を占めるが，アリゴテ種を使ったAOCがある．AOCブルゴーニュ・アリゴテの生産地区はブルゴーニュ全域だが，コート・ド・ボーヌとマコネの丘の間に位置するコート・シャロネーズ地区が最も有名．フランスでポピュラーな食前酒として「キール」があるが，これは第二次世界大戦直後，ディジョン市長だったキール（Kir）氏が考案したもの．きりっと冷やしたアリゴテの白と，ディジョンの名物であるカシスリキュールを混ぜ合わせた爽やかなカクテルである．なお，AOCブルゴーニュ・アリゴテはプリムール（Primeur＝新酒）が認められている．

なお，AOCブルゴーニュ・アリゴテと同じく，アリゴテ種を100%使った白ワインに，AOCブーズロン（Bouzeron）がある．

ワインの特徴

淡い金色の色調．アカシアや西洋サンザシなどの花のアロマとリンゴや柑橘系果実の香りをもつ．酸が豊かで生き生きとして，フルーティー．後味にヘーゼルナッツの風味が現れる．

テロワール

冬は寒く乾燥し，夏はブドウの完熟を促す暑さと日照が豊かな大陸性気候．土壌は石灰岩が中心で，粘土，泥灰土，小石あるいは岩が多い．水はけがよく，わずかに水分を滞留する土質に恵まれる．アリゴテ種は，しばしば泥灰岩と粘土が混じる石灰岩の基盤の上に植えられている．

- Bourgogne（ブルゴーニュ）
- ●アリゴテ
- ●グジェール（グリュイエールなどのチーズを使った一口サイズのシュー），エスカルゴ，チーズ（AOPコンテ）

マルシェのエスカルゴ

ブルゴーニュ 61

AOC
Bourgogne Côte Chalonnaise
ブルゴーニュ・コート・シャロネーズ（1990），
Bourgogne Côtes du Couchois
ブルゴーニュ・コート・デュ・クショワ（2001）

　ブルゴーニュ地方のコート・ドール地区を過ぎると，その南に穏やかな丘陵地が現れる．コート・シャロネーズ地区と呼ばれる全長約25km，幅5～8kmの細長い地帯で，AOC ブルゴーニュ・コート・シャロネーズのワインが造られている．畑はソーヌ・エ・ロワール県の北部の44村に広がる．AOC クレマン・ド・ブルゴーニュ用のブドウの最大の供給地にもなっている．AOC ブルゴーニュ・コート・デュ・クショワは同地区のクーシュ（Couches）村を中心とする6村で造られる赤ワインのアペラシオンである．同地区の行政・商業の中心地はシャロン・シュル・ソーヌ（Chalon-sur-Saône）市で，市内にある聖堂はブドウ栽培者の守護神である聖ヴァンサン（Saint Vincent）を祀っていることで有名．ブルゴーニュ地方では毎年1月末に聖ヴァンサン・トゥルナントという盛大な祭りが開かれる．

ワインの特徴
ブルゴーニュ・コート・シャロネーズ▶
- ●澄んで明るく輝き，グレーを帯びた金色や麦わら色．西洋サンザシやスイカズラなどの白い花，レモン，ドライフルーツなどの豊かなアロマに，ときにフェンネル，クロワッサンや蜂蜜，バターや生クリームの香りが加わる．生き生きとして繊細かつ上品．
- ●わずかな量がピノ・ノワール種から造られる．
- ●際立って鮮やかな色調は紫紅色や輝くルビー色で，ガーネット色．イチゴ，木イチゴや赤スグリなどの小さな赤い果実，カシスやブルーベリーなどの黒い果実のアロマを放ち，ときにチェリーの核果実の香りを伴う．ストラクチャーは堅固で，若いうちはやや硬いところがあるものの，熟成するとまろやかさと円みをもってくる．酸とタンニンが共生して，洗練されしなやかである．

ブルゴーニュ・コート・デュ・クショワ▶
- ●際立つルビー色から深いガーネット色．赤い果実やカシス，桑の実などの黒い果実のアロマが特徴．2～3年の熟成により，なめし皮や毛皮の香りが現れ，よりまろやかになる．率直で腰が強く熟成が期待できるワイン．

テロワール
　ブドウの完熟を促す暑い夏と乾燥した秋，寒い冬をもつ大陸性気候であるが，比較的穏やかである．
　地質はコート・ドールとほとんど変わらず，より深い茶色の粘土と石灰岩が混じり合ったもの．粘土の割合が多ければ赤ワインに，石灰岩の割合が多ければ白ワインに向いた土地となる．弧を描くように南から東北東に向いている畑は，標高220～380m

にある.最良のシャルドネ種は,リュリー(Rully)やモンタニィ(Montagny)に見られる東,南東,南に向いた粘土石灰岩土壌から生まれる.ただし,ピノ・ノワール種から造られる最良の赤は,リュリー,メルキュレ(Mercurey),ジヴリ(Givry)のように,粘土質が少なくカルシウムを豊富に含む石灰質土壌から育つ.

Bourgogne(ブルゴーニュ)／Côte Chalonnaise(コート・シャロネーズ)
- ●シャルドネ,ピノ・ブラン,ピノ・グリ 30%以内
- ●(クレレ)ピノ・ノワール,ピノ・グリ,以下併せて 15%以内シャルドネ,ピノ・ブラン
- ●ピノ・ノワール,以下併せて 15%以内シャルドネ,ピノ・ブラン,ピノ・グリ

ブルゴーニュ・コート・シャロネーズ▶
- ●黒オリーヴ,アサリの酒蒸し,海の幸のグラタン,野菜炒めやマリネ,チーズ(AOP シャロレ,バラット)
- ●シャルキュトリ
- ●ブルゴーニュ風オイル・フォンデュ,牛肩肉の網焼き,名古屋コーチンの鉄板焼き,チーズ(クロミエ,ポール・サリュ,AOP エポワス)

ブルゴーニュ・コート・デュ・クショワ▶
- ● AOP ブレス鶏や IGP ブルゴーニュ産家禽のタルト,キッシュ,仔牛のポワレ,鴨の青コショウソース,牛背肉の網焼き,ハンバーガー,フライドチキン,ポークスペアリブ網焼き,チーズ(AOP ポン・レヴェック,AOP エポワス,AOC モンドール)

ブドウ畑の秋

AOC
Bourgogne Hautes Côtes de Beaune
ブルゴーニュ・オート・コート・ド・ボーヌ

1937

コート・ドール県のコート・ド・ボーヌ地区の西に縦長に延びる標高280〜450mの丘陵地帯を産地とする．「オート」はフランス語で「高い，上方の」を意味し，コート・ド・ボーヌ地区の丘陵よりも標高が高いことから，オート・コート・ド・ボーヌ地区と呼ばれている．緑豊かな丘と谷が織りなす美しい風景が広がる景勝地で，19世紀の文豪，アレクサンドル・デュマも，「これほど心に刻まれる風景が広がる地はほかにない」と称えている．日あたりが特によい丘の斜面がブドウ栽培に充てられている．

ワインの特徴
- シャルドネ種から造られるが，ごくまれにピノ・ブラン種とピノ・グリ種も用いられる．白い花のアロマが蜂蜜の香りと結びつき，パン・デピスを想わせる．酸が豊かで，過度に柔らかくなく，ブドウ品種由来のみずみずしさを失わない．堅固で，シャルドネ種の和らいだ味わいがしなやかさをもたらす．年とともに円くなり凝縮感が現れる．
- 生産量はわずかであるが，ピノ・ノワール種から造られ，《Bourgogne Hautes-Côtes de Beaune Rosé（Clairet）もしくは，Bourgogne Rosé（Clairet》（ブルゴーニュ・オート・コート・ド・ボーヌ・ロゼ（クレレ）もしくは，ブルゴーニュ・ロゼ（クレレ））と表記される．
- シャクヤクの花やバラを想い起こさせる．果実の香りが豊かで，チェリーや木イチゴを想わせ，カシス，甘草，森の腐葉土，しばしばスパイスの香りを伴う．若いうちはときに硬さがあるが，数年の熟成を経て調和と均整，腰の強さが現れる．

テロワール
ブドウの完熟を促す暑い夏と乾燥した秋，寒い冬をもつ大陸性気候である．標高280〜450m，ブドウ畑のある渓谷のなかで，最も日あたりのよい西側の斜面を占めている．とりわけ南部では，下層土は泥灰岩質地層が主体となっている．

- Bourgogne（ブルゴーニュ）／Côte d'Or（コート・ドール）／Côte de Beaune（コート・ド・ボーヌ）
- シャルドネ，ピノ・ブラン，ピノ・グリ 30％以内
- （クレレ）ピノ・ノワール，ピノ・グリ，以下併せて15％以内シャルドネ，ピノ・ブラン
- ピノ・ノワール，以下併せて15％以内シャルドネ，ピノ・ブラン，ピノ・グリ
- エスカルゴ，ニジマスの塩焼き，野菜炒め広東風，ソースを添えた平目や海老，チーズ（AOPコンテ，AOPシャロレ）

- ●シャルキュトリ，バーベキュー
- ●ローストビーフ，仔牛フィレ肉カレー風味，豚フィレカツ，AOPブレス鶏やIGPブルゴーニュ産家禽の照り焼き，ブルゴーニュ風ミートパイ，チーズ（AOPエポワス，ブリヤ・サヴァラン，シトー，IGPスーマントラン）

ブルゴーニュのブドウ畑

AOC
Bourgogne Hautes Côtes de Nuits
ブルゴーニュ・オート・コート・ド・ニュイ

1961

コート・ド・ニュイ地区のすぐ西側に位置する標高300～400mの高地部に，AOCブルゴーニュ・オート・コート・ド・ニュイの畑が広がっている．その中心部は，ヴォーヌ・ロマネ村の真西近くにあるルール・ヴェルジー（Reulle-Vergy）村周辺で，1961年にオート・コート地区の16村とコート・ド・ニュイ地区の4村の合計20村が認定された．そのすぐ南にはAOCブルゴーニュ・オート・コート・ド・ボーヌの畑が続いている．以前はAOCブルゴーニュ・アリゴテの白ワインの生産が盛んだったが，現在はピノ・ノワール種によるロゼと赤，シャルドネ種と若干のピノ・ブランやピノ・グリ種による白を産出している．さらに西へ向かうと，豊かな森と湖水に恵まれた風光明媚なモルヴァン（Morvan）山地が広がっている．

■ワインの特徴
- ●極めて淡い金色で，樽熟成されたものは黄色を帯びる．西洋サンザシ，スイカズラにリンゴ，レモン，ヘーゼルナッツの香りを伴う．優雅で堅固なボディがある．シャルドネ種の和らいだ味わいがしなやかさをもたらし，年とともに落ち着きを見せる．
- ●ピノ・ノワール種から造られ，《Bourgogne Rosé (Clairet) Hautes Côtes de Nuits》（ブルゴーニュ・ロゼ（クレレ）オート・コート・ド・ニュイ）と表記される．
- ●色調深く，紫紅色やルビー色の色調．若いうちは果実の香りが豊かで，しばしば木イチゴ，チェリーや甘草，ときにスミレのアロマを放つ．率直で堅固，熟成とともにタンニンは柔らかくなり，腰の強さが現れる．過度でないコクをもつ．

■テロワール
ブドウの完熟を促す暑い夏と乾燥した秋，寒い冬をもつ大陸性気候である．斜面への日照時間が長く，日の出から太陽が燦々と浴びる．標高300～400mとコート・ド・ニュイより高い．ブドウ畑は谷の斜面を占め，中生代ジュラ紀の石灰岩の台地に広がる．コート（la Côte）の西側の下層岩はコートと変わらないが，表層土はまるでないかのようにとても薄い．粘土石灰岩土壌は，下層の石灰岩と泥灰岩がコートとはわずかに違い交互に現れる．

- Bourgogne（ブルゴーニュ）／Côte d'Or（コート・ドール）／Côte de Beaune（コート・ド・ボーヌ）
- ●シャルドネ，ピノ・ブラン，ピノ・グリ30%以内
- ●（クレレ）ピノ・ノワール，ピノ・グリ，以下併せて15%以内シャルドネ，ピノ・ブラン
- ●ピノ・ノワール，以下併せて15%以内シャルドネ，ピノ・ブラン，ピノ・

グリ
- 🍴 ●エスカルゴ，ニジマスの塩焼き，野菜炒め広東風，ソースを添えた平目や海老，チーズ（ブルー・ド・ブレス，ヴェズレ，IGP グリュイエール）
  - ●シャルキュトリ，バーベキュー
  - ●ローストビーフ，仔牛フィレ肉カレー風味，ハムのゼリー寄せパセリ風味，AOP ブレス鶏や IGP ブルゴーニュ産家禽の照り焼き，ブルゴーニュ風ミートパイ，チーズ（AOP エポワス，ブリヤ・サヴァラン，ニュイ・ドール，IGP スーマントラン）

シャルドネ種

AOC
Bourogne Côtes d'Auxerre ブルゴーニュ・コート・ドーセール
1993

古代ローマ時代（4世紀頃）からパリとリヨンを結ぶ街道の中継地として栄えたオーセール市と，その南東にある村々で造られるワインの呼称．白，ロゼ，赤があるが，ロゼはクレレとも呼ばれる．シャブリ地区のワインと同様に，パリ方面への輸送にセーヌ川の支流であるヨンヌ（Yonne）川やスラン（Serain）川を利用できたために，18～19世紀にかけて，北フランス全域へ大量に輸出されていた．

なお近隣のワインに，<u>AOC ブルゴーニュ・シトリー（Bourgogne Chitry）</u>，<u>AOC ブルゴーニュ・コート・サンジャック（Bourgogne Côte Saint-Jacques）</u>，<u>AOC ブルゴーニュ・クーランジュ・ラ・ヴィヌーズ（Bourgogne Coulanges-La-Vineuse）</u>，<u>AOC ブルゴーニュ・エピヌイユ（Bourgogne Épineuil）</u>がある．

ワインの特徴
- 🟢 アーモンド，ヘーゼルナッツや白い花の香りを放ち，心地よいミネラル感を伴う．時とともにドライフルーツの香りが豊かに広がる．
- 🔴 ルビー色．チェリー，木イチゴ，黒い果実の香りが高い．口中では野生のチェリーや野イチゴ，わずかに甘草の風味を伴う．

テロワール
傍らをヨンヌ川が流れる丘陵と台地に取り囲まれた盆地にある．冬は寒く乾燥し，夏はブドウの完熟を促す暑さと日照が豊かな大陸性気候．ブルゴーニュ地方のなかで最も寒い地域にある．

🍇	Bourgogne（ブルゴーニュ）／ Chablis-Grand Auxerrois（シャブリ-グラン・オーセロワ）
🍇	🟢 シャルドネ，ピノ・ブラン，ピノ・グリ 30%以内
	🔴（クレレ）ピノ・ノワール，ピノ・グリ，セザール栽植 10%アサンブラージュ 49%以内，以下併せて 15%以内シャルドネ，ピノ・ブラン
	🔴 ピノ・ノワール，セザール栽植 10%アサンブラージュ 49%以内，以下併せて 15%以内シャルドネ，ピノ・ブラン，ピノ・グリ
🍴	🟢 川カマスのクネル，茄子のグラタン，銀杏の天ぷら，チーズ（AOP コンテ）
	🔴 シャルキュトリ
	🔴 ブッフ・ブルギニヨン，コック・オ・ヴァン，北京ダック

AOC
Bourgogne Montrecul ブルゴーニュ・モントルキュ

1993

　AOC ブルゴーニュ・モントルキュは，ブルゴーニュ地方ディジョン市の「モントルキュ」という区画で栽培されるブドウから造られる白，ロゼ，赤ワインのアペラシオン．

　直訳すると「お尻を見せる」というユニークな意味のアペラシオンで，生産量が少なくほとんどが地元で消費される．近隣に AOC ブルゴーニュ・ル・シャピトル（Bourgogne le Chapitre），AOC ブルゴーニュ・ラ・シャペル・ノートル・ダム（Bourgogne la Chaplle Notre-Dame）がある．これまで AOC ブルゴーニュという地方名アペラシオンだったが，生産者たちはそのなかでもどの場所で栽培されたブドウで造られたものかを明確にし，ワインにアイデンティティーを与えるための運動を行ってきた結果，誕生したのが「ブルゴーニュ＋区画（クリマ）名」アペラシオン．つまり「ブルゴーニュ」よりも一つ格上となる．

■ワインの特徴
- ヘーゼルナッツ，蜂蜜，バター，スパイスの香りに，シダのニュアンスとマロン・グラッセのアロマを伴う．芳香高く繊細．
- 透明感のある明るいルビー色からサーモン色．フルーティーでアロマティック，フィネスのあるしなやかな口あたりの辛口．
- イチゴ，チェリー，カシスやブルーベリーなどの小さな赤から黒い果実，森の腐葉土，苔やきのこの香りとともに開いてくる．口に含むと生き生きとして，骨格がしっかりとして，しなやかで円い．エレガントで繊細．

■テロワール
　冬は寒く乾燥し，夏はブドウの完熟を促す暑さと日照が豊かな大陸性気候．冬の寒さが厳しいところであるが，東側と南側の日あたりがよい，最も暖かい土地をブドウ畑に利用している．土壌は石灰岩が中心で，水はけがよく，わずかに水分を滞留する土質に恵まれる．

- Bourgogne（ブルゴーニュ）／ Côte d'Or（コート・ドール）
- ●シャルドネ，ピノ・ブラン，ピノ・グリ 30％以内
- ●（クレレ）ピノ・ノワール，ピノ・グリ，以下併せて 15％以内シャルドネ，ピノ・ブラン
- ●ピノ・ノワール，以下併せて 15％以内シャルドネ，ピノ・ブラン，ピノ・グリ
- ●海老のムース，マッシュルームのクリーム煮，チーズ（AOP サン・ネクテール，AOP コンテ）
- ●シャルキュトリ
- ●ブフ・ブルギニヨン風，牛フィレのパイ包み焼き，チーズ（ニュイ・ドール，AOP トム・デ・ボージュ）

AOC
Chablis シャブリ

1938

世界で最も名が通っている辛口白ワインの AOC シャブリ．土中に牡蠣などの貝殻の化石がたくさん混入しており，ミネラル分が多量に含まれているため，生牡蠣との相性がよいとしても知られている．産地のひとつであるシャブリ村は，ブルゴーニュ地方最北端にあたるヨンヌ県に位置する．村はすり鉢の底のような窪地にあり，その周辺は 360 度ぐるりとブドウ畑に覆われた丘で囲まれている．シャブリの名を冠するワインは 4 ランクに分類される．最上級の特級畑から生まれる AOC シャブリ・グラン・クリュ (Chablis Grand Cru) は，7 つの区画（クリマ），すなわちヴァルミュール (Valmur)，レ・プルーズ (Les Preuses)，ヴォデジール (Vaudésir)，グルヌイユ (Grenouilles)，ブーグロ (Bougros)，ブランショ (Blanchot)，レ・クロ (Les Clos) に分かれている．次いで，一級畑の AOC シャブリ・プルミエ・クリュ (Chablis Premier Cru) は特に品質と個性が認められた区画から生まれるワイン．AOC シャブリの畑は指定区域としても，植樹されている面積としても最も広く，畑の位置や向きにより特徴の異なるワインが生まれる．格で言えば最下位となる AOC プティ・シャブリ (Petit Chablis) は，品質と価格のバランスが取れた気軽に楽しめるワイン．

ワインの特徴
● 若いうちの緑を帯びた淡い黄金の色調は，熟成すると黄色味を増していく．香りは生き生きとし，火打石に例えられるミネラル感が際立つ．青リンゴやレモン，きのこ，菩提樹，ミントと，アロマが多彩で，しばしばアカシアや甘草，刈った干草の香りを伴う．年とともにスパイスのニュアンスが高まる．アタックははっきりとし，シャープな酸味と繊細さ，ミネラルが特徴で心地よい．

テロワール
全般的に大陸性気候で，ブルゴーニュ地方のなかで最も寒い地域にある．夏は暑く，ブドウの成熟に向いているが，4～5 月の春霜は珍しいことではない．これを防ぐために，専用ストーブや電熱線，冷たい空気と温かい空気を混ぜ合わせる巨大な扇風機，スプリンクラーが活用される．土壌の最も代表的な地層はキメリジアンである．これは深い海であった時代の貝殻，とくにシャブリの土壌によく見られる小さな牡蠣の貝殻の化石を多く含んでいる．この土壌からのワインは，ミネラル分が豊富であることが特徴である．

- Bourgogne（ブルゴーニュ）/Chablis-Grand Auxerrois（シャブリ-グラン・オーセロワ）
- ● シャルドネ 100%
- ● グジェール，生牡蠣，海の幸のテリーヌ，ムール貝ワイン蒸し，マスのムニエル アーモンド添え，アスパラガス，白身のお造り，鮨，銀杏の天ぷら

Bourgogne

AOC
Chambolle-Musigny シャンボール・ミュジニィ

1936

ブルゴーニュ地方のソーヌ川の西に細長く伸びるコート・ドール地区は，北半分のコート・ド・ニュイ地区，南半分のコート・ド・ボーヌ地区に分かれている．シャンボール・ミュジニィ村はコート・ド・ニュイ地区に属し，ニュイ・サン・ジョルジュ村の北5kmに位置する．村の北西部にはフレスコ画が美しい16世紀の教会がある．近隣のモレ・サン・ドニ村やジュヴレ・シャンベルタン村は石灰岩と粘土の混合土壌であるが，シャンボール・ミュジニィ村はほとんど石灰岩質で，畑の位置も他の村より高い所にある．2つのグラン・クリュ（特級畑），24のプルミエ・クリュ（一級畑）があるが，一級畑を挟んで北と南の端に特級畑がある．最も名が知られている一級畑は，「恋する女たち」という意味の「レ・ザムルーズ（Les Amoureuses）」．一方，村名格のAOCシャンボール・ミュジニィの畑は，県道974号線の西側の標高250m前後の低地に広がっている．

▍ワインの特徴

● コート・ド・ニュイで最も女性的と評される．光り輝き明るいルビー色．深みを帯びている．スミレ，イチゴや木イチゴなどの小さな赤い果実のアロマは，典型的な香りを構成する．熟成するにつれスパイシーになり，熟れた果実，干しアンズ，トリュフ，森の腐葉土や動物の香りが現れる．香り高く複雑性がある．絹やレースのような感触が口蓋を満たし，洗練されたボディは堅固で長命な骨組みを保っている．酸が豊かで，なめらかで優しいタンニンがボディを形づくり，優雅さとフィネスを兼ね備えている．

▍テロワール

ブドウの完熟を促す暑い夏と乾燥した秋，寒い冬が特徴の大陸性気候である．畑は東南東に面し斜面への日照時間が長く，日の出から太陽を燦々と浴びる．標高250～350mに位置する．

丘の上部はやや薄い土壌で母岩に近い．硬い石灰岩に多くの割れ目があるため，ブドウ樹が水分や養分を求めて根を張ることができる．小石まじりの白亜質土壌は，渓谷の低地の水はけをよくし，ワインにしなやかさと繊細さをもたらす．

- Bourgogne（ブルゴーニュ）／Côte d'Or（コート・ドール）／Côte de Nuits（コート・ド・ニュイ）
- ● ピノ・ノワール，以下併せて15%以内シャルドネ，ピノ・ブラン，ピノ・グリ
- ● AOPブレス鶏の照り焼き，仔牛のソテー，仔牛のパイ包みロースト，メゴチやハゼの天ぷら，チーズ（ブリア・サヴァラン，AOPルブロション，シトー，AOPモンドール，AOPシャウルス）

AOC
Chassagne-Montrachet シャサーニュ・モンラッシェ

1937

コート・ドール県のコート・ド・ボーヌ地区のAOC．ボーヌ市の南西に位置する．シャサーニュ・モンラッシェ村とその南隣りのレミニィ（Rémigny）村でプルミエ・クリュ（一級畑）に格付けされているのは，丘の高地にある19区画（クリマ）である．白の生産量の方が多いが，19世紀までは赤ワインしか造られていなかった．世界的に有名なグラン・クリュ（特級畑）の白AOCモンラッシェとAOCバタール・モンラッシェは，このシャサーニュ・モンラッシェ村と隣のモンラッシェ村にまたがっている．村名格のワインを生む畑は，プルミエ・クリュやグラン・クリュの区画より低い土地に広がっている．

ワインの特徴
- 西洋サンザシ，アカシアやのアロマに，クマツヅラ，ヘーゼルナッツ，アーモンドの香りが加わる．ときにトーストや生のバターの香りを感じる．熟成とともに蜂蜜や熟した洋梨の香りが現れる．柔らかでしばしば豊満．
- チェリーのアロマは野イチゴ，スグリや木イチゴのフルーティーな香りを伴う．動物やスパイスの香りがブーケを補完する．魅力的な肉づきのもとで，若いうちはやや硬いタンニンを感じるが，熟成とともに凝縮した複雑な味わいとなる．

テロワール
ブドウの完熟を促す暑い夏と乾燥した秋，寒い冬をもつ大陸性気候である．東に面した標高220〜325mにある．土壌は石灰質，砂利質，泥灰質，砂質と多様．白ワインは褐色の粘土と石灰岩の土壌から，赤ワインは泥灰土質の石灰質土壌から生まれる．

- Bourgogne（ブルゴーニュ）／Côte d'Or（コート・ドール）／Côte de Beaune（コート・ド・ボーヌ）
- ● シャルドネ，ピノ・ブラン
- ● ピノ・ノワール，以下併せて15％以内シャルドネ，ピノ・ブラン，ピノ・グリ
- ● キッシュ，ソースをかけたAOPブレス鶏やIGPブルゴーニュ産家禽，スパイシーなクスクス，カレー風味，スズキや平目の広東風，帆立貝のバジルとレモン風味，チーズ（AOPコンテ）
- ● チリ・コン・カルネ，仔羊のロースト，豚の網焼き，家禽のカレー風味やタンドリー

AOC
Chorey-Lès-Beaune ショレー・レ・ボーヌ

1970

　ショレー・レ・ボーヌ村は，ブルゴーニュワイン商業の中心地，ボーヌ市から北4kmのところにある小さな村．グラン・クリュ（特級畑）があることで有名なアロス・コルトン（Aloxe-Corton）村の南に隣接する．畑は14〜15世紀に栄華を極めたブルゴーニュ大公の甥にあたるエドアール・ド・フロマンによって開墾されたもので，比較的平坦な土地に広がっている．村名ワインであるショレー・レ・ボーヌには白と赤があるが，赤の生産量が9割を占める．プルミエ・クリュ（一級畑）はない．また赤に限り，AOCショレー・コート・ド・ボーヌまたはAOCコート・ド・ボーヌ・ヴィラージュの呼称も使用することができる．この地区で造られるワインは，かつては近接するAOCボーヌ，AOCサヴィニィ・レ・ボーヌ，AOCアロス・コルトンとして流通することが多かったが，1970年にショレー・レ・ボーヌのAOCを獲得した．

ワインの特徴

- 明るく澄んだ金色．白い花，ヘーゼルナッツやレモンの皮を浸漬したリキュールのアロマを感じる．若いうちは溌剌としているが，このフルーティーなワインはかなり速やかにそのしなやかさを広げ，風味となめらかさを増し，余韻が長くなる．
- かなり鮮やかな色調．しばしばくすんだ紫紅色．木イチゴやチェリーなどの小さな赤い果実，桑の実などの黒い果実のアロマが支配的で，年とともに甘草，森の腐葉土，動物，なめし革の香りが現れる．味わいはストラクチャーがしっかりとし，タンニンは適度に溶けている．堅固な骨格のもとで円さを失わず，果実味を残している．軽快でしなやかではあるが，バランスがとれ豊満．若いうちから飲むことができる．

テロワール

　ブドウの完熟を促す暑い夏と乾燥した秋，寒い冬をもつ大陸性気候である．斜面の麓にあり標高は230〜245m．鉄分を含む石ころだらけの底土の上にある泥灰質石灰岩の沖積土壌は，1000年の時を経て丘から流れ落ちた土砂が堆積したものである．砂利層は泥土が多く，石灰質の燧石（すいせき）（火打石）のかけらが豊富なアロス・コルトン村と，粘土質で小石の多い石灰岩のサヴィニィ・レ・ボーヌ村に近い．乾いた砂地の岩層の基盤はブドウ樹に適している．

- Bourgogne（ブルゴーニュ）／Côte d'Or（コート・ドール）／Côte de Beaune（コート・ド・ボーヌ）
- ● シャルドネ，ピノ・ブラン
- ● ピノ・ノワール，以下併せて15%以内シャルドネ，ピノ・ブラン，ピノ・グリ
- ● トゥルトやキッシュのような温製前菜，スズキの網焼きやオーブン焼き

ブルゴーニュ　73

●シャルキュトリ，AOP ブレス鶏や IGP ブルゴーニュ産家禽のクリーム煮やロースト，ホロホロ鳥ロースト，肉や家禽のリゾット，ピッツァ，テクスメクス料理，タブレ，鯖の味噌煮，穴子鮨，チーズ（AOP シャウルス，AOP カンタル，AOP エポワス）

AOP カンタル

AOC
Clos de Vougeot クロ・ド・ヴージョ

1937

　ヴージョ村はコート・ド・ニュイ地区の出発点，ディジョン市から約19km南下した地点にある．同地区の中央を縦断する県道122号線（グラン・クリュ街道）沿いにあり，シャンボール・ミュジニィ村とヴォーヌ・ロマネ村に挟まれている．クロ・ド・ヴージョはヴージョ村のグラン・クリュ（特級畑）で優雅さのある赤ワイン．シャトー・ド・クロ・ド・ヴージョと呼ばれる城館は，ブルゴーニュワインを発展させたキリスト教シトー派の修道士によって12世紀に建てられたもの．現在は「ブルゴーニュ利き酒騎士団(La Confrérie des Chevaliers du Tastevin)」の本部となっている．毎年11月の第3土曜日から月曜日にかけて行われる有名な「栄光の三日間」など，さまざまなワイン行事が催されている．

　また，ヴージョ村には AOC ヴージョ（Vougeot）があり，白と赤を産出している．

■ワインの特徴
●ブドウ畑は細分化され多くの所有者がいるため，この独特なワインを概括するのは難しい．共通するところは，木イチゴの赤や深いガーネット色が際立つこと．バラ，スミレ，モクセイ草など心地よい香りがあり，桑の実，木イチゴ，ミント，甘草，トリュフなどの香りが加わる．味わいは，優雅なフィネスと豊満さを併せもつ．肉づきがよく，すばらしいストラクチャーを備え，バランスよく，余韻も長い．

■テロワール
　ブドウの完熟を促す暑い夏と乾燥した秋，寒い冬をもつ大陸性気候である．東に面し，斜面への日照時間が長く，日の出から太陽を燦々と浴びる．広大で多様な「小さなモザイクのつづれ織」と称される．母岩は石灰岩と粘土石灰岩が主体である．

　上部の標高255mの畑は緩やかな斜面で，40cmとやや浅い土壌．石灰岩の上に多くの砂利をもつ土壌．中腹の標高250mの畑の土壌は45cmとやや深く，石の多い石灰岩と粘土の上に褐色土壌が広がる．底部の標高240mにある畑の土壌は90cmとより深い．粘土と細かな泥土のなかに豊かな泥灰土層があり，その上に褐色土壌が重なっている．

🔍	Bourgogne（ブルゴーニュ）／Côte d'Or（コート・ドール）／Côte de Nuits（コート・ド・ニュイ）
🍇	●ピノ・ノワール，以下併せて15％以内シャルドネ，ピノ・ブラン，ピノ・グリ
🍴	●鹿もも肉ドフィネ風，霜降り牛リブロース，仔羊蒸し煮，仔牛のローストきのこ添え，鴨とねぎの鍋，羊肉のしゃぶしゃぶ，チーズ（AOPエポワス，スーマントラン，サン・フロランタン，シトー，AOPラングル）

ブルゴーニュ　75

AOC
Clos Saint-Denis クロ・サン・ドニ (1936), Clos de la Roche クロ・ド・ラ・ロシュ(1936), Clos des Lambrays クロ・デ・ランブレ(1981), Clos de Tart クロ・ド・タール (1939)

コート・ド・ニュイ地区のジュヴレ・シャンベルタン村の南に隣接するモレ・サンドニ村のグラン・クリュ（特級畑）。AOC クロ・サン・ドニは 11 世紀にヴェルジー（Vergy）村の教会参事会が開墾した畑で，クロ・ド・ラ・ロシュとクロ・デ・ランブレの間にある．AOC クロ・ド・ラ・ロシュは，ジュヴレ・シャンベルタン村の特級，AOC ラトリシエール・シャンベルタンのすぐ南にあり，土壌に大きな石が多く混ざっていることから，仏語で「岩石」を意味する「La Roche」という名が付いている．AOC クロ・デ・ランブレは，クロ・サン・ドニとクロ・ド・タールの間にある標高 250〜320m の斜面に広がる地区で産出され，同村では一番遅く 1981 年に特級に昇格した．畑の大半はドメーヌ・デ・ランブレ（Domaine des Lambays）という蔵元の所有で，ほぼモノポール（Monopole＝単独所有）といえる．AOC クロ・ド・タールは，1141 年にキリスト教のシトー派の修道士たちによって開墾されて以来，3 回しか所有者が変わっていない珍しい畑で，現在の所有者であるモメサン（Mommessin）家による完全なモノポールである．「クロ」はブルゴーニュ地方に多く見られる畑を囲む「石垣」のことである．

ワインの特徴
- 色調は際立つルビー色，深紅色や強いガーネット色．カシスやブルーベリーなどの黒い果実とチェリーなどの赤い核果実の香りがある．スミレ，カーネーションの香りを幅広く伴う．年とともに，なめし革，苔，ジビエ，トリュフなどの香りが現れる．ストラクチャーがしっかりとして，タンニンが円く，肥えて肉づきがよく，コクの強さと果実味のバランスがとれている．コート・ド・ニュイのワインらしく，男性的で力強くボディがある．余韻が驚くほど長く，長熟型．
4 つのグラン・クリュは，それぞれテロワールごとに個性を発揮している．
- （クロ・サン・ドニ）豊満さにより「コート・ド・ニュイのモーツァルト」と表現される．
- （クロ・ド・ラ・ロシュ）個性的で，AOC シャンベルタンに近く，重厚である．初めは赤や黒い果実のアロマに先行され，腐葉土やトリュフの香りが現れる．
- （クロ・デ・ランブレ）若いうちはチェリーのアロマが支配的で円い．熟成が進むと重々しくなり，深みを増す．
- （クロ・ド・タール）頑丈さと魅力が結びついていて，緊密かつ洗練されている．若いうちはタンニンがかなり強いが，年とともに角がとれ複雑性を帯びる．

テロワール
ブドウの完熟を促す暑い夏と乾燥した秋，寒い冬をもつ大陸性気候である．標高 250m の斜面の中腹にあり，斜面は東，あるいはわずかに東南東に向いている．日照時

間が長く，日の出から太陽を燦々と浴びる．

　母岩は石灰岩と粘土石灰岩であり，丘の上部では魚卵状石灰石（ウーライト），斜面の低いところはウミユリの化石岩からなる．表土は泥灰土，砂，石，砂利の露出も見られる．クロ・サン・ドニは，丘の麓では粘土が混じり，砂利を含まない褐色の石灰岩土壌である．クロ・ド・ラ・ロシュは石灰岩主体で，土壌の厚さは 30cm しかなく，わずかに砂利やその名の起源となった大きな石塊が露出している．クロ・デ・ランブレは，高いところでは泥灰土，低部では粘土石灰岩土壌となっている．クロ・ド・タールは，石灰岩の母岩を 40 〜 120cm の厚さの崩落土が広く覆っている．

> - 🔍 Bourgogne（ブルゴーニュ）／ Côte d'Or（コート・ドール）／ Côte de Nuits（コート・ド・ニュイ）
> - 🍇 ●ピノ・ノワール，以下併せて 15%以内シャルドネ，ピノ・ブラン，ピノ・グリ
> - 🍴 ●鹿肉のシチュー，ローストビーフ，AOP ブレス鶏の照り焼き，仔牛のソース添え，馬刺し，北京ダック，鮑のオイスターソース，チーズ（シトー，AOP モンドール）

ピノ・ノワール種

AOC
Côte de Beaune コート・ド・ボーヌ

1936

　ブルゴーニュ地方で最も有名な AOC が集中しているのは，ディジョン市の真南に続くコート・ドール地区である．その南半分であるコート・ド・ボーヌ地区は，ラドワ・セリニィ村からマランジュ村までの県道 974 号線沿いの南北約 25km の地帯に広がっている．AOC コート・ド・ボーヌは，この地区全体で生産されているワインのように思われるが，実際にはボーヌ市内の 33ha ほどの区画でしか造られていない村名 AOC で，「ボーヌの丘」の最も高い所（標高 300 〜 370m）に位置している．これより標高の低い所に AOC ボーヌの畑が広がっている．よく混同される AOC コート・ド・ボーヌ・ヴィラージュのワインは，ボーヌ市では造られていない．プルミエ・クリュ（一級畑）はないが，主なクリマにレ・ピエール・ブランシュ（Les Pierres Blanches），レ・モンバトワ（Les Montbattois）などがある．

▌ワインの特徴
- 🟢 レモンなど柑橘類や，生のハーブの香りにあふれている．円くしなやかで力強く，豊かな酸がバランスをとっている．ヘーゼルナッツの風味があり，ミネラル豊か．
- 🔴 小さな赤い果実，動物，森の腐葉土の香りを放つ．味わいは円く心地よく，熟成に耐えるきれいな酸に支えられている．

▌テロワール
　ボーヌ山上部に位置し，AOC ボーヌ・プルミエ・クリュの高台にあたる標高 300 〜 370m にある．ブドウの完熟を促す暑い夏と乾燥した秋，寒い冬をもつ大陸性気候である．土壌は，カルシウムを含む褐色の石灰岩，魚卵状石灰岩（ウーライト），中生代ジュラ紀前期のローラシアン（Rauraciens）石灰岩からなる．

📍	Bourgogne（ブルゴーニュ）／ Côte d'Or（コート・ドール）／ Côte de Beaune（コート・ド・ボーヌ）
🍇	🟢 シャルドネ，ピノ・ブラン，ピノ・グリ 10％以内
	🔴 ピノ・ノワール，以下併せて 15％以内シャルドネ，ピノ・ブラン，ピノ・グリ
🍴	🟢 トゥルトやキッシュのような温製前菜，AOP ブレス鶏や IGP ブルゴーニュ産家禽のホワイトソース添え，魚介のスパゲッティやリゾット，サワラのオーブン焼き，鰹の土佐造り，チーズ（AOP コンテ，AOP ボーフォール，AOP エポワス，IGP グリュイエール，AOP マコネ）
	🔴 ローストビーフやポーク，椎茸クリーム煮，ブッフ・ブルギニヨン，仔牛のグラタン，ブルゴーニュ風フォンデュ，松茸の海老すり身詰め揚げ，チーズ（スーマントラン，AOP マンステール，AOP シャウルス）

AOC
Côte de Beaune-Villages コート・ド・ボーヌ・ヴィラージュ または
Nom de Commune + Côte de Beaune 村名+コート・ド・ボーヌ

1937

　ディジョン市から南へ50kmほど続くコート・ドール地区は，その北半分のコート・ド・ニュイ地区と南半分のコート・ド・ボーヌ地区に区分されている．AOCコート・ド・ボーヌ・ヴィラージュは，コート・ド・ボーヌ地区の16村（サヴィニィ・レ・ボーヌ村，ピュリニィ・モンラッシェ村，ムルソー村，サントネ村など）で造られるピノ・ノワール種100%の赤ワインに適用される．実際の生産面積は4.5haと小さいが，16村で造られる赤には，3通りのアペラシオンが認められている．例えばラドワ・セリニィ村で栽培されたブドウから出来る赤ワインはAOCラドワ，AOCコート・ド・ボーヌ・ヴィラージュ，AOCラドワ・コート・ド・ボーヌのいずれかを名乗ることができる．なお，ボーヌ市，アロス・コルトン村，ポマール村，ヴォルネ村は，このAOCの生産地区に入っていない．

ワインの特徴
● ラドワ・セリニィからマランジュまで南北に長く，村々によって多様である．北の方の村では，明るく控えめではあるが引き締まった中庸のルビー色，淡い紫紅色．イチゴ，スグリ，カシスや桑の実などの小さな赤や黒い果実，とりわけスミレなどの花のアロマが広がる．繊細でしなやかなワイン．

　南の村に向かうにつれ，色調は一般に深く際立つようになり，紫を帯びた深いルビー色となる．アロマは北部と変わらないが，腐葉土，湿った土，きのこの香りがわずかに加わる．きれいな酸に支えられ，絹のような細かいタンニンが明確に現れる．力強く，肉づきがよいワイン．

テロワール
　ブドウの完熟を促す暑い夏と乾燥した秋，寒い冬をもつ大陸性気候．南あるいは南東に面し，斜面への日照時間が長く，太陽を燦々と浴びる．

　ジュラ紀につくられたコート・ド・ボーヌの土壌は，ジュラ紀中期のコート・ド・ニュイの土壌よりやや新しい地層である．コート・ド・ニュイより勾配はなだらかで，斜面も変化に富んでいる．コンブランシアンの石灰質はラドワで沈み，ムルソーで再びその姿を現す．

　ラドワ・セリニィからマランジュまで土壌の違いがあり，多様な酒質を表現する．丘陵の上から下まで褐色の石灰岩が薄い地層を占め，さらに赤い砕石，鉄分を含む魚卵状石灰石（ウーライト），黄色の石灰岩が広がる．南部では，泥灰岩が石灰岩のなかに入り込んでいて，粘土質土壌とときに砂質が混ざる．

ブルゴーニュ

- Bourgogne（ブルゴーニュ）／ Côte d'Or（コート・ドール）／ Côte de Beaune（コート・ド・ボーヌ）
- ●ピノ・ノワール，以下併せて15％以内シャルドネ，ピノ・ブラン，ピノ・グリ
- ●ポーチドエッグのムレットソース，ポークソテー，シンプルなステーキ，ハンバーガー，若鶏のエストラゴン風味，ケバブやクフタなどの中東料理，チリ・コン・カルネ，チーズ（AOPマロワル，AOPラングル，サン・フロランタン，サン・マルスラン，IGPトム・ド・サヴォワ）

AOPマロワル

AOC
Corton コルトン

1937

ブルゴーニュ地方コート・ド・ボーヌ地区の最北部に位置するAOCコルトンは，ペルナン・ベルジュレス（Pernand-Vergelesses）村，ラドワ・セリニィ（Ladoix-Serrigny）村，アロス・コルトン（Aloxe-Corton）村の3村にまたがるグラン・クリュ（特級畑）．特級畑はすべてコルトンの丘の南西向きの斜面の高地に集中している．標高280〜330mで，ブルゴーニュのグラン・クリュとしては最も高い位置にある．コート・ド・ボーヌ地区で唯一赤のグラン・クリュを産する生産地区で，生産量は赤が圧倒的に多い．この3村には白のグラン・クリュであるAOCコルトン・シャルルマーニュの畑もある．なお，AOCコルトンとAOCコルトン・シャルルマーニュのグラン・クリュ（特級畑）があることで有名な小村にAOCアロス・コルトンがあり，上質な白と赤を産出している．

▍ワインの特徴
- 緑を帯びた明るく澄んだ金色の色調．火打石に由来するミネラルが豊かで，バター，オーブンで焼いたリンゴ，シダ，シナモンや蜂蜜の香りを伴う．味わいは優雅で気品があり，しなやかで円い．
- 際立つ紫紅色，暗赤色や濃い深紅色．ブルーベリー，スグリやオー・ド・ヴィ（蒸留酒）にしたチェリーなどの果実，スミレなどの花のアロマを放つ．熟成するにつれて，森の腐葉土，なめし革，毛皮，コショウや甘草の香りが現れる．力強くコクがあり豊満．

▍テロワール
ブドウの完熟を促す暑い夏と乾燥した秋，寒い冬をもつ大陸性気候である．

標高250〜330mにあり，コート・ドールのほかの地区では見られない段丘を形成している．コート・ドール地区ではまれな南東，南西に面している丘は，種々の典型的な地質断面をもっている．

- Bourgogne（ブルゴーニュ）／Côte d'Or（コート・ドール）／Côte de Beaune（コート・ド・ボーヌ）
- ●シャルドネ，ピノ・ブラン10％以内
- ●ピノ・ノワール，以下併せて15％以内シャルドネ，ピノ・ブラン，ピノ・グリ
- ●鮑の鉄板焼き，エクルヴィス，平目やAOPブレスの家禽やIGPブルゴーニュの家禽のクリーム煮，チーズ（AOPシュヴロタン）
- ●鴨のオレンジソース，鹿肉のローストやソース添え，鹿肉のシチュー，ローストビーフ，牛肉網焼き，マスの白酒焼き，チーズ（AOPエポワス，シトー，ブルー・ド・ブレス）

ブルゴーニュ

AOC
Côte de Nuits-Villages コート・ド・ニュイ・ヴィラージュ

1964

　ディジョン市からボーヌ市の北までをコート・ド・ニュイ地区と呼ぶが，この地区の5村がAOCコート・ド・ニュイ・ヴィラージュの生産地区として承認されている．北からフィサン村，ブロション（Brochon）村，プルモー・プリセ（Premeaux-Prissey）村，コンブランシアン（Comblanchien）村，コルゴロワン（Corgoloin）村である．赤ワインが主流だが，最近は白にも力を入れている．プルモー・プリセ村から数km離れた所に，ブルゴーニュワインの発展に寄与したキリスト教のシトー派の総本山がある．ここでは1925年からその名も「シトー派修道院（アベイ・ド・シトー，Abbaye de Cîteaux）」という牛の生乳製のウォッシュタイプのチーズが修道士の手によって造られている．このチーズは生産量が少ないためほとんどが地元で消費される．

▎ワインの特徴

　村がコート・ド・ニュイ地区の南北に散在しているので，ワインは多様である．南はしなやかで肉づきがよいが，北に向かうとタンニンが強まり，ストラクチャーが堅固となる．

● わずかに金色を帯びた明るく澄んだ黄金色．アカシアや西洋サンザシなどの白い花のアロマにスモモの香りを伴う．年とともに，イチジク，洋梨，カリンやスパイスの香りが現れる．生き生きとして気品が高く，率直な印象である．

● ピノ・ノワール種らしい紫紅色を帯びた色調は，しばしばガーネット色．チェリー，スグリやカシスのアロマに，森の腐葉土，きのこ，シナモンなどのスパイスの香りを放つ．味わいはふくよかで力強く，男性的．フルーティーかつオイリーで円い．若いうちからタンニンが溶け心地よい．

▎テロワール

　ブドウの完熟を促す暑い夏と乾燥した秋，寒い冬が特徴の大陸性気候である．畑は東と南東に面し，斜面への日照時間が長い．

　フィサン村とブロション村は斜面の麓の赤褐色の土の上にあり，石灰岩がまじった小石の多い泥土が斜面を覆っている．プルモー・プリセ村は，低部ではヴァレロ（Valleros）渓谷からくる深い泥灰質石灰岩の泥土，丘の頂上では岩が含まれている．

　コンブランシアン村とコルゴロワン村の斜面は，上部は石灰岩の少ない褐色土壌で，分厚い崩落土が斜面を形づくる．とても小石の多い，溜まった泥土を覆う褐色土壌が麓まで伸びている．

> 　Bourgogne（ブルゴーニュ）／Côte d'Or（コート・ドール）／Côte de Nuits（コート・ド・ニュイ）
>
> ● シャルドネ，ピノ・ブラン
> ● ピノ・ノワール，以下併せて15％以内シャルドネ，ピノ・ブラン，ピノ・

グリ
- ハムのゼリー寄せパセリ風味，テリーヌ，エスカルゴ，鯖の塩焼き，チーズ（AOPマコネ，AOPオーフォール，AOPコンテ）
- テリーヌ，ウズラのパテ，牛レバーのポワレ，豚ロースソテー，仔羊のロースト，鴨ねぎ鍋，チーズ（ラミ・デュ・シャンベルタン，シトー，AOPラングル）

AOPラングル

AOC
Crémant de Bourgogne クレマン・ド・ブルゴーニュ (1975),
Bourgogne Mousseux ブルゴーニュ・ムスー (1943)

クレマン・ド・ブルゴーニュは，ブルゴーニュ地方の発泡性ワイン．白とロゼがあり，シャンパーニュと同じ伝統方式 (Méthode Traditionnelle) で造られる．生産地区はブルゴーニュ地方全域に広がっているが，気候や地質がシャンパーニュ地方とよく似ているシャブリ地区やコート・ド・シャロネーズ地区に多く，そのなかでもソーヌ・エ・ローヌ県のリュリー村のものが特に有名．非発泡性用のブドウより早めに収穫されたブドウを用い，瓶内二次発酵，9か月以上の熟成を経て，20℃で3.5気圧以上になる．コルクと瓶の首に《Crémant de Bourgogne》(クレマン・ド・ブルゴーニュ) と記さなければならない．ブルゴーニュ・ムスーは赤の発泡性ワインで，クレマン・ド・ブルゴーニュと同様に醸造される．

ワインの特徴
クレマン・ド・ブルゴーニュ▶
★フルーティーで軽やか，溌剌としているが，ピノ・ノワール種が加わることにより，穏やかになる．力強く若さにあふれ，爽やかさ，生気が強調される．
　色は極めて淡い金色で，その泡は繊細である．柑橘系，花，ミネラルのアロマがあり，味わいは芳香の高さと軽快な洗練とのバランスをとる酸が豊かで，みずみずしく優雅．
★バラ色を帯びた金色の色調を示す．赤い果実の上品で繊細なアロマを放ち，花の香りが豊か．

ブラン・ド・ブラン▶
★白い花，柑橘類，青リンゴの香りが感じられ，時とともにアンズや白桃などの核果実，トーストの香りが現れる．

ブラン・ド・ノワール▶
★チェリー，カシスや木イチゴなどの小さく赤い果実の香気が立ちのぼり，味わいは力強く余韻が長い．

テロワール
　冬は寒く乾燥し，夏は暑さと日照が豊かな大陸性気候．冬の寒さが厳しいところであるが，最北端のシャブリ地区でも，最も暖かい土地をブドウ畑に利用している．ディジョンからマコンまで細長く140 kmに延びる南部では，東側と南側の日あたりがよい場所にブドウが植えられ，最もこの土地に適した品種が中世から栽培されている．
　コート・ドール県は，泥灰岩，泥灰質石灰岩，白っぽい深い土壌からなり，やや小石が多い．ヨンヌ県とコート・ドール県は丘陵と石灰質を含んだ斜面が共通である．シャブリ地区やオーセロワ地区ではキメリジアンからなる．シャロネ地区とマコネ地区の断層からできた起伏は，石灰質，粘土，泥灰岩が組み合わさっている．ソーヌ・エ・

ロワール県の南では花崗岩質が現れる．

> Bourgogne（ブルゴーニュ）
>
> ★★（クレマン・ド・ブルゴーニュ）シャルドネ，ピノ・ブラン，ピノ・グリ，ピノ・ノワール以上併せて 30％以上，ガメ 20％以下，アリゴテ，ムロン，サシー
>
> ★（ブルゴーニュ・ムスー）ピノ・ノワール，ガメ，ヨンヌ県のみセザール，以下 15％以内シャルドネ，ピノ・ブラン，ピノ・グリ，以下 10％以下アリゴテ，ガメ・ド・ブーズ，ガメ・ド・ショードネ，ムロン
>
> ★（クレマン・ド・ブルゴーニュ）鴨のコンフィ洋梨とドライフルーツ添え，スズキのカルパッチョ，デザート
>
> ブラン・ド・ブラン▶帆立貝，ニジマス，たこ酢
>
> ブラン・ド・ノワール▶牛テール蒸し煮，殻入りエスカルゴ
>
> ★（クレマン・ド・ブルゴーニュ）プティ・フール，イチゴや木イチゴのシャーベット，クッキー，アイスクリーム
>
> ★（ブルゴーニュ・ムスー）シャルキュトリ，AOP ブレス鶏のロースト

ガメ種

AOC
Échézeaux エシェゾー, Grands-Échézeaux グラン・ゼシェゾー

1937

　ブルゴーニュ地方コート・ドール地区の北半分，コート・ド・ニュイ地区は，珠玉の赤ワインを生む産地として名高い．この地区のちょうど中間地点にあるヴォーヌ・ロマネ村と東隣りのフラジェ・エシェゾー（Flagey-Échézeaux）村には，いくつかの有名なグラン・クリュ（特級畑）がある．AOC エシェゾーと AOC グラン・ゼシェゾーもそのうちに含まれる．エシェゾーの畑はグラン・ゼシェゾーの西と南の少し低い斜面にあり，84人の生産者によって分割所有されている．両方とも 12～13 世紀にシトー派大修道院により創設され，石垣で隔てられている．グラン・クリュの生産条件を満たせなかった場合，《Vosne-Romanée》（ヴォーヌ・ロマネ）または《Vosne-Romanée Premier Cru》（ヴォーヌ・ロマネ・プルミエ・クリュ）を表示する．《Grand Cru》の文字はエチケットの区画（クリマ）名の直下に表示されなければならない．

■ワインの特徴
● 一般に赤紫を帯びたルビー色から，かなりくすんだ紫を帯びた紅色．若いうちはバラ，スミレやチェリーのアロマを放ち，動物，スパイス，森の腐葉土や干しスモモの香りを伴う．年とともに，麝香（じゃこう），なめし革，毛皮やきのこの香りが現れる．アタックは力強く，男性的でしなやかなタンニンと円みのバランスが心地よい．肉づきよく豊満で力強い．濃密できめ細かいストラクチャーは，6～15年の熟成後に味の頂点を迎える．

■テロワール
　ブドウの完熟を促す暑い夏と乾燥した秋，寒い冬をもつ大陸性気候である．東に面し，斜面への日照時間が長く，日の出から太陽を燦々と浴びる．グラン・ゼシェゾーはかなり均質な土壌で，標高は 250m に位置する．クロ・ド・ヴージョの上部に近く，勾配は 3～4％と緩やかな斜面で，粘土石灰岩と石灰岩の母岩からなる．エシェゾーは，一般に泥灰岩や小石が多い土壌などがあり，より多様である．標高 230～300m 以上に段状に並んでいる．丘の中腹は 13％と勾配がきつく，上部は 70～80cm と表土層が深く，砂利，赤い泥土や黄色の泥灰岩などが複雑でモザイクのような土壌を構成する．

- Bourgogne（ブルゴーニュ）／Côte d'Or（コート・ドール）／Côte de Nuits（コート・ド・ニュイ）
- ● ピノ・ノワール，以下併せて 15％以内シャルドネ，ピノ・ブラン，ピノ・グリ
- ● 牛リブロース網焼き，仔羊もも肉ロースト，鹿肉の赤ワインソース，AOP ブレス鶏の照り焼き，すき焼き，北京ダック，アイナメつけ焼き木の芽添え，チーズ（AOP エポワス，ラミ・デュ・シャンベルタン，シトー，クロミエ，AOP ブリー・ド・モー）

Bourgogne

AOC
Fixin フィサン

1936

ディジョン市から南へ13kmの地点にフィサン村がある．「フィクサン」ともいうが，地元の人たちは「フィサン」と発音している．コート・ド・ニュイ地区の最北端に位置し，有名な「グラン・クリュ街道」の出発点にあるジュヴレ・シャンベルタン村の北隣りにある．この村にはナポレオン博物館があり，パリの凱旋門の彫刻を手がけた19世紀の彫刻家，フランソワ・リュード作の「目覚めるナポレオン像」が展示されている．博物館のすぐ横に広がる畑はプルミエ・クリュ（一級畑）で，「クロ・ナポレオン」という区画名がついている．フィサン村とブロション村から主に赤ワインが造られる．プルミエ・クリュにアルヴレ（Arvelets），エルヴレ（Hervelets），クロ・デュ・シャピトル（Clos du Chapitre），クロ・ナポレオン（Clos Napoléon），クロ・ド・ラ・ペリエール（Clos de la Perrière）の5つがある．

■ ワインの特徴
- 麦わら色の色調．花やスモモのアロマをもつ．柑橘系果実の風味があり，酸が豊か．
- 光沢ある赤紫色の色調が美しく，ブルゴーニュ色といわれる中庸の濃さの赤色．スミレやシャクヤクなどの花，チェリーなどの赤い果実，カシス，桑の実などの黒い果実，ジビエなどの動物，麝香，コショウの香りを放つ．若いうちはタンニンが硬いこともあるが，時とともに柔らかなアタックと堅固な構造を見せはじめる．酸が豊かで男性的，豊満で優美な味わいを併せもつ．長期熟成型．

■ テロワール
ブドウの完熟を促す暑い夏と乾燥した秋，寒い冬が特徴の大陸性気候である．畑は標高350〜380mにあり，東と南東に面しているため日照時間が長い．土壌は，褐色の石灰岩が主体となっている．特定のプルミエ・クリュでは多く泥灰質が現れる．他の区画では丘の麓に石灰質と泥灰質の畑が広がっている．

- Bourgogne（ブルゴーニュ）／Côte d'Or（コート・ドール）／Côte de Nuits（コート・ド・ニュイ）
- ★シャルドネ，ピノ・ブラン
  ★ピノ・ノワール，以下併せて15％以内シャルドネ，ピノ・ブラン，ピノ・グリ
- ★ハムのゼリー寄せパセリ風味，ハマグリのワイン蒸し，小海老のカクテル，IGPブルゴーニュ産家禽のホワイトソース，チーズ（ブレス）
  ★ポークソテー，霜降りのサーロインステーキ，カレー風味やタンドリーにしたIGPブルゴーニュ産家禽，ハンバーグステーキ，パエリア，タパス，春巻き，チーズ（AOPシャウルス，AOPコンテ，AOPエポワス）

AOC
Gevrey-Chambertin ジュヴレ・シャンベルタン

1936

ジュヴレ・シャンベルタンは，西暦640年頃からワイン造りが行われていた村で，中世期にブルゴーニュワインの発展に寄与したキリスト教のクリュニー修道会に寄進された城塞が残っている．生産地区は，ブルゴーニュ地方コート・ド・ニュイ地区の北の出発点，ディジョン市から15km南下した地点にあるジュヴレ・シャンベルタン村とブロション（Brochon）村にまたがる．グラン・クリュ（特級畑）やプルミエ・クリュ（一級畑）が丘の斜面に連なっているのに対し，村名ワインの畑はグラン・クリュ街道のかなり東側の平坦な地にまで広がっている．有名な「グラン・クリュ街道」の一番北に位置するジュヴレ・シャンベルタン村は，一村でブルゴーニュ最多の9つのグラン・クリュをもつ．すなわちAOCシャンベルタン（Chambertin），AOCシャンベルタン・クロ・ド・ベーズ（Chambertin-Clos-de-Bèze），AOCシャペル・シャンベルタン（Chapelle-Chambertin），AOCシャルム・シャンベルタン（Charmes-Chambertin），AOCマゾワイエール・シャンベルタン（Mazoyères-Chambertin），AOCグリオット・シャンベルタン（Griottes-Chambertin），AOCラトリシエール・シャンベルタン（Latricières-Chambertin），AOCマジ・シャンベルタン（Mazis-Chambertin），AOCリュショット・シャンベルタン（Latricières-Chambertin）である．

なお，この村では「ラミ・デュ・シャンベルタン（シャンベルタンの友）」というネーミングの牛乳製ウォッシュタイプのチーズも造られている．

ワインの特徴

- 若いうちの生き生きとした鮮やかなルビー色が，年とともに濃い深紅色や黒いチェリー色に変化していく．イチゴ，カシス，桑の実をはじめとする赤や黒の果実，スミレ，モクセイ草やバラのアロマが率直に香る．熟成にするにつれ甘草，麝香(じゃこう)，なめし革，毛皮の香りが現れ，ジビエや森の腐葉土の香りを伴うようになる．力強く豊満．コクと厚みがあり，骨格はしっかりとしている．なめらかできめ細かく，豊かな酸がビロードようなタンニンと溶け合っている．

テロワール

ブドウの完熟を促す暑い夏と乾燥した秋，寒い冬が特徴の大陸性気候である．畑は標高280～380mの斜面にあり，南東と東に面しているため日照時間が長い．

プルミエ・クリュは丘の高いところを占め，土壌はやや厚みのある褐色の石灰岩土壌である．村名アペラシオンの畑は褐色のカルシウム土壌と褐色の石灰岩からなる．ブドウ樹は，崩積土に覆われた泥灰土と台地からの赤い泥土の恩恵に浴する．砂利質の土壌から造られるワインにはエレガンスとフィネスがあり，貝類の化石の肥沃な泥灰土および粘土の土壌から造られるワインには，コクと力強さがある．

- Bourgogne（ブルゴーニュ）／ Côte d'Or（コート・ドール）／ Côte de Nuits（コート・ド・ニュイ）
- ●ピノ・ノワール，以下併せて 15% 以内シャルドネ，ピノ・ブラン，ピノ・グリ
- ●牛リブロースステーキ，IGP ブルゴーニュ産若鶏の赤ワイン煮込み，鮪の赤ワインソース，焼き鳥，豚の角煮，仔牛のきのこ添え，チーズ（AOP エポワス，ラミ・デュ・シャンベルタン，シトー）
- ●(グラン・クリュ) 鹿背肉ロースト，イノシシ鍋，AOP ブレス鶏のシャンベルタン煮や照り焼き，仔羊のグレービーソース，北京ダック，リブステーキ，鴨ロースのもろみ漬け，牛肉たたき，チーズ（AOP エポワス，IGP スーマントラン）

ラミ・デュ・シャンベルタン

AOC
Irancy イランシー

1999

　ブルゴーニュ地方のワイン生産地域は北からヨンヌ県，コート・ドール県，コート・シャロネーズ地区，マコネ地区の4地区に大きく分けられる．イランシーはヨンヌ県の県都，オーセール市から南東へ18km下ったところにあるAOCで，シャブリ地区の南西側にあり，赤ワインを産出している．畑はイランシー村，クラヴァン（Cravant）村，ヴァンスロット（Vancelottes）村にまたがっている．「区画名」をエチケットに併記することができる．イランシー村のように「y」で終わっている地名は特にブルゴーニュ地方では古代ローマ人の入植地である場合が多いが，この村もブドウ畑も古代ローマ人が開拓したものである．また，パリのパンテオンを設計した建築家，ジャック・ジェルマン・スフローの故郷としても知られる．

■ワインの特徴
● 光沢があり，わずかにガーネット色を帯びた際立つ深紅色．カシス，チェリー，木イチゴ，桑の実のフルーティーなアロマがある．ときに花，甘草，コショウの香りを伴う．溶けた豊かなタンニンと引き締まったストラクチャーをもち，力強く酸味が生き生きとしている．酸があるため，熟成が可能．

■テロワール
　ブドウ畑は，標高130〜250mの盆地にあり，ヨンヌ川が傍らを流れる丘陵と台地に取り囲まれている．冬は寒く乾燥し，夏は暑さと豊かな日照がブドウの完熟を促す大陸性気候．ブルゴーニュ地方のなかで最も寒い地域にある．地形はさまざまで，畑は主に南から南西に面している．

　ブドウ畑は褐色の石灰岩土壌を含むキメリジアンの泥灰岩質の斜面に広がっている．

- Bourgogne（ブルゴーニュ）／ Chablis-Grand Auxerrois（シャブリ-グラン・オーセロワ）
- ● ピノ・ノワール，以下単独あるいは併せて10%以内セザール，ピノ・グリ
- ● 冷製または温製パイ包みパテ，仔牛の骨付きもも肉ニヴェルネ風，コック・オ・ヴァン，ブッフ・ブルギニヨン，ポーク・スペアリブ，鰹たたき，チーズ（AOP カマンベール，AOP カンタル，AOP シャウルス，スーマントラン）

AOC
Ladoix ラドワ, Ladoix-Serrigny ラドワ・セリニィ

1937

コート・ド・ボーヌ地区の北の出発点，ラドワ・セリニィ村で造られる村名の白と赤ワインの AOC．ペルナン・ヴェルジュレス村，アロス・コルトン村の北に隣接するこの村には，グラン・クリュ（特級畑）の AOC コルトン・シャルルマーニュと AOC コルトンの畑がある．プルミエ・クリュ（一級畑）は 11 区画（クリマ）あり，丘のより高い所に白ワイン，中間辺りの斜面に赤ワインのクリマが広がっている．この村はグラン・クリュと村名 AOC である「ラドワ＋プルミエ・クリュ」，「ラドワ」または「ラドワ・セリニィ」のワインの他に地方名 AOC の「ブルゴーニュ・ラ・シャペル・ノートルダム」，「ブルゴーニュ」といったワインを産出している．さらに AOC ラドワは赤に限り，「ラドワ・コート・ド・ボーヌ（Ladoix Côte de Beaune）」あるいは「コート・ド・ボーヌ・ヴィラージュ（Côte de Beaune-Villages）」という呼称も認められている．ブルゴーニュ地方の AOC 制度の複雑さが凝縮された地区といえる．

▌ワインの特徴
- 金色から明るい麦わら色．アロマはしばしば洋梨のニュアンスをもつアカシアの花が感じられる．熟成香は干しアンズ，熟したリンゴ，カリン，イチジク，洋梨など．味わいは生き生きとして堅固であり，豊満でなめらか．バランスよく率直で，腰が強くフルーティー，時とともにまろやかさが現れる．
- 紫を帯びた輝くガーネット色．砂糖漬けやオー・ド・ヴィ（蒸留酒）にした木イチゴ，チェリーや熟した果実のアロマに満ちている．ニワトコなどの植物，クローブなどのスパイス，コーヒー，カカオの香りを伴う．味わいは柔らかで，絹のようなタンニンのまろやかさと堅固な骨組みに支えられた肥えたボディがある．

▌テロワール
ブドウの完熟を促す暑い夏と乾燥した秋，寒い冬をもつ大陸性気候である．畑は南東と南に面し，斜面への日照時間が長く，太陽を燦々と浴びる．標高 230〜325m に位置する．

丘の上部は魚卵状石灰石（ウーライト）の地層の上に石灰質や泥灰質の，小石の多い赤みを帯びた土壌があり，白のグラン・ヴァンの畑となっている．中腹は，常に赤みを帯び，石灰岩のかけらから燧石（火打石）までを充分に含む褐色の石灰岩であり，コクがあり力強い赤ワインを生む．麓では，より粘土が多く畑の熱を和らげる土壌となっている．

- Bourgogne（ブルゴーニュ）／ Côte d'Or（コート・ドール）／ Côte de Beaune（コート・ド・ボーヌ）
- ●シャルドネ, ピノ・ブラン, ピノ・グリ 10% 以内

- ピノ・ノワール，以下併せて 15%以内シャルドネ，ピノ・ブラン，ピノ・グリ
- 牡蠣のグラタン，サザエの壺焼き，マスのムニエル アーモンド添え，ヒメジやイワナの網焼き，海の幸のテリーヌ，タイ風海老と春雨の炒め，チーズ（AOP シャロレ，AOP ブルー・ド・ジェクス，IGP グリュイエール）
- AOP ノワール・ド・ビゴール，IGP ジャンボン・ド・バイヨンヌ，AOP ブレス鶏や IGP ブルゴーニュ産家禽のカレー風味，パテのパイ包み焼き，カマス杉板焼き，コック・オ・ヴァン，野菜のマリネ，チーズ（AOP モンドール，AOP ルブロション，シトー）

ピノ・ノワール種

AOC
Mâcon マコン, Mâcon-Villages マコン・ヴィラージュ, Mâcon complétée d'un nom géographique マコン+地理的名称

1937

マコン市は，ソーヌ・エ・ロワール県の県庁所在地で，ブルゴーニュ地方のほぼ最南端にある町．サン・ヴァンサン（Saint-Vincent）聖堂や考古学博物館，サン・ローラン橋（Pont Saint-Laurent）などの観光名所が多いこの町を中心とするマコネ（Mâconnais）地区は，コート・シャロネーズ地区とボージョレ地区の間の南北約35km，東西15kmの丘陵地に広がっている．「マコン」という呼称が付くものとして，マコン，マコン・ヴィラージュ，マコン+地理的名称という3カテゴリーのAOCワインが生産されている．AOCマコンは，昔から白の評価が高い．白とロゼにはプリムール（Primeur＝新酒）が認められている．AOCマコン・ヴィラージュはシャルドネ種100％の白に適用されるアペラシオンで，その畑は83コミューン（市町村）にまたがる．主なものとしてはブドウ品種の名を冠したシャルドネ村，この地に生まれたロマン派の詩人の名に由来するミリー・ラマルティーヌ（Milly-Lamartine）村などがある．AOCマコン+地理的名称は，マコネ地区内の限定された村で産出される3タイプのワインに認められている．村名（地理的名称）を表記できるのは白26村，ロゼ・赤20村である．マコン・ヴィラージュとマコン+地理的名称の白ワインに限り，プリムール（Primeur＝新酒）が認められている．ソーヌ・エ・ロワール県ではワイン生産だけでなく，2006年にAOPを取得した山羊乳製のシェーヴルのチーズ，マコネ（Mâconnais）や，フランスを代表する高級牛のひとつ，「シャロレ牛」の畜産も行われている．

ワインの特徴
- エニシダ，白バラ，アカシア，スイカズラの花のアロマを放ち，レモン，グレープフルーツやマンダリンなどの柑橘系の香りを伴う．ときにアーモンドやヘーゼルナッツの香りも感じられる．味わいは溌剌として口あたりよく辛口ではあるが，果実味も豊かで，充分な凝縮感がある．しなやかで軽く，飲みやすく親しみやすい．
- ガメ種とピノ・ノワール種から造られ，生き生きしている．
- スグリや木イチゴなどの小さな赤い果実，ブルーベリーやカシスなどの黒い果実のアロマが広がる．熟成により干しアンズやコショウの香りが引き立ってくる．タンニンの調和に優れ，口あたりがよい．

テロワール
地中海性気候の影響を受けた半大陸性気候で，マコン市の年間平均気温は11℃，年間降水量は818mm．冬はビーズ（bise）と呼ばれる凍てつく北風が吹く．畑は標高100〜400mに広がる．

マコネの山々は，北から北東，南から南西に面する支脈をまとまって形づくる．褐

色の石灰岩，カルシウムを多く含む土壌は，ピノ・ノワール種やシャルドネ種の栽培に適している．

> 🍷 Bourgogne（ブルゴーニュ）／ Mâconnais マコネ
> 🍇 ●シャルドネ
> ●●ガメ，ピノ・ノワール
> 🍴 ●ピーナッツ，オリーヴ，ビスケット，マコン風アンドゥイエット，ハムのゼリー寄せパセリ風味，エスカルゴ，川魚のブイヤベース，真鱈クリーム煮，ラタトゥイユ，鯖の押し鮨，クリームソースのリゾット，チーズ（AOPマコネ）
> ●テリーヌやパテなどシャルキュトリ，クスクス，タジン，オムレツ，オニオンタルト
> ●テリーヌやパテなどシャルキュトリ，アンドゥイユ インゲン豆添え，パンチェッタのレンズ豆添え，仔牛ばら肉，オッソ・ブッコ，チリ・コン・カルネ，しゃぶしゃぶ，チーズ（AOP ルブロション，AOP アボンダンス）

AOP ルブロション

AOP アボンダンス

AOC
Maranges マランジュ

1989

コート・ド・ボーヌ地区の最南端に位置するワイン産地．畑はソーヌ・エ・ロワール県のシェイィ・レ・マランジュ（Cheilly-Lès-Maranges）村，ドジズ・レ・マランジュ（Dezize-Lès-Maranges）村，サンピニィ・レ・マランジュ（Sampigny-Lès-Maranges）村の3村に広がっている．プルミエ・クリュは7区画（クリマ）あり，サントネ村寄り，つまり東側に集中している．赤ワインの生産量が多く，若干の白ワインを生産している．赤はAOC名の後に《Côtes de Beaune》（コート・ド・ボーヌ）を併記することができる．この地区の東側には中央運河が流れているが，ブルゴーニュ地方には他にも数本の運河があり，ペニッシュと呼ばれる平底の船で船旅を楽しむことができる．豊かな自然を満喫できる観光者向けのクルーズ旅行が人気を呼んでいる．

ワインの特徴
- ●優美な金色．芳香高く，西洋サンザシ，アカシアやスイカズラなどの白い花，アーモンドやトロピカルフルーツのアロマを放つ．熟成とともに擦った火打石，蜂蜜の香りが現れる．しなやかで繊細な印象．過度に大振りでなく，細やかである．豊満で調和がとれている．
- ●ときに濃く，紫を帯びる輝くルビー色．カシスの芽，小さな赤い果実の砂糖漬けなどのアロマが広がる．熟成を経て森の腐葉土の香りが現れる．甘草やコショウの風味があり，3～4年，収穫年によってはさらに長い熟成を豊かな酸が支える．タンニンが溶けてなめらかで，骨格がしっかりとし，果実味があり，堅固で力強くふっくらとしている．

テロワール
ブドウの完熟を促す暑い夏と乾燥した秋，寒い冬をもつ大陸性気候である．畑は南から南東に面し，斜面への日照時間が長く，太陽を燦々と浴びる．標高240～400mにある．

ブドウの丘はコート・ド・ボーヌに連なるものではないが，同一の地質学的起源と性格を有し，粘土石灰岩にコート・ドールの西にあるモルヴァン（Morvan）断層崖由来の花崗岩が加わる．

丘と斜面の組織は変化に富んでいる．コザンヌ（Cozanne）渓谷のシェイィ・レ・マランジュ村はかなり軽く小石の多い土壌．ドジズ・レ・マランジュ村とサンピニィ・レ・マランジュ村は，サントネ村の南にある区画とテロワールが共通で，褐色の石灰岩と泥灰質石灰岩が広がる．

> Bourgogne（ブルゴーニュ）／Côte d'Or（コート・ドール）／Côte de Beaune（コート・ド・ボーヌ）
> ●シャルドネ，ピノ・ブラン

ブルゴーニュ

- ピノ・ノワール，以下併せて15%以内シャルドネ，ピノ・ブラン，ピノ・グリ
- 野菜や魚のテリーヌ，アンティパスト，ヤマメのポワレ，マナガツオの西京焼き，チーズ（AOPカンタル，ゴーダ）
- AOPブレス鶏やIGPブルゴーニュ産家禽のアジア風，鹿もも肉，シャロレー産牛リブロース網焼き，豚のバーベキュー，ベトナム揚げ春巻き，焼き鳥，スペアリブの網焼

シャルドネ種

ゴーダ

AOC
Marsannay マルサネ, Marsannay Rosé マルサネ・ロゼ

1965

シュノーヴ（Chenôve），マルサネ・ラ・コート（Marsannay-la-Côte），クーシェ（Couchey）の3村が，AOC マルサネの白，ロゼ，赤ワインの生産地区である．ブルゴーニュ地方の中心地，ディジョン市のすぐ南に広がる．特にロゼが有名だが，3タイプのすべてが村名 AOC となっているのは，ブルゴーニュ地方ではこのマルサネだけである．通常，ディジョンからボーヌまでをコート・ド・ニュイ地区と呼ぶことが多いが，より正確には北のフィサン村から南のコルゴロワン村までがコート・ド・ニュイ地区で，マルサネはよりディジョン寄りであるために，コート・ディジョネの畑であるという見方もある．現在は都市化が進んだためにごくわずかのブドウしか栽培されていないが，ディジョン周辺では前世紀はブドウ栽培が非常に盛んで，コート・ディジョネと呼ばれていた．

■ワインの特徴

コート・ド・ニュイ地区の典型であり，近接する AOC フィサンや AOC ジュヴレ・シャンベルタンに似たスタイルをもつ．

- ●淡い金色．柑橘系果実と西洋サンザシやアカシアなどの白い花のアロマがよく現れ，ミネラルを伴う．味わいはしなやかで円く豊満，かつ肉づきがよい．余韻も長い．若いうちから楽しめる．
- ●赤スグリ色を帯び，赤スグリなどの赤い果実の香りを伴う．優しく柔らかでフルーティー，豊かで溌剌としている．
- ●赤い色調が深く，チェリーやイチゴなどの赤い果実，カシスやブルーベリーなどの黒い果実の繊細な香りが印象的．アタックは力強く，なめらかなタンニンが豊かに感じられ，厚みのある後味と余韻が調和している．若いうちから楽しめる．

■テロワール

ブドウの完熟を促す暑い夏と乾燥した秋，寒い冬が特徴の大陸性気候である．南と東に面した斜面への日照時間が長く，河川が少ないため畑は多湿にならない．ブドウ畑は，標高 255～390m の丘陵と山麓に南北に伸び，東を向いているため太陽を燦々と浴びる．砂や小石の堆積物，ウミユリの化石岩，泥灰岩，砂の層，沖積された砂利など，多様性ある土壌に畑が広がっている．

- Bourgogne（ブルゴーニュ）／ Côte d'Or（コート・ドール）／ Côte de Nuits（コート・ド・ニュイ）
- ●シャルドネ，ピノ・ブラン，ピノ・グリ 10%以内
  - ●ピノ・ノワール，ピノ・グリ，以下併せて 15%以内シャルドネ，ピノ・ブラン
  - ●ピノ・ノワール，以下併せて 15%以内シャルドネ，ピノ・ブラン，ピノ・

ブルゴーニュ

　　　　グリ
🍴 ● ハマグリのワイン蒸し，蟹，AOP ブレス鶏のガストン・ジェラール風，豚フィレカツのマスタードソース，リゾット，ナシゴレン，鮨，チーズ（AOP マコネ）
● シャルキュトリ，取り合わせサラダ，バーベキュースペアリブ，海老のチリソース，デザートにも
● 牛リブロース骨髄添え，バベットステーキのエシャロットソース，家禽のディジョン・マスタード添え，チャプスイ，野菜炒め，チーズ（AOP シャウルス，AOP エポワス，AOP マンステール）

AOP シャウルス

98　Bourgogne

AOC
Mercurey メルキュレ

1936

ブルゴーニュ地方の最も有名なグラン・ヴァンの産地が集中するコート・ドール地区の南に続くコート・シャロネーズ地区は，北東のシャニー村から南のマコンの丘までの南北約 25km に広がる生産地区である．この地区には 5 つの村名 AOC（ブズロン，リュリー，メルキュレ，ジヴリ，モンタニィ）がある．AOC メルキュレは，ソーヌ・エ・ロワール県のメルキュレ村とサン・マルタン・スー・モンテギュ（Saint-Martin-sous-Montaigu）村を生産地区とする．赤の生産量が白の 6 倍で，プルミエ・クリュ（一級畑）は 32 区画（クリマ）．メルキュレという村名は，ローマ神話に出てくる商業の神，「メルクリウス」に由来するといわれている．この村の西 40km ほどの地点に古代ローマ時代の遺跡が残るオータン（Autun）の町がある．なお，コート・シャロネーズ地区にはその他，AOC ジブリ（Givry），AOC モンタニ（Montagny），AOC リュリィ（Rully）がある．

▍ワインの特徴
- ●西洋サンザシやアカシアなどの白い花，ヘーゼルナッツ，アーモンド，シナモンやコショウなどのスパイス，ドライフルーツのアロマ，典型的なミネラル感がよく現れる．バランスがとれ，余韻が長い．
- ●木イチゴ，イチゴ，チェリーやスモモの香りを想い起こさせる．若いうちは果実を明確に感じるが，時とともに森の腐葉土，スパイス，たばこやカカオ豆の香りが現れる．口に含むと，フルーティーで腰が強い．若いうちは引き締まっていて堅固で荒削りなところもあるが，なめらかなタンニンが豊かで，熟成とともに肉づきが増し円くなる．

▍テロワール
ときに遅霜に襲われるが，ブドウの完熟を促す暑く日照に恵まれた夏と乾燥した秋，寒く厳しい冬をもつ大陸性気候．標高 230 ～ 320m に位置し，斜面への日照時間が長く，太陽を燦々と浴びる．ブドウ畑は，泥灰岩と泥灰質石灰岩土壌に広がる．東部は石灰岩と泥灰岩，西部は砂岩を覆う結晶岩の基盤からなる．下層土は石灰質の白い土あるいは粘土質の赤い土である．

> Bourgogne（ブルゴーニュ）／ Côte Chalonnaise（コート・シャロネーズ）
> ●シャルドネ，ピノ・グリ
> ●ピノ・ノワール，以下併せて 15％以内シャルドネ，ピノ・グリ
> ●オードブル盛り合わせ，イカの姿焼き，牡蠣，アサリのワイン蒸し，仔牛リドボー，ナシゴレン，カレイの唐揚げ，焼き鳥，チーズ（AOP ボーフォール）
> ●牛リブロースステーキ，ブッフ・ブルギニヨン，仔牛の人参添え，豚肉ロースト，とろ火で煮た AOP ブレス鶏や IGP ブルゴーニュ産家禽，クスクス，タジン，ぶり大根，地鶏鉄板焼き，チーズ（AOP マロワル，ブリー・ド・モー）

ブルゴーニュ 99

AOC
Meursault ムルソー

1937

コート・ド・ボーヌ地区は，北のラドワ・セリニィ村から南のマランジュ村まで，県道974号線と973号線沿いに縦長に伸びるワイン産地である．この地区の村のなかでブドウ畑の面積が最も広いのがムルソー村である．村のシンボルはゴチック様式の鐘楼をもつ15世紀の教会で，教会内の聖母子像も有名である．この村は毎年11月の第3土曜日から始まるブルゴーニュ最大のワイン祭り，「栄光の3日間」の最終日の昼食会，「ラ・ポーレ（La Paulée）」が開かれることでも知られている．「ブルゴーニュ白ワインの都」と呼ばれるムルソー村にはグラン・クリュ（特級畑）はないが，プルミエ・クリュ（一級畑）は21区画（クリマ）あり，そのなかにはレ・ペリエール（Les Perrières）や，レ・シャルム（Les Charmes）など世界に名高いクリュがある．

なお，ムルソー村とピュリニィ・モンラッシェ村にまたがる地区にAOCブラニィ（Blagny）があり，赤ワインだけに認められている．

ワインの特徴

テロワールと結びついた小区画（クリマ）の違いが微妙に味わいに反映する．

● 緑色を帯びた金色，カナリヤ色の色調．香りは，若いうちは西洋サンザシ，ニワトコの実，シダ，菩提樹やクマツヅラなどのアロマに，アーモンドや炒ったヘーゼルナッツ，焼いたパンの皮，ミネラル感を伴う．同様にバター，蜂蜜や柑橘類のアロマが強く感じられる．味わいは豊満でなめらか．傑出したヘーゼルナッツの風味が豊かである．ふくよかさと生き生きとしたところの調和があり，熟成が欠かせない．酸に支えられてボディがしっかりとし，余韻が長い．まさに長命のグラン・ヴァン．隣接するAOCピュリニィ・モンラッシェよりやや柔らかく豊満．「バターのような」と表現される．

● 繊細なアロマがあり，軽く，好ましいストラクチャーをもつ．

テロワール

ブドウの完熟を促す暑い夏と乾燥した秋，寒い冬をもつ大陸性気候である．標高230〜360m，東向きのなだらかな斜面に広がっている．最上の畑は東から南に面した標高260mにある．斜面への日照時間が長く，日の出から太陽を燦々と浴びる．

中生代ジュラ紀中期バトニアン階土壌がコート・ドール地区には見られ，泥灰質石灰岩の優れた土壌となった．深い地層の底に潜っていたコンブランシアン（Comblanchien）の硬い石灰岩は，ここで再びその姿を現す．畑（クリュ）によって，古いカロヴィアン階の石灰岩と，アルゴヴィアン階の泥灰岩に分かれている．

石灰岩層に白色の泥灰土が充分に含有されているので，ほとんどが白ワインである．この種の土壌はシャルドネ種に最適である．

- Bourgogne（ブルゴーニュ）／Côte d'Or（コート・ドール）／Côte de Beaune（コート・ド・ボーヌ）
- ●シャルドネ，ピノ・ブラン
- ●ピノ・ノワール，以下併せて15％以内シャルドネ，ピノ・ブラン，ピノ・グリ
- ●網焼きしたオマールや伊勢海老，平目の焦がしバター，AOPブレス鶏やIGPブルゴーニュ産家禽や仔牛のクリーム煮，魚のタジン，鮨，牛フィレの鉄板焼き，フォワグラ，穴子鮨，熟成したものにはチーズ（シトー，AOPマコネ，AOPフルム・ダンベール）
- ●牛ランプステーキ，クスクス，チリ・コン・カルネ，鮪中トロ，天ぷら，チーズ（AOPエポワス，IGPスーマントラン，AOPマンステール，AOPマロワル）

AOP エポワス

AOC
Monthélie モンテリー

1937

　ボーヌ市から県道973号線沿いに，7kmほど南西方向へ下った所にAOCモンテリーの畑がある．ヴォルネ村のすぐ南に隣接しており，白ワインで有名なムルソー村を西から見下ろすような南東向きの斜面に広がっている．プルミエ・クリュ（一級畑）は15区画（クリマ）ある．赤はAOCヴォルネイのように女性的．バニラや西洋サンザシの花の香りを放つ白はムルソーを想起させる．赤に限りAOC名の後に《Côtes de Beaune》（コート・ド・ボーヌ）と併記することができる．モンテリー村は古代ローマ時代の砦が築かれていた場所で，村の中央には12世紀のロマネスク様式の美しい教会や，ブルゴーニュ地方特有の菱形模様の屋根をもつ，18世紀に建てられた城がある．

ワインの特徴

- 緑色を帯びた黄金色．ヴァニラ香のニュアンスがある．西洋サンザシなどの花，生のヘーゼルナッツの豊かなアロマを放つ．白のグラン・ヴァンに不可欠な酸に支えられたまろやかさをもち，豊満．
- 深く美しいルビーの色合い．チェリーやカシスなどの小さな赤や黒い果実，ときにスミレやシャクヤクなどの花のアロマが，熟成とともに森の腐葉土，シダやスパイスの香りを伴う．たくましく，タンニンがかすかに収斂性を感じさせるが，本来のなめらかさが損なわれることはない．ビロードの風合いがあり，肉づきが繊細なタンニンと調和し，円みがあり，優雅．女性的な印象は，AOCヴォルネイに似ている．

テロワール

　ブドウの完熟を促す暑い夏と乾燥した秋，寒い冬をもつ大陸性気候である．畑は標高270〜300mにあり，南から南東に面し，斜面への日照時間が長く，太陽を燦々と浴びる．土壌は泥灰岩を覆う赤い粘土と，砂利質石灰岩から生まれる．ブドウ畑は，標高230〜370mの東と西に面する斜面にあり，ヴォルネイの丘の向斜部分に延びている．

- Bourgogne（ブルゴーニュ）／Côte d'Or（コート・ドール）／Côte de Beaune（コート・ド・ボーヌ）
- ●シャルドネ，ピノ・ブラン
- ●ピノ・ノワール，以下併せて15％以内シャルドネ，ピノ・ブラン，ピノ・グリ
- ●小海老，魚のタジン，テリーヌ，川カマスのクネル，エスカルゴのパイ，イカのウニ焼き，チーズ（AOPロックフォール，AOPブルー・ド・オーベルニュ，AOPエポワス，AOPリヴァロ）
- ●AOPブレス鶏やIGPブルゴーニュ産家禽，ラムチョップ，仔牛フィレ・ミニョン，牛肉とアスパラガスのオイスターソース炒め，チーズ（ブリア・サヴァラン，シトー，AOPブリー・ド・モー，AOPルブロション）

AOC
Montrachet モンラッシェ, Bâtard-Montrachet バタール・モンラッシェ, Chevalier-Montrachet シュヴァリエ・モンラッシェ, Bienvenues-Bâtard-Montrachet ビアンヴニュ・バタール・モンラッシェ, Criots-Bâtard-Montrachet クリオ・バタール・モンラッシェ

1937

コート・ドール地区の南半分，コート・ド・ボーヌ地区のピュリニィ・モンラッシェ村とシャサーニュ・モンラッシェ村にある辛口白ワインの5つのグラン・クリュ（特級畑）．「白ワインのプリンス」と賞賛されるAOCモンラッシェのワインは，ピュリニィ・モンラッシェ村の「モンラッシェ」と呼ばれる畑と，シャサーニュ・モンラッシェ村の「ル・モンラッシェ」と呼ばれる畑から生まれる．「Mont」は「山」，「Rachet」は「禿」で「禿山」という意味となるが，ブドウ以外に何も生育しない石灰分の多い土地であることから，このように名づけられた．AOCバタール・モンラッシェの畑も両村にまたがっており，モンラッシェの畑のすぐ東，小道を隔てただけのところにある．「モンラッシェの騎士」という意味のAOCシュヴァリエ・モンラッシェとAOCビアンヴニュ・バタール・モンラッシェはピュリニィ・モンラッシェ村にあり，前者はモンラッシェの畑の西側に，後者は東側にある．AOCクリオ・バタール・モンラッシェは，シャサーニュ・モンラッシェ村にある．《Grand Cru》（グラン・クリュ）の文字はエチケットの区画（クリマ）名の直下に表示されなければならない．

▌ワインの特徴

ブルゴーニュの白ワインのグラン・クリュがもつ最高の資質を最大限に備えている．輝く黄金色，エメラルド色を帯びた金色は年とともに黄色が強まる．香りは豊かで複雑．バター，クロワッサン，シダ，ドライフルーツやスパイスのアロマは，蜂蜜の香りを伴う．完璧な統一がとれた豊満な骨組みと調和は他の追随を許さない．なめらかで堅固，辛口で愛らしい．肉づきがよく，奥行きと円熟味があり，余韻が長く，風味が力強く持続する．真の優雅さを備えたワイン．

モンラッシェ ▶
● あふれる果実味，オイリーで肉厚．

バタール・モンラッシェ ▶
●「モンラッシェの私生児（bâtard）」といわれ，芳醇でボディが厚い．

シュヴァリエ・モンラッシェ ▶
● バランスよく，上品で洗練の極致．

ビアンヴニュ・バタール・モンラッシェ ▶
●「モンラッシェの末っ子」といわれ，やや軽く，複雑でまろやか，精緻なワイン．

クリオ・バタール・モンラッシェ ▶
● 軽く，ミネラル豊か．

テロワール

　ブドウの完熟を促す暑い夏と乾燥した秋,寒い冬をもつ大陸性気候である.東と南に面し,斜面への日照時間が長く,太陽を燦々と浴びる.

　地層の褶曲により落ち込んだ「ヴォルネイの向斜」といわれる向斜が両端に持ち上がった部分がAOCモンラッシェとAOCコルトン・シャルルマーニュの畑であり,硬いコンブランシアン石灰岩を基盤としている.痩せて硬く,不毛の地であるモンラッシェの斜面では,この石灰岩質の土壌が偉大なシャルドネ種を育てる.

モンラッシェ ▶ 標高250〜270m,硬い石灰岩の上にやや厚い地層があり,赤みを帯びた泥灰土の帯状の土壌が横切っている.

シュヴァリエ・モンラッシェ ▶ 標高265〜290m,土壌が浅く石が多い.軽いレンジヌが,泥灰土と泥灰質石灰岩の上に形成されている.

バタール・モンラッシェ ▶ 標高240〜250m,丘や麓のより粘土質が強くより厚い褐色の石灰岩土壌からなる.

ビアンヴニュ・バタール・モンラッシェ,クリオ・バタール・モンラッシェ ▶ 標高は240〜250mの斜面にある.

- Bourgogne(ブルゴーニュ)／Côte d'Or(コート・ドール)／Côte de Beaune(コート・ド・ボーヌ)
- ●シャルドネ
- ●キャヴィア,フォワグラのパテ,オマールや伊勢海老の網焼きやムース,ザリガニ フランベ,ブーシェ・ア・ラ・レーヌ,舌平目白バターソース,AOPブレス雌鶏や肥育鶏のクリームソースきのこ添え,仔牛のポワレ,焼き松茸

キャヴィア料理

Bourgogne

AOC
Morey-Saint-Denis モレ・サン・ドニ

1936

モレ・サン・ドニ村はコート・ド・ニュイ地区を縦断する「グラン・クリュ街道」と呼ばれる県道沿いにある．北をジュヴレ・シャンベルタン村，南をシャンボール・ミュジニィ村に囲まれている．この村のグラン・クリュ（特級畑）のAOCは，北からクロ・ド・ラ・ロシュ，クロ・サン・ドニ，クロ・デ・ランブレ，クロ・ド・タール，ボンヌ・マールの5つである．プルミエ・クリュ（一級畑）は，合計約40haの20区画からなり，その多くは「グラン・クリュ街道」の東側に集中している．村名ワインのAOCモレ・サン・ドニは村の東側，つまり県道974号線側の平坦地と，グラン・クリュの畑のさらに西側の土地で造られている．AOCモレ・サン・ドニ・プルミエ・クリュ，AOCモレ・サン・ドニのワインには区画名を併記することができる．

ワインの特徴
- 生産量はわずかではあるが，評価が高いワイン．ふくよかで，引き締まっていて豊満である．
- 両隣りのジュヴレ・シャンベルタンの力強さとストラクチャー，およびシャンボール・ミュジニィの優雅さと豊満さを併せもっている．生き生きとしたルビー色，深紅色や強いガーネット色．カシスやブルーベリーなどの黒い果実とチェリーなどの赤い核果実の香りがある．スミレ，カーネーション，甘草やオー・ド・ヴィー・ド・フリュイ（果実の蒸留酒）など幅広い香りを伴う．年とともに，なめし革，ジビエ，トリュフなどの香りが現れる．味わいはストラクチャーがしっかりとして，タンニンが円く，肥えて肉づきがよい．コクの強さと果実味のバランスがとれている．余韻が驚くほど長く，長熟型．プルミエ・クリュになると，香りはより複雑になり，ボディが豊かになり重みが増す．

テロワール
ブドウの完熟を促す暑い夏と乾燥した秋，寒い冬が特徴の大陸性気候である．斜面は東に向き，日照時間が長く，日の出から太陽を燦々と浴びる．標高220～270mに位置する．母岩は石灰岩と粘土石灰岩であり，丘の上部では魚卵状石灰岩（ウーライト），斜面の低いところはウミユリの化石岩からなる．表土には泥灰土，砂，石，砂利の露出も見られる．

- Bourgogne（ブルゴーニュ）／Côte d'Or（コート・ドール）／Côte de Nuits（コート・ド・ニュイ）
- ●シャルドネ，ピノ・ブラン
- ●ピノ・ノワール，以下併せて15％以内シャルドネ，ピノ・ブラン，ピノ・グリ
- ●鶏肉のパテ，舌平目ののムニエル，キスの天ぷら，青梗菜炒め，チーズ（シ

トー，AOP マコネ）
- 仔牛のロースト，厚切りのサーロインステーキやリブロース，ホロホロ鳥のキャベツ包み，すき焼き，スペアリブの黒酢煮込み，チーズ（AOP エポワス，ラミ・デュ・シャンベルタンや IGP スーマントラン）

シャルドネ種

AOC
Musigny ミュジニィ

1936

コート・ド・ニュイ地区のシャンボール・ミュジニィ村にある2つのグラン・クリュ（特級畑）のうちのひとつ．南側，つまりヴージョ村，フラジェ・エシェゾー村側にある．標高260～300mの斜面に広がる畑の土壌は，もうひとつのグラン・クリュであるボンヌ・マール（Bonnes-Mares）よりも石灰質を多く含む．赤が主流であるがシャルドネ種の白ワインもわずかながら生産している．白の畑の面積は0.6haほどで，すべてジョルジュ・ド・ヴォギュエ（George de Vogüé）家のモノポール（Monopole＝単独所有）である．1993年，同家はブドウ樹の植え替えのため自主的にAOCミュジニィ・ブランの使用を止め，単にAOCブルゴーニュ・ブランとして市場に出していた．しかし，2015年のミレジムからAOCミュジニィ・ブランを復活させた．エチケット上では《Grand Cru》（グラン・クリュ）の文字は，区画（クリマ）名の直下に表示されなければならない．

▌ワインの特徴
- 燃え上がるような輝きがあり，蜂蜜やアーモンドのアロマの芳香が高い．白ワインの逸品．
- コート・ド・ニュイ地区で最も女性的．生き生きとして，深く際立つ紫紅色や深紅色の色調．野バラやスミレ，カシスや木イチゴのアロマを想い起こさせ，年を経るとなめし革，毛皮や腐葉土の香りが現れる．生気にあふれ，溶けたタンニンと複雑性のバランスがよくとれている．余韻が長く，すばらしい気品を備えている．絹やレースのような感触が口蓋を満たし，洗練されたボディは堅固で長命な骨組みを保っている．AOCシャンベルタンほど力強くなく，AOCロマネ・コンティほどスパイシーではないといわれる．

▌テロワール
ブドウの完熟を促す暑い夏と乾燥した秋，寒い冬をもつ大陸性気候である．東南東に面し，斜面への日照時間が長く，日の出から太陽を燦々と浴びる．ブドウ畑は標高260～300mに位置する．岩で覆われた石灰質の段丘は，8～14%と勾配がきつい．この小石混じりの土壌と浸透性のある底土によって，非常に水はけがよくなる．やや深い土壌は上部で赤い粘土が多く含まれ，概して近隣のグラン・クリュより粘土が多く，石灰岩が少ない．

- Bourgogne（ブルゴーニュ）／Côte d'Or（コート・ドール）／Côte de Nuits（コート・ド・ニュイ）
- ●シャルドネ
- ●伊勢海老のパイ包み，ザリガニのナンチュアソース
- ●山シギやウズラなど猟鳥のソース添え，仔羊の骨付き背肉ロースト，AOPブレス鶏やIGPブルゴーニュ産家禽のロースト，北京ダック，すっぽん鍋，チーズ（シトー，クロミエ，AOPブリー・ド・モー）

AOC
Nuits-Saint-Georges ニュイ・サン・ジョルジュ または Nuits ニュイ

1936

コート・ド・ニュイ地区のほぼ中間地点に，ニュイ・サン・ジョルジュ村がある．「ニュイ」はフランスの古語で「クルミの木」を意味する．畑は村の北側，つまりヴォーヌ・ロマネ村側と南側のプルモー・プリセ村側に広がっている．グラン・クリュ（特級畑）はないが，41区画（クリマ）からなるプルミエ・クリュ（一級畑）と村名畑で白と赤を産出している．このワインは，国王ルイ14世が病気の治療に使い効果があったことで有名になった．また，1971年にアポロ15号がこのワインのエチケットを月面に残してきたことから，その部分のクレーターは今も「サン・ジョルジュ」と呼ばれている．同村ではル・ニュイ・ドール（Le Nuits d'Or）という牛乳製のウオッシュタイプのチーズも作られている．

ワインの特徴
- ●はっきりした黄金の色調．ブリオッシュ，蜂蜜，ときに白い花の香りがある．引き締まって豊満，力強いワイン．
- ●黒ずんで見えるほど濃い色調．若いうちはチェリー，イチゴやカシス，熟成するとなめし革，トリュフ，毛皮やジビエの豊かで複雑な香りを放ち，干しアンズや砂糖漬け果実の果実香を伴う．ブルゴーニュのワインのなかで最も豊かなタンニンと豊満さが溶け合っていて，たくましく男性的．バランスがよく，がっちりした骨格を有する．肉づきがよくしっかりとしたワインで，余韻が長く長命．数年の熟成後に円くなり気品が現れ，その真価が発揮される．

テロワール
ブドウの完熟を促す暑い夏と乾燥した秋，寒い冬が特徴の大陸性気候である．畑は東と南東に面し，斜面への日照時間が長く，日の出から太陽を燦々と浴びる．土壌は主に石灰岩と泥灰土からなる．北部は斜面を流れてきた小石の多い泥土からなり，丘の麓ではムザン（Meuzin）渓谷の沖積土からなる．南部の土壌は，低部が深い泥灰質石灰岩のヴァレロ（Valleros）渓谷からくる泥土．丘の頂上は岩で覆われている．

🍃	Bourgogne（ブルゴーニュ）／Côte d'Or（コート・ドール）／Côte de Nuits（コート・ド・ニュイ）
🍇	●シャルドネ，ピノ・ブラン
	●ピノ・ノワール，以下併せて15%以内シャルドネ，ピノ・ブラン，ピノ・グリ
🍴	●魚介類網焼き，甲殻類の網焼きやグラタン，カレイの煮つけ，チーズ（シトー，AOPマコネ）
	●ラムチョップ，牛リブロース，鯉の赤ワイン煮，マグレ・ド・カナールの青コショウソース，焼き鳥，すき焼き，スペアリブの煮込み黒酢風味，チーズ（AOPエポワス，IGPスーマントラン，ニュイ-ドール）

108　Bourgogne

AOC
Pernand-Vergelesses ペルナン・ヴェルジュレス

1937

ペルナン・ヴェルジュレス村は，コート・ド・ボーヌ地区の北の玄関口にあり，世界に名高いグラン・クリュ（特級畑）であるAOCコルトン・シャルルマーニュとAOCコルトンの畑の一部があることで有名な村である．白と赤を産出しているが，赤はAOC名の後に《Côtes de Beaune》（コート・ド・ボーヌ）と併記することができる．プルミエ・クリュ（一級畑）は8つあり，スー・フレティル（Sous Frétille），クロ・ベレ（Clos Berhet），クロ・デュ・ヴィラージュ（Clos du Village）は白で，クルー・ド・ラ・ネ（Creux de la Net），アン・キャラドゥー（En Caradeux），イル・デ・ヴェルジュレス（Île des Vergelesses），レ・フィショ（Les Fichots），レ・ヴェルジュレス（Les Vergelesses）は白と赤がある．

ワインの特徴
- ●極めて淡い金色や麦わら色を帯びた黄色は，年とともに黄金色を増す．果実，西洋サンザシやアカシアなど白い花のアロマは，熟成につれ麝香，蜂蜜，スパイスの香りが現れる．ミネラルにあふれ，調和がとれて愛らしい．繊細で生き生きとして軽やかである．
- ●際立つ紫紅色を帯びた濃いルビー色．イチゴや木イチゴ，スミレのアロマを放ち，熟成とともに森の腐葉土，スパイスの香りが現れる．味わいは堅固な骨格とよく溶けたタンニンが両立している．肉づき，コク，なめらかさに加え，しっかりとしたタンニンが豊かで調和している．年を経るにつれて円みが出る．

テロワール
ブドウの完熟を促す暑い夏と乾燥した秋，寒い冬をもつ大陸性気候である．谷あいの両斜面を占め，大部分のブドウ畑は，東，南，北東に面し，斜面への日照時間が長く，日の出から太陽が燦々と浴びる．ブドウ畑は標高250～300mに位置する．

麓では，石灰質の燧石（火打石）と珪土の混じった粘土石灰岩土壌で柔らかく，カリウムと燐酸が豊富．中腹ではピノ・ノワール種に適した小石の多い石灰質土壌，上部はシャルドネ種に合う褐色や黄色を帯びた泥灰土となっている．

🔍	Bourgogne（ブルゴーニュ）／ Côte d'Or（コート・ドール）／ Côte de Beaune（コート・ド・ボーヌ）
🍇	●シャルドネ，ピノ・ブラン
	●ピノ・ノワール，シャルドネ，ピノ・ブラン，ピノ・グリ
🍴	●トゥルトやキッシュ，甘鯛のオーブン焼き，海の幸のパテやリゾット，水炊き，鮨，チーズ（AOCマコネ，AOPグリュイエール，ブルー・ド・ブレス）
	●キジのロースト，仔牛網焼き，ローストビーフ，ラムチョップ，チーズ（AOPモンドール，AOCトム・ド・サヴォワ，AOCルブロション，シトー）

ブルゴーニュ **109**

AOC
Pommard ポマール

1936

　ポマール村は，ブルゴーニュ地方コート・ド・ボーヌ地区の中心地であるボーヌ市から南へ 3km 下ったところにある．南隣りにヴォルネイ村がある．AOC ポマールとして生産されているワインは赤のみで，グラン・クリュ（特級畑）はないが，27 区画（クリマ）がプルミエ・クリュ（一級畑）に格付けされている．そのなかで特に有名な区画（クリマ）としてレ・リュジアン（Les Rugiens），レ・ゼペノ（Les Épenots）がある．この村のワインは中世の時代から評価が高く，「ボーヌ地方のワインの花」と称えられていた．フランス国民に最も人気のあるアンリ 4 世や，美食家であったルイ 15 世などの国王，19 世紀の文豪ヴィクトル・ユゴーが愛したワインとして知られる．ポマールという村名は，果物と果樹園の女神「ポモーヌ（Pomone）」が語源であるという説がある．コマレーヌ城と呼ばれるシャトーには，12 世紀のワイン貯蔵室が残っている．

■ワインの特徴
● 深みのある赤，濃い紫紅色を帯びたルビー色．桑の実，ブルーベリー，スグリ，チェリー，熟れたスモモの凝縮した豊かなアロマを放つ．熟成により，なめし革，チョコレートやコショウの香りが現れる．味わいは円くかつ堅固で，力強い骨組みをもつ．若いうちはタンニンが強く，収斂性を含む渋味があり，噛み応えのあるタンニンが充分に花開き，頂点に達するまでに 5〜8 年待たねばならない．熟成するとピノ・ノワール種の優美さを真に現す．腰が強く，豊満である．

■テロワール
　ブドウの完熟を促す暑い夏と乾燥した秋，寒い冬をもつ大陸性気候である．標高 250〜330m にあり，東と南に面し，斜面への日照時間が長く，太陽を燦々と浴びる．粘土と石灰岩の土壌が固有の個性をもたらしている．やや高いところは古い沖積土に覆われ，丘の中腹には，粘土石灰岩土壌に岩のかけらの小石が混ざり，水はけのよい土壌になっている．さらに上部では，泥灰岩と，カルシウム質と石質の褐色土壌からなる．

> - Bourgogne（ブルゴーニュ）／Côte d'Or（コート・ドール）／Côte de Beaune（コート・ド・ボーヌ）
> - ● ピノ・ノワール，以下併せて 15%以内シャルドネ，ピノ・ブラン，ピノ・グリ
> - ● AOP ブレス鶏や IGP ブルゴーニュ産家禽のローストやシチュー，仔羊オーブン焼き，ブッフ・ブルギニョン，牛リブロース，うなぎ蒲焼，チーズ（AOP エポワス，ラミ・デュ・シャンベルタン，AOP マンステール，IGP スーマントラン，AOP ラングル，AOP コンテ）．プルミエ・クリュには鹿肉のロースト

AOC
Pouilly-Fuissé プイィ・フュイッセ

1936

ブルゴーニュ地方最南端に位置するソーヌ・エ・ロワール県に広がるマコネ地区中心地，マコン市から10kmほど南下した地点に広がる白ワインの銘醸地．すぐ南にボージョレ地区が続いている．この地域は観光客も非常に多く訪れる緑豊かな景勝地で，特にフュイッセ村はマコネ地区で最も裕福な農村の典型といわれている．ワインのほかにも山羊乳製チーズのAOPマコネ，高級食材として評価の高いAOPシャロレ牛やAOPブレス鶏などの畜産物を生産している．同地区にはこのほか4つのAOCワイン，すなわちAOCプイィ・ロシェ（Pouilly-Loché），AOCプイィ・ヴァンゼル（Pouilly-Vinzelles），AOCサン・ヴェラン（Saint-Véran），AOCヴィレ・クレッセ（Viré-Clessé）がある．これらのワインはいずれもシャルドネ種100％で造られる白である．

■ワインの特徴
● 擦った火打石のミネラル，ナッツ，柑橘類，パイナップル，白桃などの白い果実，菩提樹やアカシア，パン，ブリオッシュ，蜂蜜など異なる系統の複雑なアロマが香りを構成している．
フィネスと品位を備え，豊かな風味に富んだワインで，テロワールが多彩な味わいをもたらしている．若いうちに飲むことも，長熟させることもできる．

■テロワール
日あたりがよく，夏は暑い．北フランスと南仏の境界地帯になり，温暖な南の気候に近い．年間平均気温は11℃，年間降水量は876.3mmで，ブドウ生育期にはほどよい雨が降る．急峻な斜面をもつ丘陵は入り江のように入り込み，ブドウ畑は東から南東に面した標高215〜350mに位置する．ブドウ畑は，斜面と小石の多い崩落土と粘土石灰岩の上の岩塊の麓に広がる．土壌は一様でなく，東側は石灰岩と泥灰岩，西側は花崗岩の基盤上に広がる粘土質．粘土質と砂岩質層の上の泥土層もある．粘土と石灰岩が入り混じった土壌．

- Bourgogne（ブルゴーニュ）／ Mâconnais マコネ
- ● シャルドネ100％
- ● オマールや伊勢海老など甲殻類，フォワグラのポワレ，ブルゴーニュ風エスカルゴ，川カマスのクネル，AOPブレス鶏やIGPブルゴーニュ産家禽のローストやクリームソース，クスクス，魚のタジン，海老フライ，蟹クリームコロッケ，チーズ（AOPマコネ，シェブロトン・ド・マコン）

AOC
Puligny -Montrachet　ピュリニィ・モンラッシェ

1937

　コート・ドール県のコート・ド・ボーヌ地区の AOC．ボーヌ市の南西に位置する．シャサーニュ・モンラッシェ村とその南隣りのレミニィ（Rémigny）村でプルミエ・クリュ（一級畑）に格付けされているのは，丘の高地にある 19 区画（クリマ）である．白の生産量の方が多いが，19 世紀までは赤ワインしか造られていなかった．世界的に有名なグラン・クリュ（特級畑）の白 AOC モンラッシェと AOC バタール・モンラッシェは，このシャサーニュ・モンラッシェ村と隣のモンラッシェ村にまたがっている．村名格のワインを生む畑は，プルミエ・クリュやグラン・クリュの区画より低い土地に広がっている．

▌ワインの特徴
- ●西洋サンザシ，アーモンド，ヘーゼルナッツ，シダ，トロピカルフルーツと香りは複雑．常にバターや温かいクロワッサン，擦った火打石や蜂蜜の香りを伴う．優雅さと凝縮感がある．酸味がそれほど強く感じられないため，際立ったなめらかさを併せもち，余韻が長く尾を引く．
- ●スグリなどの小さな赤い果実，カシスや桑の実などの黒い果実のアロマを放ち，次になめし革，麝香の香りが現れる．味わいは柔らかくフルーティーで，肉づきがよい．

▌テロワール
　ブドウの完熟を促す暑い夏と乾燥した秋，寒い冬をもつ大陸性気候．東から南東に面した標高 230 ～ 320m のなだらかな斜面にあり，石ころだらけの粘土と石灰質の土壌は水はけがよく，土の中まで温まりやすい．ブドウ畑は，ときに深く，硬い石灰岩と褐色の石灰岩に泥灰質が混ざった粘土石灰岩が交互に現れる土壌にある．斜面の上部は泥土質粘土が厚く，低部は細かい粒子が広がっている．

🍢	Bourgogne（ブルゴーニュ）/Côte d'Or（コート・ドール）/Côte de Beaune（コート・ド・ボーヌ）
🍇	●シャルドネ，ピノ・ブラン ●ピノ・ノワール，以下併せて 15% 以内シャルドネ，ピノ・ブラン，ピノ・グリ
🍴	●オマール，伊勢海老，スズキの網焼きやポワレ，仔牛のポワレ きのこ添え，川カマスのクネル，AOP ブレス鶏や IGP ブルゴーニュ産家禽のクリーム煮，チーズ（AOP ブリー・ド・モー，AOP マコネ） ●仔牛，豚や家禽のロースト，キジのロースト レーズン添え，チーズ（AOP コンテ）

AOC

Romanée-Conti ロマネ・コンティ (1936), **La Romanée** ラ・ロマネ (1936), **Romanée-Saint-Vivant** ロマネ・サン・ヴィヴァン (1936), **Richebourg** リシュブール (1936), **La Tâche** ラ・ターシュ (1936), **La Grande Rue** ラ・グランド・リュー (1992)

コート・ド・ニュイ地区のニュイ・サン・ジョルジュ村の北約2kmの地点にあるヴォーヌ・ロマネ村には6つのグラン・クリュ（特級畑）がある．そのうちのひとつに，世界最高峰と謳われる赤ワイン，ロマネ・コンティの畑がある．西のラ・ロマネ，東のロマネ・サン・ヴィヴァン，リシュブール，南のラ・ターシュとラ・グランド・リューという5つのすばらしい特級畑に東西南北を取り囲まれるようにあり，その中心に君臨している．畑の起源はローマ時代に遡り，18世紀に国王ルイ15世の寵妃ポンパドゥール夫人と，王の従兄弟コンティ公爵がこの畑の争奪戦を繰り広げ，最終的にコンティ公爵の所有となったことから，それ以来「ロマネ（ローマ人のという意味）」に「コンティ」が付け加えられるようになった．現在，ドメーヌ・ド・ラ・ロマネ・コンティ（Domaine de la Romanée-Conti = DRC）社の単独所有（Monopole, モノポル）である．

ロマネ・サン・ヴィヴァンは，「ヴォーヌ・ロマネのブドウ収穫用籠」と名づけられたサン・ヴィヴァン大修道院へ向かう小道につながる．ラ・ロマネは，リジェ・ベレール伯爵家（Comte Liger-Belair）がシャトー・ド・ヴォーヌ・ロマネ（Château de Vosne-Romanée）の名のもとに単独所有をしていたが，栽培醸造は別の生産者に委託していた．また，瓶詰め，熟成，貯蔵から販売までを数十年間ルロワ（Leroy）社，次いでアルベール・ビショー（Albert Bichot）社，ブシャール・ペール・エ・フィス（Bouchard Pére & Fils）社に委託していたが，2006年ミレジムからすべてをリジェ・ベレール家が扱うようになった．ラ・ターシュはDRC社の，ラ・グランド・リューはフランソワ・ラマルシュ（François Lamarche）の単独所有である．さらにDRC社はリシュブールの最も広い面積を所有している．

グラン・クリュの生産条件を満たせなかった場合，《Vosne-Romanée》（ヴォーヌ・ロマネ）または《Vosne-Romanée Premier Cru》（ヴォーヌ・ロマネ・プルミエ・クリュ）を表示する．《Grand Cru》（グラン・クリュ）の文字はエチケットの区画（クリマ）名の直下に表示されなければならない．

▍ワインの特徴

これらのワインはブルゴーニュのピノ・ノワール種のもつすべての繊細さと複雑性を表現する．鮮やかな色調は，熟成につれくすんだルビー色やガーネット色を帯びる．小さな赤や黒い果実のアロマにあふれ，年とともに，スミレやスパイスの香りが現れ，熟成香であるトリュフ，森の腐葉土，なめし革や毛皮の香りを放つ．腰がしっかりとして，力強く気品があり，官能的で純粋，完璧で，余韻が長い．タンニンが緻密で非常に長熟，10年の瓶熟成を経て，真価を発揮する．それぞれのクリュが，収穫年や熟

ブルゴーニュ 113

成とは関わりなく，その個性を発揮する．

ロマネ・コンティ▶
●周辺の5つのグラン・クリュのすべての長所を併せもつ．繊細さを極めるピノ・ノワール種特有の果実香に加えて熟成香が豊か．華やかで力強く凝縮しており，ビロードのようななめらかさがあり，エレガントである．

ラ・ロマネ▶
●堂々たる骨格を擁し，豊潤かつ濃密．リシュブールに近い味わい．

ロマネ・サン・ヴィヴァン▶
●繊細さの極みともいわれ，大地からくるミネラルやハーブを思わせるようなニュアンスを伴う．

リシュブール▶
●果実味に富み，華やかさと官能的なまでの艶やかさを誇り，「百の花の香りを集めてきたような」と形容される．

ラ・ターシュ▶
●力強く複雑で，「ロマネ・コンティの腕白な弟」と表現される．

ラ・グランド・リュー▶
●ふくよかな香り．堅固でたくましく，調和と均整がとれて力と魅力を併せもつ．

▋テロワール

　ブドウの完熟を促す暑い夏と乾燥した秋，寒い冬をもつ大陸性気候である．標高250〜310mに位置する．畑は東に面し，ところによりわずかに東南東を向き，斜面への日照時間が長く，日の出から太陽を燦々と浴びる．

　岩層の基盤はプレモー（Premeaux）の硬い石灰岩．

ロマネ・コンティ▶ 60cmの厚さをもつ粘土質の強い褐色の石灰土壌．

ラ・ロマネ▶ 丘の最も高いところ12%の勾配をもつ急斜面にあり，粘土質が少ない土壌．

ロマネ・サン・ヴィヴァン▶ ロマネ・コンティに近い土壌で90cmと表土層がより厚い．

ラ・ターシュ，ラ・グランド・リュー▶ 上部ではやや厚い褐色の石灰質土壌，低部ではより深いレンジヌ土壌．

リシュブール▶ 勾配と斜面の位置により，ラ・ターシュとラ・グランド・リューと同じ土壌になる．

🍇	Bourgogne（ブルゴーニュ）／Côte d'Or（コート・ドール）／Côte de Nuits（コート・ド・ニュイ）
🍇	●ピノ・ノワール，以下併せて5%以内シャルドネ，ピノ・ブラン，ピノ・グリ，リシュブールとロマネ・サン・ヴィヴァンは15%以内
🍴	●イノシシ肉シチュー，鹿肉のテリーヌ，野ウサギのロワイヤル，AOPブレス雄鶏やAOPブレス鶏のロースト，北京ダック，仔羊もも肉パイ包み焼き，羊骨付き背肉コンティ公風，仔牛のロースト，鴨の蕪添え，ウズラのたたき湯葉巻き，チーズ（AOPエポワス，ラミ・デュ・シャンベルタン，シトー，AOPブリー・ド・モー）

AOC
Saint-Aubin サン・トーバン

1937

サン・トーバン村はコート・ドール県のコート・ド・ボーヌ地区に位置し，白ワインで有名なピュリニィ・モンラッシェ村とシャサーニュ・モンラッシェ村のすぐ西側の小村．20区画（クリマ）がプルミエ・クリュ（一級畑）に格付けされている．特に白ワインの評価が高く，なかでもグラン・クリュである AOC シュヴァリエ・モンラッシェの畑に近接している粘土石灰質のプルミエ・クリュの区画，アン・レミー（En Rémilly）やレ・ミュルジェ・デ・ダン・ド・シヤン（Les Murgers des Dents de Chien）が最高という定評がある．赤ワインは AOC 名の後に《Côtes de Beaune》（コート・ド・ボーヌ）と併記することができる．この村にはガメ（Gamay）という小集落があるが，ボージョレ地方で主に栽培されているガメ種の名は，この集落の名に由来するといわれている．

▎ワインの特徴
- かすかに緑を帯びた淡い黄金色の色調．若いうちは白い花，擦った火打石，グリーンアーモンド，オレンジの花のアロマが一体となる．熟成とともに蜜蝋，蜂蜜，アーモンドペースト，シナモンの豊かな香りが現れる．バランスよく繊細．過剰でない豊満さがあり，なめらかでまろやか．若いうちは角ばった感があるが，その後なめらかになり，高い気品が姿を見せる．
- くすんだガーネット色や美しい鮮紅色．木イチゴの色調をもつ．チェリー，カシス，桑の実の高い香りが，スパイスや時にコーヒーのアロマを引き立てる．味わいは絹の風合いを有し，肉づきがよく，後味は溌剌としている．熟成によりしなやかさを増し，長い余韻をもたらす．

▎テロワール
ブドウの完熟を促す暑い夏と乾燥した秋，寒い冬をもつ大陸性気候である．東から南東に面した標高 300〜350m の斜面の勾配はときに急峻である．シャルドネ種に適した粘土質と石灰質の強い土壌と，ピノ・ノワール種に合う褐色の粘土層からなる．

- Bourgogne（ブルゴーニュ）／Côte d'Or（コート・ドール）／Côte de Beaune（コート・ド・ボーヌ）
- ● シャルドネ，ピノ・ブラン
- ● ピノ・ノワール，以下併せて 15% 以内シャルドネ，ピノ・ブラン，ピノ・グリ
- ● フォワグラ，AOP ブレス産，IGP ブルゴーニュ産家禽のささみの塩焼き，マスのアーモンド添え，サザエの壺焼き，蟹と帆立貝のグラタン，海老のチリソース，チーズ（AOP シャロレ）
- ● フォワグラのポワレ，仔羊オーブン焼き，ローストビーフ，シャトーブ

ブルゴーニュ

リアンステーキ，豚のロースト，AOP ブレス鶏や IGP ブルゴーニュ産家禽の照り焼き，北京ダック，麻婆豆腐，チーズ（AOP ロックフォール，AOP ブルー・ドーヴェルニュ）

AOP ブルー・ドーヴェルニュ

AOC
Saint-Bris サン・ブリ

2003

　パリからボーヌ市方面へ170km下った地点に，シャブリで有名なヨンヌ県の県庁所在地，オーセール市がある．ここからさらに10kmほど南東に向かうとサン・ブリの村がある．村の正式名称はサン・ブリ・ル・ヴィヌー（Saint-Bris-Le-Vinneux）というが，これは「ワインのサン・ブリ」という意味で，その名の通り19世紀末に仏全土を襲ったフィロキセラでブドウ畑が荒廃するまでは，ヨンヌ県最大のワイン産地だった．AOCサン・ブリはこの村と，シトリー村，イランシー村，ケンヌ（Quenne）村，ヴァンスロット村で栽培されたソーヴィニヨン種のみを使用する白ワインに適用される．シャルドネ種やアリゴテ種ではなく，ソーヴィニヨン種を使う白ワインは，ブルゴーニュ地方ではこのAOCサン・ブリだけである．

ワインの特徴
●淡い麦わら色から淡い金色の色調．香り高く，グレープフルーツやマンダリンオレンジなどの柑橘類，白桃，カシスの葉の香りがあり，ときにライチなどのトロピカルフルーツのアロマを伴う．次第に豊かな果実味，花，スパイスやヨードの香りが現れる．熟成が進むにつれ，ジャムと砂糖漬けの果実のアロマを感じる．生き生きとしていて，ミネラルが充分感じられる．

テロワール
　冬は寒く乾燥し，夏はブドウの完熟を促す暑さと日照が豊かな大陸性気候．ブルゴーニュ地方のなかで最も寒い地域にある．

　丘陵の北斜面は，ソーヴィニヨン・ブラン種の果実味が理想的に成熟することを可能にする最良の区画となっている．

　土壌は石灰岩に多様な粘土層．ヨンヌ川の沖積土の縁と泥灰岩の斜面の麓は，キメリジアンの低層をもつヒトデ石灰岩が広がる．

- Bourgogne（ブルゴーニュ）／Chablis-Grand Auxerrois（シャブリ-グラン・オーセロワ）
- ソーヴィニヨン・ブラン，ソーヴィニヨン・グリ
- 牡蠣，ニシンのマリネ，帆立貝のベルモット風味，カレーやサフラン風味の料理，しめ鯖，チーズ（AOPマコネ，AOPシャロレ，ヴェズレ）

AOC
Saint-Romain サン・ロマン

1947

　ボーヌ市から県道 973 号線を南西方向へ 8km ほど進むと，オーセイ・デュレス村が見えてくる．この西に続くサン・ロマン村は標高の高いオート・コート・ド・ボーヌ地区側の高台に位置する．村の中心にはクリュニー修道会の教会があり，鳥がブルゴーニュ名物のブドウとエスカルゴを食べているモチーフが彫られた説教壇が特に有名だ．またこの村にはワインの樽の製造業者（トネルリー，Tonnellerie）が多い．プルミエ・クリュ（一級畑）はないが，畑はいくつかの区画（クリマ）に分かれており，各区画に名称が付いている．主なクリマにプイヤンジュ（Pouillange），ラ・ペリエール（La Perrière），スー・ル・シャトー（Sous le Château）などがある．エチケットには AOC サン・ロマンの後に各々のクリマ名を併記することができる．赤ワインに限り，AOC 呼称の後に《Côtes de Beaune》（コート・ド・ボーヌ）と併記することができる．

ワインの特徴

- 緑色を帯びた淡い金色の色調．菩提樹などの白い花の豊かなアロマにミネラル香を伴う．味わいもミネラルが豊かで，熟成とともに円くなり，まろやかさが真価を発揮する．フレッシュで軽い酸味に支えられている．
- 際立つルビー色と黒みを帯びたチェリー色．スグリ，木イチゴやチェリーなどの小さな赤い果実のアロマを放ち，4〜5 年の熟成を経ると熟した果実，スパイスやスモーキーな香りが感じられ，タンニンは繊細かつエレガントになり，円みが出てボディに腰の強さが現れる．若いうちから飲めるが，10 年の熟成に耐える力を秘める．ブルゴーニュ地方の古典的な赤ワイン．

テロワール

　ブドウの完熟を促す暑い夏と乾燥した秋，寒い冬をもつ大陸性気候である．標高 280 〜 400m に位置し，南，南東から北，北西に面する．ブドウ畑は斜面にあり，穏やかな気候と秀逸な土壌の恩恵に浴する．粘土質を伴う泥灰岩や石灰岩土壌がシャルドネ種の生育に完璧に適している．

> Bourgogne（ブルゴーニュ）／ Côte d'Or（コート・ドール）／ Côte de Beaune（コート・ド・ボーヌ）
> - 舌平目のポワレ，甘鯛の無蒸し，オムレツやポーチドエッグ，マリネや炒めた野菜，牡蠣のポロねぎトリュフ添え，チーズ（AOP カマンベール）
> - 軽いソースをかけた AOP ブレス鶏や IGP ブルゴーニュ産家禽，仔牛リブロースのポワレやホワイトシチュー，筑前煮，チーズ（ブリア・サヴァラン，シトー）

AOC
Santenay サントネイ

1937

コート・ド・ボーヌ地区の南端にある美しい村．ディジョン市とリヨン市のほぼ中間地点にある．コート・ドール県に属しているが，ソーヌ・エ・ロワール県との境界に位置している．かつては「サントネ・レ・バン（Santenay-Les-Bains）」と呼ばれる，ヨーロッパで最もリチウム度が高い鉱泉が湧き出る湯治場として知られていた．畑はサントネ村とルミニィ（Remigny）村にまたがり，12区画がプルミエ・クリュ（一級畑）に格付けされている．特に評価の高い区画（クリマ）として，シャサーニュ・モンラッシェ村側のレ・グラヴィエール（Les Gravières）や，ラ・コム（La Comme）などがある．赤に限り AOC 呼称の後に《Côtes de Beaune》（コート・ド・ボーヌ）と併記することができる．

ワインの特徴
- 明るく澄んだ輝きのあるうすい黄金色の色調．ミネラルと花のアロマが豊かで，シダとヘーゼルナッツの香りに満ちている．味わいは生き生きとし，ボディが厚く力強い．
- 際立つ紫紅色，黒いチェリー色に光り輝いている．バラ，シャクヤク，スミレや赤い果実のアロマは，甘草の香りを伴う．アタックは力強い．引き締まった控えめなタンニンは，しなやかなコクと骨組みを組み立てる．味わいは繊細で，後味にブルーベリーの風味が戻る．バランスがとれ，ゆっくり熟成する．

テロワール
ブドウの完熟を促す暑い夏と乾燥した秋，寒い冬をもつ大陸性気候である．東と南に面し，斜面への日照時間が長く，太陽を燦々と浴びる．灰色を帯びた石灰岩は，標高 500m に達する斜面の上部を占める．斜面を降りるにつれ，魚卵状石灰石（ウーライト），白い魚卵状石灰石（白色ウーライト），泥灰岩，石灰質鉱石塊が現れる．低部の魚卵状石灰石は，標高 300m の泥灰質地層の上に広がる．

- Bourgogne（ブルゴーニュ）／ Côte d'Or（コート・ドール）／ Côte de Beaune（コート・ド・ボーヌ）
- ●シャルドネ，ピノ・ブラン
- ●ピノ・ノワール，シャルドネ，ピノ・ブラン，ピノ・グリ
- ●きのこのパスタやリゾット，AOP ブレス鶏や IGP ブルゴーニュ産家禽のクリームソース，鮑の鉄板蒸し焼き，チーズ（AOP コンテ，AOP ボーフォール，チーズ（AOP マコネ，AOP シャロレ，ヴェズレ）
- ●仔牛の蒸し煮，ハンバーガー，鴨の緑コショウソース，コック・オ・ヴァン，鹿肉のカシス添え，家禽の照り焼き，北京ダック，ベトナム風豚とフォーのサラダ，チーズ（AOP ブリー・ド・モー，AOP ポン・レヴェック，シトー，AOP ルブロション，ブルー・ド・ブレス）

AOC
Savigny-lès-Beaune サヴィニィ・レ・ボーヌ

1937

ボーヌ市とペルナン・ヴェルジュレス村の間に位置する村名のAOC．プルミエ・クリュ（一級畑）は 22 区画ある．赤に限り，コート・ド・ボーヌ・ヴィラージュ（Côte de Beaune-Villages），またはサヴィニィ・コート・ド・ボーヌ（Savingy Côte de Beaune）という呼称の使用も認められている．この村の畑は中世期にシトー派の修道僧によって開拓された．シトー派はすでに 12 世紀頃からブドウとワインが畑の土壌や気候の細かな違いの影響を受けることに気づき，「ミクロクリマ（微気候）」や「テロワール」の概念をもってワイン造りを行っていた．ブルゴーニュワインが卓越しているのは，この修道会の熱意と努力によるところが大きい．

ワインの特徴
- ○ 淡い麦わら色を帯びた金色の色調．アロマは花のようで心地よく，レモンやグレープフルーツ，ミネラルが豊か．熟成香はバターやブリオッシュの香り．味わいは溌剌としたアタックがあり，豊満でボディがあり，余韻が長い．熟成により円みを増す．
- ● 深いルビー色，ガーネット色を帯びた紫紅色を呈し，カシス，チェリーや木イチゴなどの赤や黒の小さな果実，スミレなど花のアロマを放つ．ボディは，タンニンが慎ましやかで肉づきがよく，その果実味を失わない．円く，ボリューム感があり，バランスがとれ腰が強い．繊細かつ上品で，女性を思わせるしなやかさがある．プルミエ・クリュはより力強く，長い熟成が期待できる．

テロワール
ブドウの完熟を促す暑い夏と乾燥した秋，寒い冬をもつ大陸性気候である．

畑は，標高 250～400m に広がる．ロワン（Rhoin）川の沖積扇状地やコルトン山の地質である．東のペルナン・ヴェルジュレス側の丘は真南に面し，砂利質および鉄分を含む魚卵状石灰石（ウーライト）を多く含む土壌に恵まれる．丘を降りていくに従い，赤褐色の石炭岩はより粘土質になり，小石が多くなる．斜面は南から東を向き，砂を含む石灰質土壌からなる．

- Bourgogne（ブルゴーニュ）／Côte d'Or（コート・ドール）／Côte de Beaune（コート・ド・ボーヌ）
- ● シャルドネ，ピノ・ブラン
- ● ピノ・ノワール，以下併せて 15% 以内シャルドネ，ピノ・ブラン，ピノ・グリ
- ● トゥルトやキッシュのような温製前菜，オムレツやスクランブルド・エッグ，イワナのブールブラン，牡蠣のポロねぎトリュフ添え，鮎の塩焼き蓼酢，チーズ（AOP マコネ，AOP コンテ，IGP グリュイエール，シトー）

- フォワグラのポワレ,AOP ブレス鶏や IGP ブルゴーニュ産家禽のロース
トや照り焼き,牛サーロインステーキ赤ワインソース,仔羊オーブン焼き,
スペアリブ網焼きオレンジ添え,七面鳥のローストトリュフ添え,広東風
焼きもの前菜,肉じゃが,チーズ(AOP シャウルス,AOP ブリー・ド・モー,
IGP トム・ド・サヴォワ,AOP ルブロション,AOP カンタル,AOP モ
ンドール,AOP エポワス)

AOP モンドール

AOC
Vézelay ヴェズレ

2017

　パリの南東 180km に位置するヨンヌ県は，白ワインの AOC シャブリの産地として世界的に有名だが，ヴェズレの町を中心とした地区で造られる白には 1996 年からブルゴーニュ・ヴェズレ，2017 年からは 4 町村で造られるワインに対して村名格のヴェズレという AOC が認められている．町にはマグダラのマリアの聖遺骨の眠るサント・マドレーヌ聖堂があり，「ヴェズレの教会と丘」という名で世界遺産に登録されている．サンティアゴ・デ・コンポステーラの巡礼路の一部としても世界遺産となっている．巡礼者たちはこの聖地を訪れた記念に帆立貝を買って帽子につけたため，この貝は巡礼の象徴となった．聖堂に続く坂道には，舗道に帆立貝のデザインが埋め込まれている．

　なお，その他ヨンヌ県の白に <u>AOC ブルゴーニュ・トネール（Bourgogne Tonnerre）</u>がある．

■ワインの特徴
- 口中のすばらしいフレッシュさとミネラル感に際立ったフローラルな香りが特徴の辛口白ワイン．ワインの熟成によって味わいに複雑さとフィネスが現れてくる．

■テロワール
　モルヴァン山塊から続く樹木に覆われた高い丘の局地的な影響で，日中は暑く，夜間は寒くなる気温格差が，白ワインのフレッシュさとミネラル感を生み出す．

　ヴェズレの石灰岩質泥灰土の上に広がる石灰岩質の丘の南東から南西にブドウ畑が広がっていることで冷たい北風から守られている．

- Bourgogne（ブルゴーニュ）／ Chablis-Grand Auxerrois（シャブリ-グラン・オーセロワ）
- シャルドネ 100%
- 魚のムース，魚介類のグラタンもしくはオーブン焼き，蒸したニジマス，サザエの壺焼き，ドリア，ハーブ入りオムレツなどの卵料理，たらこ，チーズ（エズィ・サンドレ，ヴェズレ）

歩道に埋め込まれた帆立貝のデザイン

AOC
Volnay ヴォルネイ

1937

ヴォルネイ村は，コート・ド・ボーヌ地区の中心地であるボーヌ市から県道973号線で，南西へ約4kmの地点にある．ポマール村の南，ムルソー村の北に位置するブルゴーニュ地方の典型的な小村で，14世紀に建てられた「ブドウ園の聖母教会」を意味するノートルダム・デ・ヴィーニュ教会（Notre-Dame des Vignes）を中心に，ブドウ畑が広がっている．グラン・クリュ（特級畑）はないが，プルミエ・クリュ（一級畑）は30区画（クリマ）ある．畑の大部分はヴォルネイ村にあるが，プルミエ・クリュのサントノ（Santenots）の約28haだけはムルソー村に属する．繊細でスミレの香りのする赤ワインが造られており，コート・ドールの中で最も優雅なワインのひとつといわれる．ヴェルサイユ宮殿を建造させた太陽王ルイ14世が好んで飲んだという言い伝えがある．

■ ワインの特徴
● フィネス，生気，香りが常に高く評価される．鮮やかなルビー色，明るく澄んだガーネット色．スミレ，スグリやチェリーなどの繊細なアロマを放ち，熟成とともにスパイス，ジビエ，干しスモモの香りが現れ，凝縮感と複雑性に繊細さが加わる．率直な味わいは，かなり早く開く早熟さを印象づける．アタックは溌剌とし，豊満で肉づきがよく，穏やかな味わい．高貴さ，フィネス，女性らしさを併せもつ．若いうちはまろやかで快適．

■ テロワール
ブドウの完熟を促す暑い夏と乾燥した秋，寒い冬をもつ大陸性気候である．標高230〜280mにあり，東南東に面し，斜面への日照時間が長く，日の出から太陽を燦々と浴びる．土壌はシルト（石灰岩を覆う砂と粘土の混じった沈泥層）からなる．その魚卵状石灰石（ウーライト）はバラ色で，きれいな淡い緑の粒を含み，片岩質の岩盤に支えられている．丘の上部はまさに石灰岩土壌．丘を下ると白い石灰岩に，わずかに白亜質が混じっている．低部では，石灰岩の上に，小石が多く，鉄分を含んで赤みを帯びている土壌がある．麓では土壌はより深く，砂利質になる．

> - Bourgogne（ブルゴーニュ）／ Côte d'Or（コート・ドール）／ Côte de Beaune（コート・ド・ボーヌ）
> - ● ピノ・ノワール，以下併せて15％以内シャルドネ，ピノ・ブラン，ピノ・グリ
> - ● AOPブレス鶏やIGPブルゴーニュ産家禽のロースト，牛リブロースのロースト，仔羊オーブン焼き，牛肉の赤ワイン煮ブルゴーニュ風，クスクス，うなぎ蒲焼，チーズ（AOPエポワス，ラミ・デュ・シャンベルタン，AOPマンステール，IGPスーマントラン，AOPラングル，AOPコンテ）

ブルゴーニュ 123

AOC
Vosne-Romanée ヴォーヌ・ロマネ

1936

ヴォーヌ・ロマネ村は，コート・ド・ニュイ地区のほぼ真ん中にあり，クロ・ド・ヴージョの古城とニュイ・サン・ジョルジュ村の間に位置する．村名格である AOC ヴォーヌ・ロマネの畑はフラジェ・エシェゾー村にもまたがってプルミエ・クリュ（一級畑）は 15 区画．この 2 村には赤ワインの最高峰と称される AOC ロマネ・コンティを初めとする 8 つのグラン・クリュ（特級畑）がある．グラン・クリュはその生産条件を満たせなかった場合，《Vosne-Romanée》（ヴォーヌ・ロマネ）または《Vosne-Romanée Premier Crus》（ヴォーヌ・ロマネ・プルミエ・クリュ）を表示する．コート・ド・ニュイ地区はピノ・ノワール種のみを使った赤の銘醸地として知られるが，ブルゴーニュ大公国のフィリップ豪胆公が 1395 年に良質なピノ・ノワール種のみの栽培を命じたことによりこの地に広まった．

ワインの特徴

● 澄んだルビー色から濃赤色まで多様な色合いを帯び，際立つ鮮紅色の色調．スパイスをベースに，イチゴ，木イチゴ，ブルーベリーやカシスなどの熟した果実が香りを構成する．この複雑で上品なアロマは，年とともにキルシュ（チェリーブランデー），なめし革，毛皮の香りを伴う．
アタックは，ビロードのようなめらかさが見事である．タンニンや控えめな酸，豊満さとがほどよいバランスを保っている，エレガントなワインである．充分なボディとコクがあり，余韻は力強く長い．若いうちはいかめしく感じられることもあるが，瓶熟成により緻密なストラクチャーとなめらかさが増す．長熟ワインである．

テロワール

ブドウの完熟を促す暑い夏と乾燥した秋，寒い冬が特徴の大陸性気候である．畑は東に面し，斜面への日照時間が長く，日の出から太陽を燦々と浴びる．

ヴォーヌ・ロマネの畑は，中腹に位置するグラン・クリュの丘と同じ標高や，それより上部あるいは麓にある．ウミユリを含む石灰岩の岩層の上を，数十 cm 〜 1m に達する粘土質泥灰岩が混じった褐色石灰粘土質土壌が覆っている．ピノ・ノワール種の栽培に最適な土壌である．

- Bourgogne（ブルゴーニュ）／ Côte d'Or（コート・ドール）／ Côte de Nuits（コート・ド・ニュイ）
- ● ピノ・ノワール，以下併せて 15% 以内シャルドネ，ピノ・ブラン，ピノ・グリ
- ● イノシシ肉シチュー，鹿肉のテリーヌ，鴨の蕪添え，きのこのクリーム煮，AOP ブレス雄鶏や若鶏のロースト，ラムチョップ，バベットステーキ，クスクス，フォワグラのポワレ，鮪赤身のづけ，レバー炒め，チーズ（AOP エポワス，AOP ラングル，エズィー・サンドレ，サン・フロランタン，シトー）

Champagne

シャンパーニュ

　パリの北東約 145km，ブドウ栽培の北限である北緯 49～50度に位置する．年間平均気温は 10.5 度で，フランスのワイン産地では最も厳しい大陸性気候である．この地方の中心は，ランス市とエペルネ市．ランス市のノートルダム大聖堂は，ゴチック建築の傑作で世界遺産に登録されている．17 世紀後半までは白，ロゼ，赤の非発泡性ワインのみが造られていたが，現在は，白，ロゼの発泡性ワインが主に造られている．発泡性ワインでも「シャンパーニュ」を名乗ることが許されるのは，ブドウ品種，製造法において一定の基準を満たしたもののみである．白亜質の土壌がシャンパーニュに独特な香りと味わいを与えるといわれる．また，その地層は熟成にとっても理想的な環境で，ランス市の地下には天然のカーヴが数十キロメートルも続く．シャンパーニュの生産地区には，「モンターニュ・ド・ランス」，「ヴァレ・ドゥ・ラ・マルヌとその支流」，「コート・デ・ブラン」がある．

AOC
Champagne シャンパーニュ

1936

シャンパーニュは，パリから北東約145kmのシャンパーニュ地方で造られる発泡性ワイン．17世紀後半まで非発泡性ワインが造られていた．生産地区は，マルヌ，オーブ，オート・マルヌ，セーヌ・エ・マルヌ，エーヌの5県にまたがる．特定の畑において，ブドウ品種，製造法ほかの規定を満たしたもののみシャンパーニュと名乗ることが許される．中心をなすのが，ローマ時代から重要な都市として位置づけられてきたランス（Reims）市．496年にフランク国王クロヴィス（Clovis）が洗礼を受けてからはフランス王家の「聖なる都市」となり，歴代国王の大半が戴冠式を行った．なかでもシャルル7世の戴冠式（1429年）は，ジャンヌ・ダルクが立ち会ったことで知られる．その舞台であるノートル・ダム大聖堂はゴシック建築の傑作（13世紀）で，世界遺産にも登録されている．フランス一の高さを誇る内部天井だけでなく，西側正面を飾る微笑みの天使の彫像や，ワイン業者が寄贈したワイン製造過程のステンドグラス，シャガールの原画によるブルーのステンドグラスなど見所が多い．

また，画家の藤田嗣治がカトリックに入信したのもランスである．この地に残された彼の遺作ともいうべき「平和の聖母礼拝堂（Chapelle Notre-Dame-de-la-Paix）」は「フジタ礼拝堂（Chapelle Foujita）」と呼ばれている．

ワインの特徴

★淡い金色，グレー・ゴールド，オールド・ゴールドなどの色調．持続する細かい泡を伴う．年を経ると泡はクリーム状になり，長く立ち昇り，グラスの内壁面に輪を形づくる．若いうちは，花や果実，トロピカルフルーツのアロマがあり，年を経るとトースト，ブリオッシュ，ヴァニラなど香りが豊かになる．味わいは，軽く溌剌として繊細なものから，円く肉づきがよく複雑でたくましいものまで多様．

★淡いピンクからサーモンピンクまでの色調で，ブリオッシュ，シナモン，蜂蜜や赤い果実などのアロマが特徴．

テロワール

フランスのワイン産地のなかで最も厳しい大陸性気候であり，ブドウ栽培の北限である北緯49～50度に位置する．年間平均気温10.5℃．降水量は650～750mmで，年間を通して規則的に雨が降る．

畑はランスとエペルネの付近で，日あたりが最高によい丘の斜面にある．厚い白亜の石灰岩層がこの地方全体に広がっている．この白亜層はブドウ畑に欠かせない条件で，水はけがよくミネラルが豊富．丘陵地であるため申し分のない日照が得られる．太陽の光を反射し，大地を温めて，ブドウの成熟を促進している．

地形学的には，以下の四丘陵の斜面に分かれる．

①イル・ド・フランス（Île de France）丘陵

②シャンパーニュ (Champagne) 丘陵

③コート・デ・バール (Côte des Bar) 丘陵

④ヴァレ・ド・ラ・マルヌとその支流，アルドル川の谷，ヴェール川の谷 (Vallée de la Marne et Vallées affluentes, de l'Ardre et de la Vesle)

土壌学的には，以下の2つに分けられる．

①腐植土と褐色石灰岩からなる石灰質マグネシウム岩を含む土壌

②褐色土壌

モンターニュ・ド・ランス，ヴァレ・ド・ラ・マルヌ，コート・デ・ブラン，エペルネなどの褐色石灰岩は，炭酸塩を覆った層の上にある．深く，水はけがよく，かつ水分の供給にも優れる．

🔍 Champagne（シャンパーニュ）

🍇 ★★シャルドネ，ピノ・ノワール，ピノ・ムニエ，プティ・メスリエ，アルバンヌ，ピノ・ブラン，ピノ・グリ

🍴 ★魚介類，甲殻類，白ブーダン，チーズ（AOP ラングル）

★ブリュット　鮭のシャンパン蒸し，鮨，しゃぶしゃぶ

★ドゥミ・セック　イチジク

★ブラン・ド・ブラン　懐石料理，スパイシーなフュージョン料理

★赤い果実のシャルロット

★キュヴェ・プレスティージュ　半熟卵のキャヴィア添え，七面鳥のローストトリュフ添え，平目のシャンパン蒸し，鴨のオレンジソース，フォワグラの薄切りソテー レーズン添え

■シャンパーニュの分類

ノン・ミレジメ（Non Millésimé）＝ノン・ヴィンテージ（Non Vintage ＝収穫年表記なし）

収穫年をまたがる，異なるブドウ品種の，異なるクリュのワインをアサンブラージュしたもの．一般的で数が多く，なおかつメゾン（シャンパン・ハウス）を代表し，そのスタイルを表現している．

ミレジメ（Millésimé）＝ヴィンテージ（Vintage ＝収穫年表記）

天候に恵まれた年に，その収穫年のワインだけでアサンブラージュされる．毎年造るわけではない．ノン・ミレジメよりもボディがあり，果実味が強い．

キュヴェ・ド・プレスティージュ（Cuvée de Préstige）

最上質のワインをベースとして造られるシャンパーニュ．トップクラスの村のブドウを使い，細心の配慮とともにアサンブラージュされ6～10年熟成される．ほとんどの場合，同一の収穫年である．

ロゼ（Rosé）

独特の美しい色合いとコクのある味わいとなる．シャンパーニュ全体の3～5％しか造られておらず，2つの造り方がある．ひとつは，ベースになるワインを黒ブドウ100％の醸造過程においてマセラシオン（浸漬，醸し）の途中にほどよく色づいたところで発酵果汁を取り出すセニエ法．もうひとつは，EUで唯一可能とされている赤ワインと白ワインを混ぜて造る方法．

ブラン・ド・ブラン（Blanc de Blancs）
　白ブドウのみで造られたシャンパーニュ
ブラン・ド・ノワール（Blanc de Noirs）
　黒ブドウのみで造られたシャンパーニュ

■甘辛度（残糖）の表示

Brut（ブリュット）：〜15g/ℓ
Extra dry（エクストラ・ドライ）12〜20g/ℓ
Sec（セック）：17〜35g/ℓ
Demi-sec（ドゥミ・セック）：33〜50g/ℓ
Doux（ドゥー）：50g/ℓ〜

Brutのなかでも，以下のようにさらに詳細に記すこともある．
　Extra brut（エクストラ・ブリュット）：0〜6g/ℓ
　Brut nature（ブリュット・ナチュール）：〜3g/ℓ
　Pas dosé（パ・ドゼ）：〜3g/ℓ
　Dosage zéro（ドザージュ・ゼロ）：〜3g/ℓ

またこれら以外に，次の表記も見られる．
　Ultra Brut（ウルトラ・ブリュット）
　Brut zéro（ブリュット・ゼロ）
　Brut sauvage（ブリュット・ソヴァージュ）
　Brut 100%，Brut non dosé（ブリュット・ノン・ドゼ）
　Brut de brut（ブリュット・ド・ブリュット）

フジタ礼拝堂

微笑みの天使の彫像

AOC
Coteaux Champenois コトー・シャンプノワ

1974

　発泡性ワインのシャンパーニュが造られるはるか昔から，当地方は主に非発泡性の赤ワインを醸造していた．現在は赤を主体に，白と少量のロゼが造られている．エチケットにコミューン名の記載を認められている村があり，主にランス (Reims) 市の南に散在している．赤ワインにはブジー (Bouzy)，アイ (Aÿ)，白ワインにはシュイィ (Chouilly) とル・メニル・シュル・オジェ (Le Mesnil-sur-Oger) などがある．ブジーから約 50km 東へ行くと，ドン・ペリニョン (Dom Pérignon) の生地サント・メヌー (Sainte-Ménehould) がある．この町には伝統料理 (Pieds de porc à la Sainte-Ménehould) は，豚足の入った鍋を 40 時間も火にかけたまま忘れていたところ，骨や骨髄まで食べられる美味しい料理ができていたのがその始まり．現在ではブジーの赤に合う郷土料理として愛されている．そのほか，ブドウの絞り滓で造るブランデー，マール・ド・シャンパーニュ (Eaux-de-vie de Marc de Champagne) や，シャンパーニュ地方南東端に位置するラングル (Langres) 村発祥のチーズ，AOP ラングルなどの特産品がある．

▍ワインの特徴
- 軽く，フルーティーで辛口．
- 透明感のある淡いピンクから深いサーモンピンク．軽やかでしなやかな口あたり．一般的に赤い果実のアロマにあふれた味わい．
- ルビーの色調，熟したチェリーやプルーン，ブルーベリーの香りが印象的．味わいは果実味があり酸味も柔らかく，しなやかで豊かななかに腰の強さもある．飲むほどに味わい深さを増していく．

▍テロワール
シャンパーニュと同じ．

Champagne（シャンパーニュ）
- シャルドネ，ピノ・ノワール，ピノ・ムニエ，プティ・メスリエ，アルバンヌ，ピノ・ブラン，ピノ・グリ
- アンドゥイエット網焼き，仔牛の煮込み
- 家禽のテリーヌ，タルタルステーキ，家禽のタジン，エスカルゴ，ムール貝，ヒメジ網焼き，チーズ（AOP シャウルス）
- シャルキュトリ，鹿肉のロースト，サント・メヌーの豚足，チーズ（AOP ラングル）

AOC
Rosé des Riceys ロゼ・デ・リセイ

1947

シャンパーニュ地方南部の，コート・デ・バール（Côte des Bar）地区は，ブルゴーニュ地方と境を接するオーブ県に属する．その県庁所在地トロワ（Troyes）市から南東約40kmのレ・リセイ（les Riceys）を中心とした狭い地区が，非発泡性のロゼワイン AOC ロゼ・デ・リセイの産地である．ヴェルサイユ宮殿建設の際，地元出身の労働者がルイ14世に紹介したともいわれるロゼの人気は高く，その恩恵に浴したレ・リセイは18〜19世紀当時オーブ県第二の人口を誇っていたこともあった．20kmほど西のAOPシャウルス（Chaource）が有名．地元の人がチーズスフレなどにしてロゼ・デ・リセイとともに味わうシャウルスの歴史は12世紀に遡り，14世紀に村を訪れたシャルル4世も賞味したと伝えられている．

ワインの特徴
● ピノ・ノワール種を使用した伝統的な方法で造られるワイン．ロゼの色と風味が得られるとすぐに果汁と果皮など固形物を分離する，短いマセラシオンによって造られる．赤い果実のアロマをもつ，生き生きとした冷涼な地方の非発泡性ワイン．瓶詰めされる前に1〜2年樽内で熟成される．

テロワール
シャンパーニュ地方の南部に位置するリセイ地区は日あたりがよい丘陵にあり，ブドウがよく成熟する．土壌は中生代ジュラ紀キメリジアン期の泥灰岩の上にある，褐色の石灰岩が主体となっている．

- Champagne（シャンパーニュ）／Ardenne（アルデンヌ）
- ● ピノ・ノワール100%
- ● ローストチキン，サント・メヌーの豚足，AOPシャウルスのチーズスフレ

Corse

コルシカ

　ナポレオンの出生地である「美の島」コルシカ（コルス）は，フランスとイタリアの間に位置する地中海で4番目に大きな島である．2,710mのチント山を擁し，島の平均海抜は586mに達する．ポルト湾は，美しい自然景観で世界遺産に登録されている．島固有の灌木（マキ）の藪に覆われた山の斜面は圧巻である．島の海岸沿いにあるブドウ畑は，その灌木地帯を開拓してつくられた．温暖な島であるが夜は涼しい．夜の潮風が日中受けた太陽の熱を和らげるため，酸味のあるバランスのよいワインができる．白，ロゼ，赤，天然甘口ワインが造られるが，その多くは赤ワインである．紀元前6世紀から，古代ギリシャ（現在のトルコ辺り）のフォカイア人によってワインが造られていたという．1769年のジェノヴァ条約によってフランス領となったが，今日でも住人は独自性を強くもっており，ワインもフランス本土にはないブドウ品種で造られている．IGPのクレマンティーヌ（小さなみかん），チーズ，蜂蜜，栗の粉などの食材がある．

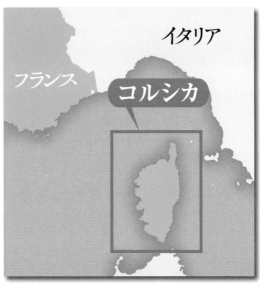

AOC
Ajaccio アジャクシオ

1984

「イル・ド・ボテ（美の島）」と称されるコルシカ．首府アジャクシオは，コルシカ島の西海岸に位置する同島最大の町．ここにはナポレオン・ボナパルトの生家があり，記念館となっている．ナポレオンの母方の叔父にあたる美術愛好家フェッシュ枢機卿の宮殿，フェッシュ美術館（Musée Fesch）もあり，ルーヴル美術館に次ぐといわれるフランス最大級のイタリア絵画コレクションが見所だ．アジャクシオ湾とその入口に連なるサンギネール諸島も観光名所だが，その美しい風景と，サンギネール（Sanguinaire ＝血塗られた）という呼称は，作家アルフォンス・ドーデほか多くの芸術家を魅了し，創作意欲をかきたててきた．ドビュッシー作曲『海─管弦楽のための3つの交響的素描』の第1楽章も，当初は「サンギネールの島々の美しい海」と題されていた．

ワインの特徴
- 生産量は少ないが，ヴェルマンティノ種の特徴が顕著に現れている．火打石のミネラルと西洋サンザシなどのフローラルな香りが共存している．
- スキアカレロ種とグルナッシュ種が主体となり，大部分は直接圧搾法で，わずかな量がセニエ法により造られる．澄んだピンク色からサーモン色．フルーティーかつスパイシーな香りが高い．生き生きとした繊細なロゼ．
- 輝きのあるルビー．クルミや焼いたアーモンドと，木イチゴやカシスの独特なアロマ．焼いた木，マキ（コルシカの灌木）の花やコーヒー，コショウなどスパイシーな香りが豊か．時を経るとなめし革やキノコの香りが現れる．しっかりした骨組みを有し，バランスがとれ，まろやかな味わい．軽くて柔らかく，飲みやすい．

テロワール
険しい起伏の影響を受ける地中海性気候．コルシカ島の中でも最も日照時間が長い地域で，海や陸，また山からのそよ風の影響を受ける．ほぼ全域が花崗岩に覆われており，これらの土地はかなり細かい結晶質で構成され密度が高い．不均質な構成のため浸食にもろい．

- Corse（コルス）
- ● ヴェルマンティノ（マルヴォワジー・ド・コルス）80％以上
- ● 併せて60％以上　スキアカレロ単独で40％以上　バルバロッサ，ニエルキオ，ヴェルマンティノ
- ● ブイヤベース，パエリア，チーズ（AOPブロッチュ，フィウモルブ，フィレッタ）
- ● シャルキュトリ，仔牛網焼き
- ● 仔羊網焼き，チーズ（フィウモルブ，フィレッタ）

AOC
Muscat du Cap Corse ミュスカ・デュ・カップ・コルス

1997

AOC ミュスカ・デュ・カップ・コルスは，果汁の発酵途中にアルコールを添加し，発酵を止めた天然甘口ワイン（VDN，ヴァン・ドゥー・ナチュレル）．ブドウ畑は，コルシカ岬（Cap Corse）の AOC ヴァン・ド・コルス・コトー・デュ・カップ・コルスのほかに，ネッビオ（Nebbio）地区北部の AOC パトリモニオの地域に広がる．この地区はイタリアのトスカーナ地方と早くから深い関係にあり，その影響は人々の気性や言語にも見られるという．トスカーナ地方におけるコルシカ岬産ワインの人気は高く，12 世紀にはこれを巡ってピサとジェノヴァが激しく対立したほどである．この岬に限らず，コルシカ島は山がちで気候が厳しい．そのため穀類の栽培が困難で，昔は山岳地域でも採れる栗の粉を主食としていた．現在も栗粉（Farine de Châtaigne Corse）は料理や菓子の材料に使用されている．このほか，羊乳や山羊乳製のチーズ AOP ブロッチュ（Brocciu），またそのブロッチュを使ったフィアドーヌ（Fiadone）というチーズケーキが有名だ．

▍ワインの特徴

[VDN] 淡い黄色から金色や琥珀色までさまざまな色調．香りは，この品種特有の生のマスカットブドウ，イチジク，アプリコット，クルミやヘーゼルナッツ，トロピカルフルーツ，苦味のある柑橘類の砂糖漬け，蜂蜜のアロマが豊か．味わいは豊満でたいへん複雑．フィニッシュには微妙にシナモンの香りを醸し出す．

▍テロワール

冬は穏やかで夏は暑い典型的な地中海性気候．乾燥した気候を海風が和らげることによるバランスのよさが，ワインに溌剌とした印象をもたらす．ブドウ畑は，コルシカ岬を横切るように存在し，岩だらけの海岸と入り組んだ地中海沿岸の灌木地帯の間にある最上の土地を占めている．地質はほとんどが片岩質土壌で，西側の斜面では緑の岩が地質を構成し，結晶した石灰岩や沖積土の土壌も存在する．

- Corse（コルス）
- [VDN] ミュスカ・ブラン・ア・プティ・グラン 100%
- [VDN] クレーム・ブリュレ，フルーツのムース，チーズ（AOP ロックフォール）

AOC
Patrimonio パトリモニオ

1984

　パトリモニオの産地は島の北東に角のように突き出したコルシカ岬の西側根元部分，ネッビオ（Nebbio）地区北部．「霧」を意味するネッビオ（現地コルシカ語で Nebbiu）は，先史時代の巨岩遺跡メンヒルの存在にも明らかなように，早くから人が住み着いていた．毎年11月に国際ギター・フェスティバルが催されるが，コルシカといえば，ポリフォニーと呼ばれる現代民族音楽が世界的に有名だ．この独特な男声合唱の伝統は後に聖歌などの影響を受けながらも継承され，19世紀には，コルシカに滞在したプロスペル・メリメの代表作『コロンバ』にも取り上げられた．この小説に登場する主人公一家が代々住むという設定のピエトラネラ村は，パトリモニオから東北東へ山を越えた地点にあり，現在は海辺の観光地となっている．北コルシカの中心バスティアまでは，わずか2kmの距離である．

▎ワインの特徴
- 西洋サンザシなどの花，アーモンド，カモミール，トロピカルフルーツのアロマが豊か．フルーティーかつまろやかでオイリー．
- 淡い色調．ときにグリ（Gris＝灰色）の様相を呈する．軽く生き生きとしてフルーティー．繊細でエレガント，若いうちに楽しむワイン．
- 深いガーネット．わずかにスミレ，野ウサギの毛皮と甘草の香りをもち，小さな赤い果実のアロマ．時とともにスパイス香が感じられるようになり，森の腐葉土の香りが現れる．ストラクチャーがしっかりしており，タンニンの収斂性は熟成とともに円くなり，ある程度の熟成が期待できる．肉づきがよく，まろやかな味わいが長く続く．

▎テロワール
　海の影響を強く反映している地中海性気候．季節風が，ブドウの生育と霜の影響を受けやすい盆地低部の畑を保護している．数々の丘が入り組んでおり，ブドウ畑が風から守られる．土壌の質がとてもよく，ブドウ畑が古くから存在している．中生代，新生代第三紀，第四紀由来の多様性豊かな地層からなるテロワール．地質は粘土石灰質，片岩質，花崗岩質である．

　Corse（コルス）

- ヴェルマンティノ 100%
- ニエルキオ 75% 以上
- ニエルキオ 90% 以上

- 甲殻類，チーズ（AOP ブロッチュ，フィウモルブ，フィレッタ）
- 夏野菜のサラダ，スズキ網焼き，ガパオライス
- 牛肉の蒸し煮，鹿肉煮込み，チーズ（AOP ブロッチュ，フィウモルブ），フィレッタチーズのタルト

AOC
Vin de Corse suivi de l'une des appellations locales ヴァン・ド・コルス，ヴァン・ド・コルス ＋ 地区名

1976

平均海抜586mに達するコルシカ島を，モーパッサンは「海にそびえる山」と表現した．そのコルシカのワインは歴史が古く，中部東岸アレリア（Aléria）地区では紀元前6世紀から古代ギリシャのフォカイヤ人によってワインが造られていたという．また紀元前35年には，古代ローマの詩人ウェルギリウスが北西岸バラーニュ（Balagne）地区の優れたワインについて書き残している．ピサやジェノヴァの支配を経て1768年にフランス領となっても途絶えなかったワイン造りの伝統が危機に瀕したのは，ブドウの木の根につく害虫フィロキセラの襲来とそれにつづく第一次大戦の際である．しかし，1960年代にアルジェリア独立戦争で大量の引揚者が島へ移住すると，ブドウの作付面積は飛躍的に拡大した．産地は，AOCパトリモニオ地区を除く島の外縁部のほぼ全域に散在する．ヴァン・ド・コルスの名称の後に地区名を名乗る5つのアペラシオンがある．

■ワインの特徴
ヴァン・ド・コルス▶
- ●ヴェルマンティノ種主体に造られる．典型的なフローラルな香りで，味わいは引き締まっている．
- ●色は淡くアロマは芳醇であるが，変化に富む．
- ●ブドウ品種の特徴によってかなり多様性がある．ニエルキオ種，シラー種，グルナッシュ種のアサンブラージュによるワインはある程度の熟成が期待できる．近年，小樽熟成も試みる傾向にある．

サルテーヌ▶ コルシカの個性的なブドウ品種すべてがここに存在する．
- ●ヴェルマンティノ種主体の典型，緑を帯びた色調．軽くフルーティー．
- ●多様性にあふれ，溌剌としている．赤い果実の香りが豊かでスパイシー．
- ●深いルビーの色調．多様性に富む．スキアカレロ種やシラー種の特徴が顕著に現れ，複雑な香りを有し，力強く豊満．

カルヴィ▶
- ●ヴェルマンティノ種の典型的な特徴を有する辛口．柑橘類などの香りが非常に豊かで，繊細かつフルーティー．
- ●色が淡いことで知られ，グリ・ド・カルヴィ（Gris de Calvi）と呼ばれる．若いうちに楽しむ．
- ●主要品種はニエルキオ種とスキアカレロ種とグルナッシュ種．10～15日以上のマセラシオン（醸し）は，しっかりとしたストラクチャーをもたらす．総体的にアルコール度は高く，酸は比較的低め．

コトー・デュ・カップ・コルス▶
- ●生産量のほとんどを占め，ヴェルマンティノ種の典型的な白ワインで熟成も期待

できる．テロワールの恩恵を受け，比類のないエレガントな味わい．
- ●生き生きとしてフルーティーなワイン．
- ●芳香高く，タンニンはなめらか，ある程度の熟成が期待できる．

フィガリ▶
- ●繊細でバランスがとれている．
- ●多様性に富み．バラ色が際立ち，フルーティーな味わい．スキアカレロ種，グルナッシュ種，シラー種の特徴が現れた典型的なワイン．
- ●濃い色調．ニエルキオ種，スキアカレロ種の個性があふれている．熟成が期待できる．

ポルト・ヴェッキオ▶
- ●ヴェルマンティノ種の個性あふれるフルーティーな辛口．
- ●透明感ある色調．フローラルなアロマが豊かで繊細．
- ●スキアカレロ種のワインは，澄んだ色合いをもち，スパイシーでたくましい．ニエルキオ種のワインは深い暗赤色，なめし革など動物的な香り，赤い果実の風味がある．エレガントでまろやか．

▌テロワール

ヴァン・ド・コルス▶地中海性気候の海岸沿いに位置し，地理的条件によって気候が異なることが少ない．シロッコ（Sirocco）という強い風やグルガル（Gregale）という風が年間約 100 日吹く．昼と夜の温度差はほどよく，霜が降りることはない．東海岸はミネラル分を多く含む粘土質および珪土質粘土，島の中央部コルテは花崗岩が主体を占める．

サルテーヌ▶日照時間が長く，日差しも強く，夏季は乾燥している．風が強く気温は穏やかである．にわか雨が激しく降ることもある．山の反対側では典型的な地中海性気候もその姿が変わることがある．土壌は花崗岩質が主体で，沖積土はリザネーゼ（Rizzanese）川とオルトロ（Ortolo）川の流域の周辺にまれに見られる．

カルヴィ▶バラーニュ（Balagne）はボニファチオ（Bonifacio）とともに，コルシカ島のなかで最も降水量の少ない地域．リベッチオ（Libeccio）やマエストラル（Maestrale）の激しい風と海からのそよ風が畑を乾燥させるため，病虫害の発生を抑えるのに役立っている．霜が降りることは滅多にない温暖な気候．土壌は花崗岩が主体となっている．

コトー・デュ・カップ・コルス▶冬は穏やかで夏は暑い典型的な地中海性気候．この土地を特徴づけるのは，リベッチオ，トラモンタン（Tramontane），グルガルという頻繁に吹く強い風である．ほとんどが片岩質土壌で，西側の斜面には緑の岩が地質を構成し，結晶した石灰岩や沖積土の土壌も存在する．

フィガリ▶気候を特徴づけるのは，激しく荒々しい風の存在と穏やかな気温である．7月と 8 月にはわずかながら雨が降る．基本的に珪土質の酸性土壌であるが，ほかにもさまざまな土壌がある．

ポルト・ヴェッキオ▶フィガリの気候とほぼ同じ地中海性気候で，強い風と夏季の乾燥が特徴．地質は珪土質の酸性土壌．浅い土壌の底土となる粘土質の砂がいたるところに散在する黒雲母花崗岩も見られる．

Corse（コルス）

- ●ヴェルマンティノ（マルヴォワジー・ド・コルス）75%以上,コトー・デュ・カップ・コルスは 80%以上
- ●●併せて 50%以上 ニエルキオ,スキアカレロ以上の 2 品種で 1/3 以上,グルナッシュ,コトー・デュ・カップ・コルスは 60%以上,シラー
- ●アサリの酒蒸し,鯛塩焼き,ブイヤベース,チーズ（AOP ブロッチュ,フィウモルブ,フィレッタ）
- ●シャルキュトリ
- ●牛肉網焼き,シチュー,チーズ（フィウモルブ,フィレッタ）

AOP ブロッチュ

コルシカ 137

Jura

ジュラ

　ブルゴーニュ地方の東，スイスの国境に近いジュラ山脈の麓．「ジュラ」とは，ケルト語で「森」を意味し，地質時代の「ジュラ紀」の語源にもなっている．ブドウ畑は，ジュラ高原から平野に下る標高250〜500mの日あたりのよい丘の斜面に広がる．白，ロゼ，赤，発泡性ワインがあるが，樽で6年間熟成させた辛口の黄ワイン（Vin jaune，ヴァン・ジョーヌ）と，わらの上で乾燥させ，糖度を高めたブドウから造る甘口のわらワイン（Vin de paille，ヴァン・ド・パイユ）が有名である．ヴァン・ド・リクール（Vin de Liqueur）と呼ばれる，アルコール度の高い甘口ワインもある．ジュラ県周辺の地域には，14〜15世紀にかけてフランス王家を凌ぐほどの勢力でベルギーやオランダを支配していたブルゴーニュ大公国の伯領（コンテ）として栄えた歴史があり，今もフランシュ・コンテ地方と呼ばれている．細菌学の研究者で，低温殺菌法を考案し，ワイン醸造の近代化に貢献したパスツールは，ジュラ地方の首都アルボワで育った．

AOC
Arbois アルボワ,
Arbois Pupillan アルボワ・ピュピラン

1936

スイスと国境を接するジュラ地方は，歴史的にブルゴーニュ地方とのつながりが深い地方．14 〜 15 世紀にかけて，フランス王家を凌ぐほどの勢力を有し，一時はベルギーやオランダ地域をも支配していたブルゴーニュ大公国の伯領 (コンテ) として栄えた歴史があるため，ジュラ県周辺の地域は今もフランシュ・コンテ (Franche-Comté) 地方と呼ばれている．AOC アルボワはこの地方の AOC のなかで生産量が最も多い．アルボワの町は，「細菌学の父」と謳われたルイ・パスツール (Louis Pasteur) にゆかりのある地で，彼はこの町で，ワインの発酵と変質のメカニズムを解明し，後に有名な「低温殺菌法」を考案した．この地特有のヴァン・ジョーヌ＝ Vin jaune（黄ワイン）とヴァン・ド・パイユ＝ Vin de paille（わらワイン）を産出．ヴァン・ド・パイユは，収穫したブドウを 10 月から 1 月にかけてわらの上で干し，乾燥して糖分が凝縮されたブドウ果汁をゆっくりと時間をかけて樽熟成させる甘口ワイン．

ワインの特徴

- ● グラスの縁に黄金を帯びた深みのある黄色の色調．ヘーゼルナッツ，ローストしたアーモンド，このテロワール特有の火打石の香りをもつ．フルーティーでバランスがよく，しっかりとした辛口ワイン．
- ● オレンジを帯びた淡いピンクから，鮮やかなピンクまでさまざまな色調．プールサール種を主体にしたワインがほとんどだが，ブドウ品種，醸造法によって酒質は異なる．一般的にシンプルな赤い果実のアロマで，軽やかな口あたりが特徴．
- ● プールサール種を主体にしたワインは，ジュラ地方のほかの赤ワインより淡いルビーの色合いとなる．非常に芳香高いアロマをもち，カシス，木イチゴなどのフレッシュな果実の風味が特徴．樽熟成した場合は，さわやかな中にローストした香り，ヴァニラのニュアンスが加わる．すっきりした味わいで，タンニンと酸味のバランスがよい．
- ●（ヴァン・ジョーヌ）黄金を帯びた黄色の色調．クルミやアーモンドの香りが特徴的．アルコール度を感じつつ，ドライフルーツ，スパイシーさ，蜂蜜のニュアンスが広がる．非常にしっかりしたボディをもち，まろやかで余韻が長い辛口ワイン．
- ●（ヴァン・ド・パイユ）琥珀色の色合いをもち，なめらかさがある．香りは，ドライフルーツ，蜂蜜，柑橘系フルーツの砂糖漬け，ヴァニラのニュアンス．自然な甘味をもち，リッチで芳醇，心地よい余韻をもつ．収穫年をエチケットに記載しなければならない．

テロワール

気候は，亜大陸性気候で季節がはっきりしており，特に冬が厳しい．畑のほとんどは，

ジュラ

南から南西に向いており，石灰岩の断崖により，北と東の風から守られている．

年間降水量は，1,100mm で，年間日照量は 1,700 時間である．

土壌は，崩落した石灰岩からなる起伏の多い地形で，非常に深い色の虹色に輝く泥灰土や，珪土質・粘土質土壌からなり，非常に硬く締まっている．

- Jura（ジュラ）
- ●サヴァニャン・ブラン，シャルドネ
- ●●プールサール・ノワール，トゥルソー，ピノ・ノワール
- ●（ヴァン・ド・パイユ）プールサール・ノワール，トゥルソー，シャルドネ，サヴァニャン・ブラン
- ●（ヴァン・ジョーヌ）サヴァニャン・ブラン 100 %
- ●仔牛のクリーム煮，チーズ（AOP モルビエ）
- ●ソーセージ，キッシュ
- ●ローストビーフ，スズキのソテー玉ねぎ添え，チーズ（AOP コンテ，AOP モン・ドール）
- ●（ヴァン・ド・パイユ）ガトー・ショコラ，グレープフルーツのオーブン焼き，チーズ（AOP ブルー・ド・ジェクス）
- ●（ヴァン・ジョーヌ）鴨のオレンジソース，若鶏黄ワイン煮，チーズ（AOP コンテ）

可愛らしいアルボワの町

AOC
Château-Chalon シャトー・シャロン

1936

　ジュラ地方はレマン湖の西に位置し、雄大なジュラ山脈からソーヌ (Saône) 平野へと下る渓谷に広がるワイン産地．ジュラはケルト語で「森」を意味し、地質時代の「ジュラ紀」の語源にもなっている．AOC シャトー・シャロンはこの地方ならではの銘酒，ヴァン・ジョーヌ（黄ワインのみ）を産出している．醸造方法は，発酵が終わったワインを 228ℓ のオーク樽に入れて最低 6 年間，ウイヤージュ（Ouillage ＝補酒）せずに熟成させる．その間にワインの表面に酵母の膜が発生し，この膜が酸化促進を防ぐとともに，ワインに独特の風味を移す．樽熟成が終わったら，「クラヴラン (Clavelin)」という四角い形をした 62cℓ のボトルに瓶詰めされる．長期熟成型で，100 年を超える年代物もある．

▍ワインの特徴

● **(ヴァン・ジョーヌ)** グラスの縁に黄金を帯びた深みのある黄色の色調．個性的な複雑味のあるアロマ，ブーケをもつ．ドライフルーツ，ヘーゼルナッツ，ローストしたアーモンドにクルミの香りを放ち，カリンや柑橘類の皮に蜂蜜，わずかにバラのニュアンスがあるのが特徴．さまざまなスパイシーさに，特にカレー粉のニュアンスも加わる．フルーティーでバランスがよく，しっかりとした余韻の長い辛口ワイン．

▍テロワール

　気候は，四季のある冬が厳しい亜大陸性．年間降水量は 1,100mm，年間日照量 1,700 時間．南から西向きに開けた傾斜のきついブドウ畑は，石灰岩の絶壁により冷たい北風から守られている．

　石灰岩質の崩落土で覆われた，灰色から青みがかった泥灰土質土壌が特徴で，この地方での最高のテロワールとなっている．

- Jura（ジュラ）
- ●サヴァニャン・ブラン 100 %
- ●マスの黄ワイン煮，オマールのフランシュ・コンテ風，雄鶏の黄ワイン煮モリーユ茸添え，鴨のオレンジソース，チーズ (AOP コンテ，AOP ボーフォール)

AOC
Côtes du Jura コート・デュ・ジュラ

1937

フランスとスイスの間に横たわるレマン湖の北のジュラ山麓に位置する．ブルゴーニュ地方のボーヌ市から100kmほど離れている．辛口の白，ロゼ，赤のほかに，貴重な名酒，ヴァン・ジョーヌ（黄ワイン）とヴァン・ド・パイユ（わらワイン）を産出している．ヴァン・ド・パイユは，収穫したブドウを10月から1月にかけてわらの上で干し，乾燥して糖分が凝縮されたブドウ果汁をゆっくりと時間をかけて樽熟成させる甘口ワイン．ブドウ栽培の歴史は古く，ブルゴーニュ地方と同じく3世紀に遡るといわれている．ジュラ地方の白ワインに欠かせないサヴァニャン種は，すでに1223年頃にこの地で栽培されていたという．AOPチーズの産地としても有名．特に，牛乳製のハードタイプのコンテ (Comté) や，モミの木の樹皮を巻いたウォッシュタイプのモン・ドール (Mont d'Or) の人気が高い．

ワインの特徴

- 🟢 黄金を帯びた黄色の色調．複雑で個性的な強いアロマとブーケをもつ．ドライフルーツ，ヘーゼルナッツ，ローストしたアーモンド，火打石の香り．フルーティーでバランスがよく，しっかりとした辛口ワイン．
- 🟣 オレンジを帯びた淡いピンクから，鮮やかなピンクまでさまざまな色調．プールサール種を主体にしたワインがほとんどだが，ブドウ品種，醸造法によって酒質は異なる．一般的にシンプルな赤い果実のアロマで，軽やかな口あたりが特徴．
- 🔴 プールサール種を主体にしたワインは，ジュラ地方のほかの赤ワインより淡いルビーの色合いとなる．非常に芳香高いアロマをもち，カシス，木イチゴなどのフレッシュな果実の風味が特徴．すっきりした味わいで，タンニンと酸味のバランスがよい．樽熟成した場合は，爽やかななかにローストした香り，ヴァニラのニュアンスが加わり，腰が強く熟成が期待できる．
- 🟢 **（ヴァン・ジョーヌ）** 深みのある黄金を帯びた黄色の色調．複雑で個性的な強いアロマとブーケをもつ．ドライフルーツ，ローストしたアーモンド，クルミの香り．さまざまなスパイシーさに，特にカレー粉のニュアンスも加わる．フルーティーでバランスがよく，しっかりとした余韻の長い辛口ワイン．
- 🟠 **（ヴァン・ド・パイユ）** 琥珀色の色合いをもち，なめらかさがある．香りは，ドライフルーツ，蜂蜜，柑橘系フルーツの砂糖漬け，ヴァニラのニュアンス．自然な甘味をもち，リッチで芳醇，心地よい余韻をもつ．収穫年をエチケットに記載しなければならない．

テロワール

気候は，四季のある冬が厳しい亜大陸性で，ジュラ地方の南部はより日照がよい．年間降水量は1,100mm，年間日照量1,700時間．ブドウ畑は，主に南西，西，もしくは南に面して，10〜40%の傾斜をもつ．標高200〜400mに分布している．地層の底

土は泥灰岩に石灰岩質の小石が混じる．表土は小石の多い粘土質に覆われている．

- Jura（ジュラ）
- ●サヴァニャン・ブラン，シャルドネ
- ●●プールサール・ノワール，トゥルソー，ピノ・ノワール
- ●（ヴァン・ド・パイユ）プールサール・ノワール，トゥルソー，シャルドネ，サヴァニャン・ブラン
- ●（ヴァン・ジョーヌ）サヴァニャン・ブラン 100 %
- ●（シャルドネ主体）帆立貝串焼き
- ●（サヴァニャン主体）真鱈の紙包み焼きズッキーニ添え，小海老のカプチーノ
- ●ソーセージ，キッシュ，チーズ（IGP グリュイエール）
- ●（プールサール主体）牛リブロースのフランベ
- ●（トルソー主体）仔羊オレガノとモミの木の蜂蜜風味，スズキのソテー玉ねぎ添え
- ●（ヴァン・ド・パイユ）フロマージュ・ブランのタルト，クグロフ，チーズ（AOP ブルー・ド・ジェクス）
- ●（ヴァン・ジョーヌ）鴨のオレンジソース，モリーユ茸のクリーム煮，スズキのベニエ黄ワインとカレー風味のニンジン添え，チーズ（AOP コンテ）

18 ヶ月熟成したコンテ

ジュラ 143

AOC
Crémant du Jura クレマン・デュ・ジュラ

1995

ジュラ地方はフランス北東部から南下するソーヌ川の東側の深谷に位置する．スイス国境に近く，すぐ南に美しいレマン湖が広がっている．この地方では6つのAOCワインが生産されているが，そのうちの4つは地区名がアペラシオンになっているのに対し，「ワインの種類名」がアペラシオンとなっているのが，クレマン・デュ・ジュラとヴァン・ド・リクール(Vin de Liqueur)のマクヴァン・デュ・ジュラ(Macvin du Jura)である．クレマン・デュ・ジュラは，シャンパーニュ地方と同じ「瓶内二次発酵方式」で造られる白とロゼの発泡性ワイン．コルクと瓶の首に《Crémant de Jura》と記すことが義務付けられている．

ワインの特徴
★軽やかで繊細な発泡性ワイン．シャルドネを主体に造られる白ワインには，リンゴのフレッシュなアロマに，ブリオッシュ，ヘーゼルナッツが加わる．
★ピノ・ノワール主体に造られるロゼワインには小さな赤い果実のアロマが特徴．辛口とやや甘口がある．

テロワール
気候は，四季のある冬が厳しい亜大陸性で，ジュラ地方の南部はより日照がよい．年間降水量は1,100mm，年間日照量1,700時間．ブドウ畑は，主に南西，西，もしくは南に面して，10〜40％の傾斜をもつ．標高200〜400mに分布している．地層の底土は泥灰岩に石灰岩質の礫が混じっていて均質，表土は小石の多い粘土質に覆われている．

- Jura（ジュラ）
- ★★シャルドネ，サヴァニャン・ブラン，プールサール・ノワール，ピノ・ノワール，ピノ・グリ，トゥルソー
- ★★オムレツ，マスのクールブイヨン煮，ガトー・ショコラ，グレープフルーツのオーブン焼き

AOC
L'Étoile レトワール

1937

スイスとの国境沿いにあるジュラ地方のちょうど中間あたりにある AOC で，レトワール村を中心とする 4 村からなる．レトワールはフランス語で「星」を意味するが，これはこの村がちょうど星のような形を作る 5 つの丘に囲まれており，また畑の土壌に星の形状をした「ウミユリ」の微小な化石が無数に混在していることに由来する．普通の辛口の白と，この地特有のヴァン・ジョーヌ（黄ワイン），ヴァン・ド・パイユ（わらワイン）を産出．ヴァン・ド・パイユは，収穫したブドウを 10 月から 1 月にかけてわらの上で干し，乾燥して糖分が凝縮されたブドウ果汁を，ゆっくりと時間をかけて樽熟成させる甘口ワイン．ジュラ地方以外ではローヌ地方のエルミタージュでも造られている．

■ワインの特徴

- 黄金色を帯びた黄色の色調．複雑で個性的な強いアロマとブーケをもつ．エトワールのテロワールからは，火打石の香りとヘーゼルナッツの香りが特徴的に現れ，ドライフルーツ，ローストしたアーモンドの香りを伴う．味わいは上品で，個性的でありながらバランスがよく，しっかりとした辛口ワイン．
- （ヴァン・ジョーヌ）深みのある黄金色を帯びた黄色の色調．強く，複雑で個性的なアロマとブーケをもつ．ドライフルーツ，ローストしたアーモンドの香りに，クルミの香りが特徴的．さまざまなスパイシーさに，特にカレーのニュアンスも加わったリッチな味わい．個性的で，しっかりとした余韻の長い辛口ワイン．
- （ヴァン・ド・パイユ）琥珀色の色合いをもち，香りは，ドライフルーツ，蜂蜜，柑橘系果実の砂糖漬け，ヴァニラのニュアンス．自然な甘味をもち，なめらかさがある．リッチで芳醇，心地よい余韻をもつ．収穫年をエチケットに記載しなければならない．

■テロワール

気候は，四季のある冬が厳しい亜大陸性．年間降水量は 1,100mm，年間日照量 1,700 時間．ブドウ畑は，主に西向きとなっており，森林のある丘に北風から守られている．土壌は，赤や灰色の泥灰岩質で，ウミユリの茎部分の微小な化石が混じっている．

- Jura（ジュラ）
- ● シャルドネ，サヴァニャン・ブラン
- ● （ヴァン・ド・パイユ）プールサール・ノワール，シャルドネ，サヴァニャン・ブラン
- ● （ヴァン・ジョーヌ）サヴァニャン・ブラン 100%
- ● マスのアーモンド添え，オレンジのタルト，チーズ（AOP モルビエ）
- ● （ヴァン・ド・パイユ）ガトー・ショコラ，チーズ（AOP ブルー・ド・ジェックス）
- ● （ヴァン・ジョーヌ）ザリガニのナンチュアソース，チーズ（AOP コンテ）

Languedoc

ラングドック

　紀元前6世紀からブドウ栽培を行っているラングドック地方のワイン産地は，ローヌ川の河口から地中海沿岸に広がる．暑い地中海性気候で，ブドウ栽培に適した地．フランスのブドウ栽培面積の最大を占める広大な産地である．ワインの香りにガリーグ（石灰質の荒地に群生する植物）を感じるのが特徴．19世紀後半にフランス全土を襲った，害虫フィロキセラの禍後，安価なワインを大量に造り続けてきたが，1980年頃から品質重視への変革が始まり，近年では，カリテ・プリ（コストパフォーマンスが高い）のワインとして注目が集まっている．白，ロゼ，赤，発泡性ワイン，天然甘口ワインが産出される．フランス最古の発泡性ワインともいわれる「ブランケット・ド・リムー」も，この地方で生産される．山羊の乳で造られるチーズもAOPに認定されているほか，ラベル・ルージュに指定されたオブラック山の牛なども産する．

AOC
Blanquette de Limoux ブランケット・ド・リムー (1938), Blanquette Méthode Ancestrale ブランケット・メトッド・アンセストラル (1938), Crément de Limoux クレマン・ド・リムー (1990)

世界遺産の町, カルカッソンヌ (Carcassonne) の南に位置し, 畑はピレネー山脈の麓, 清澄なオード (Aude) 川両岸の丘陵地に広がる. 特に発泡性白ワインで名高い産地だ. 地元に残る伝説によると, 1531 年, リムーの町近くのサン・ティレール修道院のカーヴで, コルクで閉めた瓶の中でワインが発酵し, 泡立っていることをベネディクト派の修道士が偶然発見. シャンパーニュの父と謳われるドン・ペリニヨンの伝説よりも 1 世紀も早い発見であるため, 世界最古の発泡性ワインの誕生地といわれている. 発泡性ワインは 3 種あるが, なかでも, 「先祖伝来の手法 (Méthode Ancestrale)」で造られるブランケット・メトッド・アンセストラルが珍しく, モーザック種を 100% 使用. また, 非発泡性ワインの AOC リムー (Limoux) は, 白が 1981 年, 赤が 2004 年に認められた. リムーは, 16 世紀から続くカーニヴァルで有名な町でもあり, 毎年 1 ～ 4 月は多くの人で賑わう.

■ワインの特徴
ブランケット・ド・リムー▶
★ 9 か月以上熟成され, 20℃で 3.5 気圧以上. 淡い黄色を呈し, 泡は細やかで持続性がある. 白い花や柑橘類のアロマを放ち, 味わいは生き生きとしてフルーティーで円みを帯びている.

ブランケット・メトッド・アンセストラル▶
★ 金色を帯びた淡い黄色, 泡は細やかで持続性がある. 青リンゴ, アンズ, アカシア, 西洋サンザシ, 桃の花のアロマが豊か. 溌剌としているが, アルコール度が低い割には骨組みはしっかりとしている.

クレマン・ド・リムー▶
★ 12 か月間以上熟成され, 20℃で 3.5 気圧以上. 金色を帯びた淡い黄色, 泡は細やかで持続性がある. 繊細なアロマは白い花とトーストの香りが特徴. 味わいは生き生きとしてフルーティーで, 骨組みがしっかりとしている.

■テロワール
ブドウ畑は南に面し, 白ワインを造るのに適したミクロクリマ (微気候). 3 方向の丘の起伏は天然の防壁となり, 地中海と大西洋からの海の影響が抑えられる. 標高 100 ～ 200m, ところにより 200 ～ 400m.

軽く小石の多い粘土石灰質土壌が主体となり, 石灰質, 泥灰岩, 砂岩, そして段丘からなる.

- Languedoc (ラングドック) / 西部ラングドック
- ブランケット・ド・リムー▶

- ★モーザック
- ブランケット・メトード・アンセストラル▶
- ★モーザック 100%
- クレマン・ド・リムー▶
- ★シャルドネ
- ★鮭のムース，ポテトとクルミのカネロニ，クレープ，桜桃の冷製スフレ，小海老のカクテル，タコス，クスクス，オッソ・ブッコ，チーズ（AOP ペラルドン）

南仏の街角には猫が似合う

AOC
Cabardès カバルデス

1999

オード県の県庁所在地，カルカッソンヌ (Carcassonne) の北側に位置する AOC．畑は標高 1,210m のノワール (Noire) 山と 17 世紀に建設されたミディ運河 (Canal du Midi) の間に広がっている．ブドウ樹に囲まれた小高い丘にあるカルカッソンヌは 1997 年に世界遺産 (文化遺産) となった中世の城塞都市．トランカヴェル子爵家が領主となった 12 世紀に，学識者や芸術家，トルバドゥールと呼ばれる吟遊詩人が集まり，華やかな宮廷文化が開花し繁栄した．その後，キリスト教の異端とされるカタリ派を擁護したために厳しい弾圧を受けたという悲しい歴史を持つ．崩れかけていた城塞は，19 世紀の偉大な建築家，ヴィオレ・ル・デュックの手により蘇った．

▌ワインの特徴

- しばしば淡く明るいピンクの色調．香りは，赤い果実のアロマが主体．口あたりはしなやかで，円やかさと浚渫さのバランスが良く，フルーティーなフィニッシュが特徴．
- 濃い赤色の色調が特徴．ブルーベリーやカシスなどの黒い果実や砂糖漬けの果実のアロマが特徴的で，熟成につれてそのブーケが甘草からなめし皮のニュアンスに変化する．タニックなストラクチャーを持ち，円やかでバランスの取れた赤ワイン．

▌テロワール

カルカッソンヌの北に位置しているため，他のラングドック地方の地中海性気候よりも大西洋岸よりの海洋性気候となる．そのおかげで，夏季の強い日照りが和らげられる．ピレネー山脈の隆起の際，多様な地質形成が行われた．その結果，常に小石混じりであるが，多様な土壌を形成している．

🍷	Languedoc（ラングドック）/西部ラングドック
🍇	●●カベルネ・フラン，カベルネ・ソーヴィニヨン，グルナッシュ，メルロ，シラー
🍴	●シャルキュトリ，ピッツァ，バーベキュー，北京ダック，チーズ（AOP フルム・ダンベール）

AOC

Clairette de Languedoc　クレレット・ド・ラングドック，
Clairette de Languedoc + nom de la commune
クレレット・ド・ラングドック+村名
1948

　エロー県の県庁所在地，モンペリエ (Montpellier) の西側の段丘に広がる白ワインの産地．この県原産のクレレット種100%で造られることから，品種名がAOC名となっている．生産地域は11町村にまたがり，それぞれの町村の名をClairette de Langudoc（クレレット・ド・ラングドック）の後に併記することが認められている．モンペリエはヨーロッパ最古の医学部がある大学で有名な町．大預言者と謳われるノストラダムスや，フランス・ルネサンスを代表する人文主義者で，『ガルガンチュアとパンタグリュエル物語』を書き，ワインをこよなく愛したフランソワ・ラブレーが医学を学んだ．

■ワインの特徴
- 色調は金色を帯びた明るく澄んだ黄色．わずかに緑のニュアンスがある．辛口が主体を占める．マンゴー，グァヴァなどのトロピカルフルーツのアロマをもち，熟成とともにヘーゼルナッツ，砂糖漬けの果実の香りが現れる．生き生きとしている．
- 白桃や蜂蜜などの豊かな香り．繊細で上品．

VDL　生産量は少ないが，質が高い．アルコール添加 (Mutage) は90%以上のアルコールを5〜8%加えて17%を超える．ランシオ (Rancio) は過熟したブドウを摘み，3年以上の熟成によりマディラ化 (Madérisé) していなければならない．

■テロワール
　天候は典型的な地中海性気候で，夏暑く乾燥しているが，セヴェンヌ (Cévennes) 山脈支脈の麓の丘で和らげられる．年間降水量は600〜700mmで，春から秋にかけてわずかに雨が降る．北風が強く吹くことがある．土壌は複雑．低地あるいは中庸の高さの段丘で小石が多く，エロー (Hérault) 川の古い堆積物が表面を覆っている．石英の丸い小石，火打石，粘土砂質土壌に堆積した石灰岩からなっている．北は片岩の露頭が見られる．

- Languedoc（ラングドック）/東部ラングドック
- クレレット・ブランシュ100%
- 春巻き，ピッツァ，鮨
- 洋梨のデザート，イチゴのシャルロット

AOC
Corbières コルビエール (1985), Corbières-Boutenac コルビエール・ブトナック (2005)

　AOC コルビエールはオード県のほぼ全域に及ぶ広大な産地．地中海沿岸の緩やかな丘から，産地名の由来となっているコルビエール山岳地帯までの荒地に畑が広がっている．畑を見下ろす岩山の頂には，中世に築かれた「めまいの城砦」の廃墟が点在する．中心都市のナルボンヌは古代ローマ人によって建立．その時代から，ブドウ栽培に最適な自然条件に恵まれていたため，ワイン生産が急速に発展した．その勢いに脅威を感じたローマ帝国が，イタリア本土のワインを守るために栽培制限令を出したため，しばらく低迷したこともあったが，その後もキリスト教の修道士たちの手によって，ワインの産地としてさらに繁栄していった．AOC コルビエール・ブトナックは赤ワインのみに認められるアペラシオン．

■ワインの特徴
コルビエール▶
- 色は緑がかった淡い色．アカシアの花，菩提樹，フェンネル，柑橘類やトロピカルフルーツの香り．爽やかで繊細な酸味が口の中に心地よく広がる．力強く，ヴァニラや樽の風味が現れ，コクのあるものもある．
- 鮮やかな桃色で，タイムやローズマリーの香り，木イチゴ，白桃，マンゴーなどの果実味の余韻が長く続く．生き生きとしていてオイリー．
- 紫がかった暗紅色で，タイムや地中海沿岸でよく見られるガリーグの香りや，カシスや桑の実などの黒い果実，コショウなどの豊かな香りを放ち，時とともに甘草，ヴァニラ香，なめし革，ジビエ，カカオ，森の腐葉土，トリュフの風味が現れる．ボディのしっかりした濃厚で力強い味わいであるが，ビロードのようなタンニンと果実味のバランスがよく，エレガンスと気品を備えている．

コルビエール・ブトナック▶
- 深いルビー色．カシス，干しスモモ，ハーブ，スパイスなどの風味がバランスよく口の中に広がり，余韻が長く続く．タンニンが柔らかな円みのあるワイン．熟成に耐える力があり，主に樽で熟成される．

■テロワール
コルビエール　ピレネー山脈と中央山塊の間，標高 400m に広がる．東の沿岸部は太陽に恵まれて暑く乾燥しているが，湿気を含んだ潮風の影響のある地中海性気候で，内陸の山に囲まれた地区は海風が遮られるため乾燥が厳しい．南西部のコルビエール山麓の高地では暑さと乾燥が和らぎ，西から大西洋の影響を受け，大陸性気候が強まる．土壌は粘土石灰質を主とするが，多様性に富む．海辺ではムルヴェードル種，内陸部ではシラー種など，地区によってよく育つ品種が異なるということも，各地区のワインの性格に影響している．

ラングドック

コルビエール・ブトナック　暑く乾燥した夏，比較的冷涼な冬という典型的な地中海性気候に恵まれる．赤い砂岩質の土壌で，沖積土からなる渓谷に広がる．セルス（Cers）という北西風がブドウを健康に保っている．

- Languedoc（ラングドック）/西部ラングドック
- ●ブールブラン，グルナッシュ・ブラン，マカブー，マルサンヌ，ルーサンヌ，ヴェルマンティノ
- ●カリニャン，サンソー，グルナッシュ・ノワール，ラドネ・ペリュ，ムルヴェードル，ピクプール・ノワール，シラー
- ●カリニャン，グルナッシュ・ノワール，ラドネ・ペリュ，ムルヴェードル，シラー

コルビエール・ブトナック▶
- ●グルナッシュ・ノワール，ムルヴェードル
- ●鰻の白焼き，蟹，鮨，チーズ（AOP ペラルドン）
- ●蟹肉入り春巻き，クスクス
- ●カスレ，ブーダン・ノワール（豚の血入りソーセージ），リエット

コルビエール・ブトナック▶
- ●牛や仔羊のシチュー

リエット

152　Languedoc

AOC
Faugère フォジェール

ロゼ・赤 *1982*, 白 *2005*

エロー県の北部，オルブ川 (Orb) 上流の起伏に富む傾斜地に広がる産地．すぐ西隣りの産地，サン・シニアンと同じ年に AOC を取得したため，2 つの産地は「双子のアペラシオン」ともいわれる．ブドウ畑の北に横たわるセヴェンヌ (Cevenne) 山は，上質なシェーヴルチーズ，AOP ペラルドン (Pélardon) の産地でもある．野生のハーブ類などを食べて育つ山羊の乳から造られるチーズはクルミの香りがし，フォジェールの白とよく合う．また，この地域はオニオン・ドゥー (Oignon doux) と呼ばれる辛味の少ないタマネギの栽培でも有名．セヴェンヌ山をさらに北上すると，オブラック (Aubrac) 牛が放牧されている草原が現れる．この赤身の牛肉は，その美味しさで地元はもとより，パリのレストランでも人気がある．

▍ワインの特徴
- 花と蜂蜜のアロマをもち，若いうちから飲め，熟成に耐える力がある．
- セニエ法を主体に，エグタージュ，直接圧搾法により造られる．軽やかな味わいで繊細なアロマを醸し出す．
- 熟した赤や黒い果実，ガリーグ香，しばしばコショウや甘草のアロマを放ち，燻煙香を伴う．時とともになめし革や火打石を擦った香りが現れる．ストラクチャーがしっかりして，酸は柔らか．繊細なタンニンは絹のようになめらかで，アルコール分に富みまろやか．

▍テロワール
ブドウ畑は真南を向き，標高 280m を超えることはない．典型的な地中海性気候で，夏は暑くて乾燥している．年間降水量は 600 〜 700mm，北風の影響も強く受ける．

- Languedoc（ラングドック）/ 東部ラングドック地区
- グルナッシュ・ブラン，マルサンヌ，ルーサンヌ，ヴェルマンティノ
- グルナッシュ・ノワール，ラドネ・ペリュ，ムルヴェードル，シラー
- タコス，チーズ（AOP ペラルドン）
- タプナード，シャルキュトリ，タパス
- 牛肉の蒸し煮，家禽のロースト，テリーヌ

ラングドック

AOC
Fitou フィトゥー

1948

ラングドック地方で最も早く AOC を取得した赤ワインの銘醸地．畑は AOC コルビエールの生産地区に囲まれ，2つの区画に分れている．ひとつは地中海沿いのルカト (Leucate) 湖周辺の緩やかな斜面にある「フィトゥー・マリティム (Fitou Maritime)」，もうひとつは内陸のコルビエール山麓南東の平原に広がる「オー・フィトゥー (Haut-Fitou)」．海側と山側で土壌と気候に違いがあるため，多彩なワインができる．周辺の山々にはガリーグ (Garrigue) と呼ばれる石灰質の原野が広がり，香り高い野生の灌木やハーブが生育している．この地方のワインの特徴のひとつである「ガリーグ香」は，これらの植物に由来する．ルカト湖の西側には，ピレネーの地をめぐるスペインとフランス間の争いが激しかった 16 〜 17 世紀に，アラゴン王が建設させた要塞，サルス・ル・シャトーが残っている．

ワインの特徴

● 色は深い赤紫色．桑の実，干しスモモ，イチジク，コショウのアロマに，ローリエやタイム，杜松などのガリーグ香，なめし革，獣肉，湿った土のような野性味が絡み合う．全般的に骨格のしっかりした濃縮感のある長期熟成型のワインであるが，海側と山側で栽培されるブドウ品種による味わいの個性に違いが見られる．

テロワール

東の「フィトゥー・マリティム」と呼ばれる海側の地区は，粘土石灰質の緩やかな斜面に広がる．潟湖からの湿った空気が灼熱のような暑さと乾燥を和らげている．西の「オー・フィトゥー」と呼ばれる山側の地区は，コルビエール山麓の標高 200 〜 300m の高地に畑がある．土壌は片岩質で痩せており，セルス (Cers) という西風の影響で乾燥している．

- Languedo（ラングドック）/ 西部ラングドック
- ● カリニャン，グルナッシュ
- ● 鴨のテリーヌ，赤身肉ロースト，チーズ（AOP ライヨール）

AOC
Frontignan フロンティニャン または Muscat de Frontignan
ミュスカ・ド・フロンティニャン または Vin de Frontignan ヴァン・ド・フロンティニャン

1936

エロー県の県庁所在地であるモンペリエにほど近い地中海沿岸地区に，フロンティニャン種と呼ばれるミュスカ・ブラン・ア・プティ・グラン種を100％使った甘口ワイン，AOCフロンティニャンの産地がある．ヴァン・ドゥー・ナチュレル（VDN＝天然甘口ワイン）とヴァン・ド・リクール（VDL＝リキュール・ワイン）の2種類のワインが造られており，どちらもアペリティフまたはデザートワインとして飲まれる．ラングドック地方にはミュスカの産地がいくつかあるが，フロンティニャンは1番最初にAOCを取得したミュスカで，生産量が最も多く，名前が広く知られている．フロンティニャン村周辺には紺碧の海が輝く美しい浜辺が広がり，毎年7月から8月にかけてヴァカンス客で賑う．

ワインの特徴
VDN 既得アルコール度15％，残糖110g/ℓ以上の天然甘口ワイン．黄金色に輝き，熟したミュスカ種由来の香りが広がり，アルコール度の高さを感じる．繊細さと力強さが調和して，なめらか．若いうちは，花，レモンやグレープフルーツなど柑橘類，洋梨など白い果実，パイナップルなどトロピカルフルーツのアロマが豊か．時とともに熟した柑橘類やブドウ，蜂蜜，蜜蝋の香りを伴い，さらに熟成が進むと，スパイス，ドライフルーツ，砂糖漬けの果実，カラメル，焦げた木の香りが現れる．

VDL 既得アルコール度15％，残糖185g/ℓ以上のリキュール・ワイン．ミュスカ種そのものを感じさせるブドウの香りの品質の高さ，オイリーで糖分が高いのが感じとれる．

テロワール
地中海性気候で，夏は海からのそよ風が吹き穏やかである．東西に伸びる標高200mのガルディオール（Gardiole）山塊の存在により北風から守られる．ミュスカ種の成熟に非常に適したミクロクリマ（微気候）をもつ．ミュスカ・ド・フロンティニャンは，乾いた小石混じりの土壌，軟質砂岩（石灰質青砂岩），古い沖積土の土壌でのみ生産される．粘土石灰質で，西部と北部は石灰岩の砕石，地中海に近づくほど粘土質砂土の泥土や砂の含有量が多くなる点が，沿岸に隣接するほかの産地と異なる．

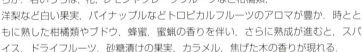

- Languedoc（ラングドック）/東部ラングドック
- **VDN** **VDL** ミュスカ・ブラン・ア・プティ・グラン100％
- **VDN** **VDL** 洋梨やチョコレートのデザート，バナナ・フランベ，クルミのシャルロット，チーズ（AOPロックフォール）

ラングドック 155

AOC
Languedoc ラングドック, Languedoc + la dénomination
ラングドック＋地区名

1985

　長い間，AOC コトー・デュ・ラングドックの名で呼ばれていたが，2007 年の政令で AOC ラングドックと改名（法的には 2012年まで旧名称の使用が認められていた）．生産地区は北のニーム市から南のスペイン国境までの広範囲に及び，ノワール (Noire) 山とセヴェンヌ (Cévennes) 山の支脈と地中海に挟まれた弓状の土地に広がっている．1980 年頃から量重視から品質重視への目覚ましい変革が始まり，品質向上に伴い，アペラシオンの細分化が進められてきた．細分化は 3 レベルに分かれていて，4 県にまたがる生産区域全体に対する呼称である地方名の「ラングドック」のなかに，気候のタイプにより小さな地区に区切られた「ラングドック＋地区名のアペラシオン」，さらに小さな区画に限定された「ラングドック＋区画名のアペラシオン」がある．コストパフォーマンスのよいワインが多く市場に出ているが，世界の著名なワイン専門家も絶賛する傑出したワインも生まれている．

　政令で認められている「ラングドック＋地区名のアペラシオン」は，ラ・クラップ (La Clape, 白・ロゼ・赤)，グレ・ド・モンペリエ (Grès de Montpellier, 赤)，テラス・デュ・ラルザック (Terasses du Larzac, 赤)，ペズナス (Pézenas, 赤)，ソミエール (Sommières, 赤)，ピック・サン・ルー (Pic-Saint-Loup, ロゼ・赤) である．

　より格上となる「ラングドック＋区画名のアペラシオン」は，カブリエール (Cabrières)，ラ・メジャネル (La Méjanelle)，モンペルー (Montpeyroux)，キャトゥールズ (Quatourze)，サン・クリストル (Saint-Christol)，サン・ドレゼリー (Saint-Drézéry)，サン・ジョルジュ・ドルク (Saint-Georges-d'Orques)，サン・サテュルナン (Saint-Saturnin)，ヴェラルグ (Vérargues) があり，これらはすべてロゼ・赤が認められている．

▍ワインの特徴
- ●スキン・コンタクトを用いた伝統的醸造法により造られ，白桃や柑橘類のアロマが豊かで酸は少ない．
- ●非常に軽く，フルーティーなアロマ．赤とともにプリムール（新酒）が認められている．
- ●木イチゴ，カシス，コショウなどのスパイス，乾燥果実，焼いたアーモンド，月桂樹，セージ，杜松(ねず)，タイム，ローズマリー，なめし革の芳香高く，ビロードのようになめらかでエレガントな味わいがある．赤い果実のアロマを放ち，しなやかで軽い味わいのプリムールとして楽しめるものもあれば，熟成に耐えるワインを造ることもできる．これらはタンニンが豊かで，地域により香りも変化に富む．

▍テロワール
　標高 10～450m，幅 50km，長さは 200km に及び，全般に典型的な地中海性気候．

夏暑く乾燥．海に近づくほど天候は穏やかになる．起伏の影響により微妙な差異がある．北風が強く吹くことがある．土壌は硬い石灰岩，片岩，ローヌ川の支流などラングドックの河川に運ばれた砂利や小石，コース（Causse）石灰岩の縁は崩落土と非常に変化に富んでいる．

- Languedoc（ラングドック）
- ●ブールブラン，クレレット，グルナッシュ・ブラン，マルサンヌ，ピクプール・ブラン，ルーサンヌ，トゥルバ・ブラン，ヴェルマンティノ
- ●●グルナッシュ・ノワール，ラドネ・ペリュ，ムルヴェードル，シラー
- ●生牡蠣，魚のスープ，真鱈サフランソース，塩鱈のコロッケ
- ●シャルキュトリ，ルイユ
- ●チリ・コン・カルネ，仔羊もも肉のロースト，鹿肉のロースト

シラー種

AOC
Malepère マルペール

2007

　中世の城塞都市，カルカッソンヌ (Carcassonne) を背景に広がる AOC マルペールの畑は，ラングドック地方の最西端に位置する．大西洋からの涼風のもとで，ボルドー地方の伝統品種であるカベルネ・フラン種やメルロ種が栽培されている．畑の北側には，1996 年に世界遺産に登録されたミディ運河が流れる．ルイ 14 世の命で，徴税吏，ピエール・ポール・リケが発案した．地中海からカルカッソンヌを通り，ガロンヌ川を経て大西洋に至る全長 240km の運河は，17 世紀の土木技術の最高傑作のひとつ．ラングドック地方のワインが 17 〜 18 世紀にヨーロッパ各地へ広まり，生産量が飛躍的に伸びたのはこの運河に拠るところが大きい．19 世紀末の鉄道の開通により輸送路としての役目を終え，現在はクルーズを楽しめる観光地として人気がある．

▍ワインの特徴

- セニエ法主体に造られる残糖 3g/ℓ以下の辛口ロゼワイン．
- ボルドー系品種と地中海系品種が併用され，マロラクティック発酵が必須で，残糖 3g/ℓ以下に造られる．イチゴ，木イチゴ，チェリーなど小さな赤い果実のアロマを放ち，若いうちはカシスなど黒い果実，時とともにスパイスやヴァニラ，スモモのオード・ヴィー（蒸留酒），イチジクの香り，焙煎香が現れる．腰が強くて力強いワイン．

▍テロワール

　北はミディ運河，東はオード川に接し，カルカッソンヌ，リムー，カステルノダリー (Castelnaudary) を結ぶ三角地帯の中心にあるマルペール山の周りに広がる．
　気候は，標高，日あたり，畑の位置の東西により変化に富む．南側の斜面は地中海性気候の恩恵に浴し，西側では地中海の影が薄くなり大西洋の影響を受け，ボルドー系品種が栽培されている．

- Languedoc（ラングドック）/ 西部ラングドック
- ●カベルネ・フラン
- ●メルロ
- ●シャルキュトリ
- ●カスレ，鶏胸肉のローストきのこ添え，仔羊肩肉のロースト，チーズ（熟成した AOP オッソ・イラティ）

AOC
Minervois ミネルヴォワ (1985), Minervois-La Livinière ミネルヴォワ・ラ・リヴィニエール (1999)

オード県とエロー県にまたがるAOC．ラングドック地方特有の濃厚な赤ワインの産地として高く評価されている．ワイン生産が広まったのは，フランス南部が古代ローマ帝国の属州となり，ナルボネーズと呼ばれていた時代．その後もキリスト教の修道士の活躍や，17世紀に開通した地中海と大西洋を結ぶミディ運河による輸出の拡大により，ワインの生産は大いに発展した．この地は美しい赤色のコーヌ大理石の採石地としても有名で，ヴェルサイユのグラン・トリアノン宮や，パリのオペラ座などの華麗な歴史的建造物に使われている．採石は今も続いており，日本にも輸出されている．

ワインの特徴
ミネルヴォワ▶
- 花のアロマが強く，生き生きとして心地よい．標高が高まると芳香高く，バランスのよいワインとなる．ミネルヴォワ・ノーブル(Minervois Nobles)と呼ばれる甘口もわずかに造られている．
- シラー種を中心に，主にセニエ法と直接圧搾法から造られ，非常にフルーティーで繊細．
- 多様性に富んだテロワールから造られ，カシス，スミレ，シナモンやヴァニラのアロマに，なめし革，砂糖漬けの果実やプラムの香りを伴う．若いうちに楽しむフルーティーなものは飲みやすく，果実味に富み，爽やかで口あたりがよい．テロワールをより反映したボディに厚みがあるものは，長期熟成が可能．

ミネルヴォワ・ラ・リヴィニエール▶
- カシス，ガリーグや黒オリーヴ，なめし革などの複雑で凝縮したアロマを放ち，味わいは凝縮感とボリューム感にあふれ，肉づきがよくなめらか．タンニンはエレガントで時とともに円くなる．

テロワール
ミネルヴォワ▶ 標高差が大きく，低地のミディ運河とオード川流域の50mから，山岳地域の500mにまで及ぶ．地中海性気候を主体とするが，地中海沿岸からの距離によって気候が多様に変化する．
北部は主に石灰岩からなる小石の多いノワール山の斜面，南部は段丘に円筒形の小石，泥灰岩と砂岩の最も乾いた土壌．西部のノワール山から南のオード川に向かっての段丘は丸い小石，砂岩，片岩，石灰岩からなっている．泥灰岩と砂岩層も交互に現れる．北西部には片岩と赤色のコーヌの大理石の鉱脈がある．

ミネルヴォワ・ラ・リヴィニエール▶ セール・ドゥピア(Serre d'Oupia)丘陵とロール・ミネルヴォワ(Laure-Minervois)丘陵の間に位置する．年間降水量400〜500mmと乾燥し，ことに夏には雨が少ない．日中の暑さは，山の稜線から吹き渡る冷気が

もたらす夜間の涼しさで和らげられる．北は起伏に富み，石灰岩の上に砂岩質片岩層が続くが，砂岩，泥灰岩，粘土の地層が間に入っている．中央部は，砂岩，砂岩質泥灰岩，泥土の集塊岩を含む石灰岩主体の土壌からなる険しい斜面の丘陵が連なる．

> 🍇 Languedoc（ラングドック）/ 西部ラングドック
> 🍇 ミネルヴォワ▶
> ●ブールブラン，グルナッシュ・ブラン，マカブー，マルサンヌ，ルーサンヌ，ヴェルマンティノ
> ●●グルナッシュ・ノワール，シラー，ムルヴェードル，ラドネ・ペリュ
> ミネルヴォワ・ラ・リヴィニエール▶
> ●グルナッシュ・ノワール，ラドネ・ペリュ，ムルヴェードル，シラー
> 🍴 ミネルヴォワ▶
> ●海老フライ，チーズ（AOP ペラルドン）
> ●オリーヴ，タプナード，ムサカ
> ●牛ローストのきのこ添え，チーズ（AOP フルム・ダンベール）
> ミネルヴォワ・ラ・リヴィニエール▶
> ●赤身肉や鹿肉のロースト，北京ダック

AOP フルムダンベール

AOC
Muscat de Lunel ミュスカ・ド・リュネル (1943), Muscat de Mireval ミュスカ・ド・ミルヴァル (1959), Muscat de Saint-Jean-de-Minervois ミュスカ・ド・サン・ジャン・ド・ミネルヴォワ (1949)

　ラングドック-ルシヨン地方はフランス第一のヴァン・ドゥー・ナチュレル（VDN＝天然甘口ワイン）の生産地．2つの地方で国全体の生産量の約90％を占める．ラングドック地方ではミュスカ・ブラン・ア・プティ・グラン種のみを用いた白が主流．最も有名なAOCはモンペリエに近いフロンティニャン．他にも地中海沿岸地域のリュネル，ミルヴァルと，西の内陸部，黒い森で覆われたノワール (Noire) 山に近いサン・ジャン・ド・ミネルヴォワがある．甘美なVDNを表現するときに，よく「ネクタール (Nectar)」という言葉が用いられるが，これは古代ギリシャ神話に出てくる「不老不死の神酒」という意味．VDN醸造方法の生みの親は，アルノー・ド・ヴィラノヴァ (Arnauld de Villanova) というモンペリエ大学の医学者で，13世紀にミュタージュという技法の原理を発明した．ラングドック-ルシヨン地方のAOCミュスカは，ミュスカ・ド・ノエル (Muscat de Noël) という新酒が認められていて，ノエル（クリスマス）などのパーティーで飲まれる．また，フロンティニャンでは同じ品種でヴァン・ド・リクールも生産されている．

ワインの特徴

VDN（ミュスカ・ド・リュネル）琥珀色の色調．柑橘類，パッションフルーツ，ミュスカ種生ブドウ，コリント・レーズンの香りが高い．ヨード香を伴い，時とともに蜂蜜，乾燥果実の香りが現れる．口あたりはオイリーでビロードのよう．伝統的な造りは乾燥果実のアロマをもち，豊満でコクがあり，現代的な造りは柑橘類とパッションフルーツの香りが融け合い，爽やか．

VDN（ミュスカ・ド・ミルヴァル）熟したブドウ，バラ，ガリーグで採れる蜂蜜など爽やかな香りと繊細な味わいが特徴．若いうちは白い花やトロピカルフルーツ，ミュスカ種生ブドウ，クマツヅラのアロマ．時とともに砂糖漬けの果実や蜂蜜のニュアンスが現れる．

VDN（ミュスカ・ド・サン・ジャン・ド・ミネルヴォワ）色は淡く，若いうちは緑を帯びた透明感ある黄色．柑橘類，アンズ，カリン，ミュスカ種生ブドウのアロマが融合している．蜂蜜，マンゴー，菩提樹，アカシア，ミントや，ときにバラの香りを伴う．味わいは円く，気品がある．標高の高さゆえ成熟がゆっくり進み，ほかのミュスカより3週遅れて収穫される．生き生きとして，エレガントで繊細，バランスのとれたワインになる．

テロワール

ミュスカ・ド・リュネル▶標高60mに達する丘陵頂上の緩やかな起伏にあり，夏暑く乾燥している地中海性気候の恩恵を受けている．海が近く適度な湿度がもたらされ，

ラングドック　161

厳しい夏の暑さからブドウを守り，成熟が進む．赤い粘土石灰質および珪土質で，黄土色の丸い小石で覆われている．さらにかなり厚い砂岩や粘土を母岩とする石英の小石の堆積が特徴である．

ミュスカ・ド・ミルヴァル▶夏暑く乾燥している地中海性気候であるが，海と潟が近いおかげで適度な湿度がもたらされ，厳しい夏の暑さからブドウを守る．土壌は粘土石灰土の砕石や小石の多い泥灰質石灰岩が主体となるが，ガルディオール (Gardiole) 山塊の麓の赤粘土に覆われた石灰質の崩落土壌と，アレスキエール (Aresquier) の台地の石灰岩に二分される．

ミュスカ・ド・サン・ジャン・ド・ミネルヴォワ▶ガリーグに覆われた南向きの標高 250〜280m に位置する．高い標高のために地中海性気候が和らげられ，ノワール山からの冷たい風が吹き抜ける．ブドウ畑は多孔質の石灰岩台地にあり，赤い粘土が混じることがある．小石の多い石灰質のテロワールと暑い気候，そして標高の高さが，この土地に類まれなるミクロクリマ（微気候）をもたらしている．

- Languedoc（ラングドック）
- VDN ミュスカ・ブラン・ア・プティ・グラン
- VDN フォワグラ，チーズ（AOP ロックフォール），ネクタリンのムース

ミュスカ種

AOC
Picpoul de pinet ピクプル・ド・ピネ

2013

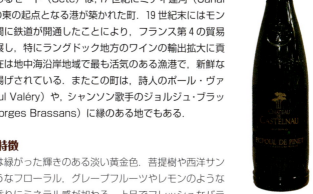

　2013年にAOCラングドック・ピクプル・ド・ピネから AOCピクプル・ド・ピネに昇格．生産地区は地中海に面したトー（Thau）湖周辺．溌剌とした爽やかな白を産出していて，地元で採れる生牡蠣やムール貝との相性がすばらしい．トー湖を挟んで向かい側にあるセート（Sète）は，17世紀にミディ運河（Canal du Midi）の東の起点となる港が築かれた町．19世紀末にはモンペリエとの間に鉄道が開通したことにより，フランス第4の貿易港にまで発展し，特にラングドック地方のワインの輸出拡大に貢献した．現在は地中海沿岸地域で最も活気のある漁港で，新鮮な海産物が陸揚げされている．またこの町は，詩人のポール・ヴァレリー（Paul Valéry）や，シャンソン歌手のジョルジュ・ブラッサンス（Georges Brassans）に縁のある地でもある．

▎ワインの特徴
- 若いときは緑がかった輝きのある淡い黄金色．菩提樹や西洋サンザシのようなフローラル，グレープフルーツやレモンのような柑橘系の香りにミネラル感が加わる．上品でフレッシュなバランスをもち，この地方特有の独特な酸味が効いた味わい．

▎テロワール
　地中海に近接したトー湖（l'Etang de Thau）の縁に位置し，ブドウ畑は湖面から標高100mまで上がるまでの緩やかな丘にある．特に夏場の降水量が少ないが，海とトー湖の影響で気温の年較差が和らげられ，海からのそよ風が過度な気温の上昇を抑える．

- Languedoc（ラングドック）／東部ラングドック
- ●ピクプル・ド・ピネ100%
- ●生牡蠣，ムール貝

ラングドック

AOC
Saint-Chinian サン・シニアン (ロゼ・赤 1982／白 2005),
Saint-Chinian Berlou サン・シニアン・ベルルー (2005),
Saint-Chinian Roquebrun サン・シニアン・ロクブラン (2005)

カルー（Caroux）山とエスピヌーズ（Espinouse）山の麓にあり，AOC ミネルヴォワと AOC フォジェールの畑に挟まれた AOC．畑の間をオルブ（Orb）川とヴェルナゾーブル（Vernazobres）川が流れる．ここでは 3 種の AOC ワインが造られていて，力強い赤ワインが主流だが，造り手や栽培者たちの長年にわたる熱意と努力により，2005 年に白ワインでも AOC を取得．同年に，サン・シニアン・ベルルーとサン・シニアン・ロクブランという赤ワインの村名アペラシオンも生まれた．サン・シニアンの名は，この地に僧院を建てたキリスト教のベネディクト会修道士の名前に由来する．修道士たちの手によるワインは，すでに中世から評価が高かった．オルブ川を北上すると，良質な温泉水の源泉があることで世界的に有名なアヴェンヌ（Avène）村がある．かのナポレオンもこの村で療養したことがあるという．

ワインの特徴
サン・シニアン▶
- 柑橘類やアンズなどの果実，熟した果実，トースト香，スパイスのアロマにあふれ，ミネラルとフェンネルの香りを伴う．凝縮感がありエレガント．
- 主にセニエ法およびエグタージュ，直接圧搾法による．シラー種とグルナッシュ種由来のフルーティーな風味が特徴である．
- 月桂樹，カシス，スパイスのアロマを放ち，甘草，松やエニシダの香りを伴う．時とともにカカオ豆，ロースト香，果実のオー・ド・ヴィ（蒸留酒）などの複雑な香りが現れる．腰が強く，骨格がしっかりとして繊細である．酸味はやさしく，タンニンはすぐに円くなり，口あたりのよいワインが楽しめる．

サン・シニアン・ベルルー▶
- ロースト香が顕著で，なめらかな喉ごし，タンニンが溶けていて絹の風合いをもつ．

サン・シニアン・ロクブラン▶
- 赤いベリー系やスパイスの豊かで複雑なアロマを放ち，エレガント．タンニンが円く，ボディの厚みが口中に広がる．

テロワール
典型的な地中海性気候で，夏は乾燥して暑い．平均気温は 14℃，年間降水量 600〜700mm で春から秋にかけてわずかに雨が降る．北風が強く吹く．標高は 300m を超えることはない．土壌はオルブ川とヴェルナゾーブル川によって二分される．地区の 3 分の 2 を占める北部は主に片岩と砂岩層に覆われる．強い酸性土壌は水はけがよく，ブドウは乾燥に耐えなければならない．南部は，古生代に海から露出した石灰質にボーキサイトや粘土が含まれている．浅い地層の小さな台地が数多くあり，ブドウは深く根を張る．

サン・シニアン・ベルルーは標高 150〜400m にあり，南を向いた片岩質土壌であり，サン・シニアン・ロクブランも片岩質土壌である．

- Languedoc（ラングドック）／西部ラングドック
- ●グルナッシュ・ブラン，マルサンヌ，ルーサンヌ，ヴェルマンティノ
- ●●グルナッシュ・ノワール，ラドネ・ペリュ，ムルヴェードル，シラー

サン・シニアン・ベルルー▶
- ●グルナッシュ・ノワール，ムルヴェードル，シラー

サン・シニアン・ロクブラン▶
- ●グルナッシュ・ノワール，シラー
- ●スズキのカルパッチョ，チーズ（AOP コンテ）
- ●シャルキュトリ，ラヴィオリ，鰯の網焼き
- ●サーロインステーキ，仔羊網焼き，チリ・コン・カルネ

サン・シニアン・ベルルー，サン・シニアン・ロクブラン▶
- ●仔羊シチュー，鴨胸肉ピーマン添え

南仏の鮮やかなハーブたち

Loire

ロワール

　ロワール地方は「フランスの庭園（Jardin de la France）」と呼ばれる観光地で，その美しい景観は世界遺産として登録されている．フランス最長のロワール河は全長1,000kmに及ぶが，王侯貴族が建てた古城が点在するこの河の流域にワイン産地が広がる．生産地域は，ペイ・ナンテ（Pays Nantais），アンジューとソーミュール（Anjou & Saumur），トゥーレーヌ（Touraine），中央フランス（Centrede la France）の4地区．ここから，白（辛口・半甘口・甘口），ロゼ，赤，ヴァン・ムスー（発泡性ワイン）など多様なすばらしいワインが生まれる．アペラシオンの数は60以上にのぼり，地方別で第3位を誇る．ロワール河の魚や大西洋の魚介類なども豊富で，果物や家畜を育てるのに適した温暖な気候に恵まれている．山羊の乳で造られる美味しいシェーヴルチーズがある．

AOC
Anjou-Coteaux de la Loire アンジュー・コトー・ド・ラ・ロワール
1946

　AOC アンジューのうち，アンジェ市の西，ロワール川を挟む 10 のコミューンが AOC コトー・ド・ラ・ロワール．この地区は，シャルル・ペローの童話『青ひげ』のモデルともいわれるジル・ド・モンモランシー・ラヴァル（通称ジル・ド・レ）に縁が深い．ジル・ド・レは，フランス王家と親戚にあたる大貴族であった．彼はジャンヌ・ダルクの救出をするなどしたが，常軌を逸した浪費家でもあった．また，領地に引きこもり，錬金術や黒魔術に没頭．1440 年には，ナント市で宗教裁判にかけられ，36 歳の若さで絞首火刑によりこの世を去った．アンジュー・コトー・ド・ラ・ロワールのコミューンのひとつ，シャロンヌ・シュル・ロワールにサン・モリーユ教会がある．この教会で，1422 年ブルターニュ公の姪が結婚式を挙げた．

ワインの特徴
- ヴィンテージによって半甘口か甘口の白ワインになる．緑を帯びた黄金色で，熟成とともに琥珀色を帯びた金色．トロピカルフルーツの香り，土壌の違いによって動物的な香りや，ミネラルの香りが醸し出される．アタックは円く，味わいは柔らかでバランスがよい．

テロワール
　海洋性気候．アンジュー地区西部に位置し，ロワール川を南北に挟む地区．日照が多く通風のよい丘にあるため，ブドウを遅摘みにして過熟させてから収穫できる．土壌は片岩が主体．アンジュー・ノワール(Anjou Noire)と呼ばれる土壌からできている．

- Loire（ロワール）／Anjou Saumur（アンジュー・ソーミュール）
- ●シュナン・ブラン 100%
- ●鮭のロースト，スズキの香草焼き，ブーシェ・ア・ラ・レーヌ，AOP ロックフォールのタルト，クスクス，チーズ（辛口にビュシェット，甘口に AOP フルム・ド・モンブリゾン）

シュナン・ブラン種

ロワール　167

AOC
Anjou-Village アンジュー・ヴィラージュ

1991

　AOC アンジュー・ヴィラージュは，アンジェ市の南で造られる赤ワイン．初代アンジュー家のプランタジネット朝が栄華を極めた 12 世紀，当地方ではプランタジネット・ゴチック，またはアンジュー様式と呼ばれる初期ゴチック建築が発展した．アンジェ市のサン・モーリス大聖堂やサン・ジョルジュ教会がその典型例である．ワイン以外に，フレッシュチーズのフロマージュ・ブランを使ったクレメ・ダンジューや，プラムタルトなどデザートも知られている．アンジェ生まれのコアントロー氏が発案したホワイトキュラソーのコアントローなど特産品もある．名所となっているブリサック城は，ルイ 13 世ら王侯が滞在したことでも知られている．

　なお，AOC アンジュー・ヴィラージュの指定区域のなかに，<u>AOC アンジュー・ヴィラージュ・ブリサック（Anjou Villages Brissac）</u>がある．

ワインの特徴
● スグリなどの赤い果実やアイリス，スミレの花のアロマ．熟成するにつれ，ブラックベリーなどの黒い果実や森の腐葉土などの複雑な香りが現れる．調和がとれて熟成に向くワイン．

テロワール
　海洋性気候が温暖な冬，快適な夏をもたらし，気候の変化は少なく，日照時間に恵まれている．アンジュー・ノワール（Anjou Noire）と呼ばれる地域は，片岩，砂岩，石灰岩の上の褐色土壌からなる．アンジュー・ブラン（Anjou Blanc）と呼ばれる地域は，テュフォー（Tuffeau）と呼ばれる白亜質の変化した白い土壌からなる．

　🍷　Loire（ロワール）／Anjou Saumur（アンジュー・ソーミュール）
　🍇　● カベルネ・フラン，カベルネ・ソーヴィニョン
　🍴　● バベットステーキ，鹿肉のロースト，仔牛のクリーム煮，オッソ・ブッコ，チーズ（AOP カマンベール・ド・ノルマンディ）

168　Loire

AOC
Bonnezeaux ボヌゾー

1951

　ロワール川の支流であるレイヨン川が流れるトゥアルセ村の北東部が産地．フランク王国時代のトゥアルセは長大な壁に囲まれた城と3つの教会を擁する交通の要所であった．極甘口のボヌゾーが生まれる畑は，南南西向きの勾配の急な斜面にある．秋には川から立ち上る朝霧の湿気と昼間の暖かな陽射しを受け，質のよい貴腐果を生み出す．地元の人々が「山（la Montagne）」の愛称で親しむ丘の上には，歴史的建造物に指定された風車がそびえている．ボヌゾーのほか，AOC コトー・デュ・レイヨン，AOC カール・ド・ショームと合わせてロワールの3大貴腐ワインと言われている．

▌ワインの特徴
● 緑色を帯びた深みのある黄金色．香りは若いうちは花と白い果実，柑橘類の砂糖漬けやトロピカルフルーツのアロマが豊富．5～10年経つと木の香りや乾燥果実あるいは砂糖漬けの果実，蜂蜜，焼いたアーモンドなどの複雑な香りが生まれる．さらに熟成すると，リンドウや蜜蝋の香りを伴う．味わいはなめらかでオイリー．力強く豊満であり，甘さと酸味のバランスがとれた甘口ワインの典型．

▌テロワール
　温暖な海洋性気候であるが，かなり乾燥している．温暖な冬と快適な夏をもたらす気候で，寒暖の差は少ない．畑は，「山（La Montagne）」と呼ばれる丘を構成する，レイヨン川に沿う急傾斜の3つの丘にあり，水晶と炭素堆積岩鉱脈をもつ砂岩質片岩からなる．

> 　Loire（ロワール）／Anjou Saumur（アンジュー・ソーミュール）
> ● シュナン・ブラン 100%
> ● フォワグラ，平目のバターソース，チーズ（AOP フルム・ダンベール），洋梨のAOP ロックフォールタルト，ガレット・デ・ロワ，アンズのスフレ，アイスクリーム，シャーベット

ロワール　**169**

AOC
Burgueil ブルグイユ

1937

ブルグイユはシノンから北に 10km 足らずのところにある．ブルグイユのブドウ栽培の歴史は古く，ローマ時代に遡る．ブロワ伯爵の娘が 990 年に設立した修道院により，飛躍的に発展を遂げた．ベネディクト会が経営する，このブルグイユ・サン・ピエール修道院は，次第に領地とブドウ畑を拡大していき，18 世紀末まで強大な勢力を誇った．16 世紀の詩人ピエール・ド・ロンサールが滞在したことで知られ，その作品には，修道院で造られたワインが登場する．現存する建物は，13 世紀以降のもので，一部は一般公開されている．ブルグイユの町では毎年 8 月 15 日にワイン市やニンニク市が開かれる．

■ワインの特徴
● フレッシュで充分に力強い小さな赤や白い果実のアロマ．ときに柑橘系やコショウの香りが際立つこともある．
● 輝きのある紫紅色．赤い果実の豊かなアロマと，スミレや青ピーマンの香りを伴う．味わいは生き生きとして，バランスがよい．砂利混じりの砂土から造られるワインは，チェリーやイチゴなどの果実の香りが特徴の早熟タイプ．石灰岩質粘土土壌からできるワインは，木イチゴ，桑の実，甘草の香りとスパイシーさが特徴．味わいの骨格がしっかりしている長熟型．

■テロワール
大西洋の影響を受ける海洋性気候．穏やかで温暖なミクロクリマに恵まれる．ロワール川を見下ろす南に面し，砂土に覆われた白亜質テュフォー（Tuffeau）の石灰岩質粘土からなる丘と，砂利混じりの砂土質の段丘からなる．

🔍 Loire（ロワール）／Touraine（トゥーレーヌ）

🍇 ●●カベルネ・フラン，カベルネ・ソーヴィニョン 10% 以内

🍴 ● シャルキュトリ，魚網焼き，盛り合わせサラダ
　● ペッパーステーキ，栗を詰めた七面鳥，豚ロース干しアンズ添え，豚フィレ，仔鴨のポルト酒蒸し，鴨のテリーヌ，仔牛のオレンジ煮，チーズ（AOP サント・モール・ド・トゥーレーヌ）

AOC
Cheverny シュヴェルニー (1993),
Cour-Cheverny クール・シュヴェルニー (1993)

シュヴェルニーは白，ロゼ，赤を，クール・シュヴェルニーは白のみを産出する．産地の中心であるシュヴェルニー村には，17世紀前半に完成した美しいシュヴェルニー城がある．この城は，ルイ12世の国務卿ラウル・ユローが着工した城で，現在は子孫のヴィブレ侯爵の私有地となっている．周囲の森は古くから有名な狩猟場であり，城内には剥製を集めた資料館がある．ベルギーの漫画家エルジェは，この城をモデルに『タンタンの冒険旅行』シリーズに登場するハドック船長ゆかりのムーランサール城を描いたと伝えられている．

▍ワインの特徴
シュヴェルニー▶
- 柑橘系やトロピカルフルーツの香りが華やかで，味わいは繊細かつエレガント．
- 香りが強く，辛口．
- 軽く繊細でエレガント．

クール・シュヴェルニー▶
- 味わいは若いうちは洌渕としているが，熟成を経ると蜂蜜，レモンや蜜蝋の香りが現れるのが特徴．

▍テロワール
シャンボール・シュヴェルニー・リュシー (Chambord-Chverny-Russy) の国有林とロワール川の影響を受ける．土壌は砂土と粘土からなり，加えてロワール川の砂土と小石からなる古い台地と，一部には石灰岩も存在する．

Loire (ロワール)／Touraine (トゥレーヌ)

シェヴェルニー▶
- ソーヴィニヨン・ブラン，ソーヴィニヨン・グリ併せて60～84%，シャルドネ，シュナン・ブラン，オルボワ併せて16～40%
- ピノ・ノワール60～84%，ガメ16～40%，カベルネ・フラン，マルベック (コット) 併せて25%以内
- ピノ・ノワール60～84%，ガメ16～40%，カベルネ・フラン，マルベック (コット) 併せて10%以内

クール・シェヴェルニー▶
- ロモランタン100%

シェヴェルニー▶
- 小海老のカクテル，ヒメジの網焼き，帆立貝のムニエル，タコス，チーズ (AOPプリニィ・サン・ピエール)
- シャルキュトリ

ロワール 171

- 仔牛のロースト，チキンケバブ，レンズ豆のスープ

クール・シェヴェルニー▶
- スモークサーモン，イワナの網焼き，牡蠣のオーブン焼き，チーズ（AOP サント・モール・ド・トゥーレーヌ，AOP ヴァランセ）

AOP ヴァランセ

AOC
Chinon シノン

1937

ヴィエンヌ川岸に築かれたシノンは,「フランスの庭園」トゥーレーヌ地方の「花」と称される美しい町. トゥール市の西, ロワール川とその支流ヴィエンヌ川のほとりには, 11世紀から13世紀にかけて建てられたシノン城がある. この城は, 英仏百年戦争中の1429年, 神の声を聞いたとするジャンヌ・ダルクが, 後の国王シャルル7世を訪ねた場所として知られている. 城の周辺には, ブドウ畑が広がっている. また, シノン城の郊外ラ・ドゥヴィニエールで, フランスを代表する作家フランソワ・ラブレーが生まれた.

▍ワインの特徴
- ●辛口の自然な酸味が口中のアロマティックな余韻を支える. 若い時のフルーティーでフローラルなアロマは, 熟成によって蜂蜜, ローストしたアーモンド, カリンの香りの特徴に変化する.
- ●一般的にやさしい色合い. 赤や白い果実のアロマがフレッシュで華やか. しばしば柑橘やコショウの特徴が現れる.
- ●濃いルビーから深いガーネットの色調. タンニンのストラクチャーはしっかりしているが溶け込んでいてエレガント. 小さな赤や黒い果実の香りが特徴的. 長熟型のワインは数年を経て, 香りに複雑さが増し, わずかなスモーキーさとカカオ, スパイシーさが加わる.

▍テロワール
穏やかな海洋性気候. 東西に走る丘陵が南向きなので陽当たりがよい.
①白亜質黄色のティフォー (Tuffeau Jaune), ②粘土燧石 (火打石) や砂土および粘土からなる小さな丘や台地, ③砂利混じりの砂土からなる土壌の段丘で構成される.

- Loire (ロワール) / Touraine (トゥーレーヌ)
- ●シュナン・ブラン
- ●●カベルネ・フラン, カベルネ・ソーヴィニヨン10%以内
- ●鯉の白ワイン蒸し, 小魚のフライ, 魚や家禽などの白身肉のロースト, 盛り合わせサラダ, チーズ (AOPセル・シュル・セル), レーズンケーキ
- ●シャルキュトリ, テリーヌ, キッシュ, 秋刀魚網焼き
- ●鹿肉のシチュー, 鶏の赤ワイン煮, ランプステーキ, マッシュルームの詰め物, とんかつ

ロワール 173

AOC
Côte Roannaise コート・ロアネーズ

1994

　マコンやリヨンまで約 60km に位置し，ローヌ・アルプ地域圏北西部にあるロアンヌの畑は，マドレーヌ山脈のふもとに広がっている．ケルトの言葉で浅瀬を意味する「ロド（rodo）」が町名の語源であることが示すように，ローマ以前から集落が形成されていた．この地は，ブルゴーニュ地方とオーヴェルニュ地方，ローヌ渓谷の境にあたり，ロワール川が航行可能となる地点であることから，ローマ以降も発展を続けてきた．特に 15 世紀，ルイ 11 世が国内統一をはかるようになると，パリ〜リヨン間を結ぶ幹線道路の経由地として重要性を増した．そのほか，ロアンヌは，世界的に名高い料理人のジャン・バティスト・トロワグロと妻のマリーが 1930 年にレストランを開業した町としても有名だ．コート・ロアネーズは 1955 年に AO'VDQS に認定され，1994 年に AOC に昇格を果たした．

ワインの特徴
- トロピカルフルーツと果樹園のフルーツが入り混じった香りが際立つ．口中繊細，酸味がしっかりしていてフルーティー．
- 赤い果実の香りにハーブやスパイシーさが加わる．軽やかでフルーティー，しなやかな味わい．より豊満でコクのあるタイプのワインにはミネラル感が現れる．

テロワール
　準大陸性気候．ロワール平野にある南北に伸びる丘は東向きで日照に恵まれる．下層土は花崗岩と片岩，片麻岩の変成岩が主体で，風化した砂土と小石が水はけのよい土壌を形成している．

　Loire（ロワール）／Centre-Loire（中央ロワール）
- ガメ 100％
- シャルキュトリ，野菜炒め
- ポトフ，仔牛のカツレツミラノ風，ロールキャベツ

AOC
Coteaux de l'Aubance コトー・ド・ローバンス

1950

　ロワール川の南にのびる支流オーバンス川流域を産地とする．この地域には 15 〜 17 世紀に建てられた趣きのある邸宅がいくつもある．例えば，ロワール川から 6km あまり南のブリサック・カンセには，かつて王侯たちが滞在したブリサック城などがある．そのほか，1532 年に建てられたルネサンス様式のサン・ヴァンサン教会は，16 〜 17 世紀のステンドグラスが有名である．聖ヴァンサンは 304 年に殉教したスペインの助祭で，ブドウ栽培者の守護聖人としてブルゴーニュをはじめ，フランス各地のワイン産地で親しまれている．

　コトー・ド・ローバンスの南東に，1962 年に AOC に認定された甘口のコトー・ド・ソーミュール（Coteaux de Saumuer）がある．砂糖漬けフルーツやトロピカルフルーツの香りのする，滉洌としていて心地よい甘さの白ワインである．

■ワインの特徴
● 緑味を帯びた黄金色．トロピカルフルーツ，白い花，ヴァニラなどの香りを含んだ繊細なワイン．味わいは柔らかく，心地よい甘口．

■テロワール
片岩を基盤とした，陽当たりのよい，風通しの良い起伏に富んだ小丘からなる．

- Loire（ロワール）／Anjou Saumur（アンジュー・ソーミュール）
- ● シュナン・ブラン 100%
- ● シャルキュトリ，フォワグラのテリーヌ，鮭のバターソース，平目のクリームソース，揚げ鯵の甘酢餡かけ，チーズ（AOP フルム・ダンベール），洋梨の AOP ロックフォールタルト，アンズのスフレ，アイスクリーム，シャーベット，フルーツ盛り合わせ

AOC
Coteaux du Giennois コトー・デュ・ジェノワ

1998

　北はジアン（Gien）から南はコヌ・クール・シュル・ロワール（Cosne-Cours-sur-Loire）までが生産地．サントル地方ロワレとブルゴーニュ地方ニエーヴルの2県にまたがるこの一帯は，かつて深い森に覆われていた．この自然豊かな森は，後に王侯貴族の狩猟の場となった．ジアンの町にある国際狩猟博物館は，往時を偲ばせてくれる建物だ．15世紀末，13歳で即位したシャルル8世の摂政を務めた姉アンヌ・ド・ボージューの命によって建てられたものである．南側に四角い塔がひとつついているが，これは中世に築かれた城の唯一の名残．「オルレアンの少女（ジャンヌ・ダルク）」が何度も訪れたことにちなんで，ジャンヌ・ダルク塔と命名されている．ジアンには，フランスのみならず，世界中の王侯貴族から愛される陶器のブランド，その名も Gien があり，今もなおその人気には揺るぎがない．

ワインの特徴
- ミネラル，カリンなどの果実や白い花の香りにあふれ，生き生きとした辛口の白ワイン．
- 桃などの白い果実やかすかなコショウのアロマを持ち，繊細で上品．
- 美しいルビーの色調．赤スグリ，チェリーなどの赤い果実，桑の実やブルーベリー，コショウの香り．若いうちはフルーティーで心地よく繊細．熟成すると獣肉の香りが現れる．軽やかな味わいの赤ワイン．

テロワール
　大陸性気候で，冬と夏の気温差が著しい．ロワール川の珪土と石灰岩からなる土壌．東部は石灰岩，西部は燧石（火打石）が混じる珪土となっている．

- Loire（ロワール）／Centre-Loire（中央ロワール）
- ソーヴィニヨン・ブラン 100%
- ガメ，ピノ・ノワールともに 80% 以内
- アスパラガスのタルト，アサリの酒蒸し，フェンネンのサラダ，ポテトサラダ，小海老のカクテル，ローストターキー，チーズ（AOP クロタン・ドゥ・シャヴィニョル）
- シャルキュトリ，たんぽぽとベーコンのサラダ，アーティチョークのサラダ，スペアリブのタイ風
- 鴨のコンフィ入りライスヌードル，ビーフ・ストロガノフ，牛ランプ肉のロースト マスタード添え，仔牛のキドニーのソテー，鮭の照り焼き，鮪の炙り，甘草風味のアイスクリーム

AOC
Coteaux du Layon コトー・デュ・レイヨン

1950

ロワール川をはさみアンジェ市の南側，ロワール川の支流レイヨン川に沿って広がるブドウ畑が生産地．かつて大半が森であったこの地域は修道院のもとで開拓が進み，ブドウが植えられた．17世紀には，オランダ商人によって，ワイン販売が拡大した．AOC コトー・デュ・レイヨンの産地は，全域が美しく，自然に恵まれている．ロワール地方を代表する甘口の貴腐ワインだが，このワインのソースを添えた腸詰料理「アンドゥイエット・オ・レイヨン」は地元の名物料理となっている．

ワインの特徴
- 緑色を帯びた深みのある黄金色．アカシアの蜂蜜，白い花，菩提樹，レモンの香りやパイナップル，アンズ，カリンの砂糖漬けのアロマ，豊かで複雑．口あたりは繊細でありながら力強く，口中いっぱいに広がり，爽やかさが調和している．余韻が長く続く．

テロワール
穏やかな海洋性気候だが，きわめて乾燥している．日照が多く風通しの良い丘陵．主に片岩と砂岩から構成される，褐色でやや深い土壌「アンジュー・ノワール（Anjou Noir）」の段丘にある．

- Loire（ロワール）／Anjou Saumur（アンジュー・ソーミュール）
- シュナン・ブラン 100%
- ガパオライス，マナガツオの甘酢餡かけ，チーズ（AOP フルム・ダンベール），温製プラムケーキ，ネクタリンとアーモンドのタルト，洋梨の AOC ロックフォールタルト，アイスクリーム，シャーベット，フルーツ盛り合わせ
- （若い）舌平目や家禽のクリームソース，洋梨のシャーベット
- （熟成）フォワグラ

AOC
Coteaux du Loir コトー・デュ・ロワール

1948

　トゥールの北，ル・マン市の南，いずれからも 40km のほどの位置する，ロワール川の支流であるロワール川沿いが産地．かつてこの一帯は広大な森林に覆われていた．その名残であるベルセの森のナラの木が，今もブドウ畑を北風から守ってくれている．17 世紀には王室直轄の森として管理されていた．現在は，樹齢 300 年を越す古樹をはじめ多数の鳥を観察できる散策可能な場所となっている．産地の中心をなすシャトー・デュ・ロワールは，アンジューとメーヌの両地方の境界にあり，英仏の争いに度々巻き込まれてきたという歴史がある．

▍ワインの特徴
- 花や果実のアロマがあり，しばしばミネラルを伴う．味わいは生き生きとしている．熟成とともに複雑性が増し，ドライフルーツや蜂蜜の香りが現れ繊細になる．良年には貴腐ブドウを選別し，ロワール川沿岸のものに肩を並べる甘口が造られる．
- 香り高く，フルーティーで軽い．ピノー・ドーニス種主体のものは，とりわけその傾向が強い．
- 小さな赤い果実のアロマと，コショウのニュアンスがあり軽い．ピノー・ドーニス種主体のものは，明るいルビー色で，生き生きとして軽やか．

▍テロワール
　ロワール渓谷の最北に位置する．ロワール川から離れているため海洋性気候が和らぐ．土壌は，傾斜した丘陵の上の粘土燧石（火打石）や，粘土左岸に分解された白亜質テュフォー（Tuffeau）からなる．

- Loire（ロワール）／Touraine（トゥーレーヌ）
- ●●● シュナン・ブラン 100%
- ● ピノー・ドーニス 65% 以上，以下 30% 以内コット，ガメ，グロロー
- ● ピノー・ドーニス 65% 以上，以下 30% 以内カベルネ・フラン，マルベック（コット），ガメ
- ● ブーダン・ブラン，鮭のバターソース，小魚のフライ，キッシュ，刺身，サワラや家禽の網焼き，盛り合わせサラダ，ナシゴレン，チーズ（AOP サント・モール・ド・トゥーレーヌ）
- ● シャルキュトリ，リエット
- ● バベットステーキ，コック・オ・ヴァン，焼き鳥

AOC
Coteaux du Vendômois　コトー・デュ・ヴァンドモワ

2001

　ヴァンドモワとは，県庁所在地ブロワから北西に 30km たらずのヴァンドームを中心とした地方のこと．9 世紀に遡る伯爵領であったが，1515 年にフランソワ 1 世が公領としてブルゴン公に与え，1712 年以後は王領となった．ブドウ栽培は 5 世紀には始まっていたらしく，ヴァンドーム近郊を訪れたアンリ 4 世がこの地のワインを気に入り，注文したという記録も残されている．ヴァンドームには，1524 年に当地の小貴族の子として生を受けた詩人ピエール・ド・ロンサールの生家と両親の墓が残っている．また，トゥール市生まれの小説家のオノレ・ド・バルザックは，1807 年から 1813 年までオラトリオ教会が経営するこの街の寄宿学校で少年時代を過ごした．産地コミューンのひとつ，モントワール・シュル・ル・ロワールにある駅舎は，1940 年 10 月 24 日ペタン元帥がアドルフ・ヒトラーと会談を行い，ナチス政権への協力を取り決めた駅舎として有名である．

ワインの特徴
- 北限で栽培されるシュナン・ブラン種の特徴で，生き生きとして繊細な味わい．
- ピノー・ドーニス種から造られる，グリ（Gris= 灰色）と呼ばれるロゼワイン．淡い色調でしばしばサーモン色を帯びる．その特徴であるコショウのニュアンスが現れる．軽やかで繊細なワイン．
- 口中アロマティックで複雑味のあるワインか，赤い果実の風味にコショウのようなスパイシーさが加わるワイン．

テロワール
　ロワール渓谷の最北に位置する．ロワール川から離れているため海洋性気候が和らぐ．川の浸食により溝を掘られた地形に，粘土燧石（火打石）の露出が見られる．

Loire（ロワール）／Touraine（トゥーレーヌ）

- シュナン・ブラン，シャルドネ 20% 以内
- （グリ）ピノー・ドーニス 100%
- ピノー・ドーニス 50% 以上，カベルネ・フラン 10 ～ 40%，ピノ・ノワール 10 ～ 40%，ガメ 20% 以内
- ポテトサラダ，スズキのカルパッチョ，アンコウの紙包み焼き，平目のきのこ添え，チーズ（AOP ヴァランセ）
- （グリ）シャルキュトリ，リエット
- 牛フィレの網焼き，鶏の赤ワイン煮

ロワール　179

AOC
Crémant du Loir クレマン・ド・ロワール
1975

　瓶内二次発酵方式で造られ，12か月以上熟成させた白，ロゼの発泡性ワイン．アンジュー，ソーミュール・ムスー，トゥーレーヌ，シュヴェルニー各 AOC 地区のブドウ畑を産地とする．ロワール川流域のこの一帯は，「ロワール古城巡り」という観光旅行で人気で多くの城を擁するが，その姿は一様ではない．クレマン・ド・ロワールの産地をなすブロワ城は，13世紀のゴチック，後期ゴチック，ルネサンス，古典様式の4つの棟が中庭を囲む，異なる建築様式でつくられているのが特徴だ．ヨーロッパ有数の名城と言われるブロワ城は，隠し戸棚のあるカトリーヌ・ド・メディシスの部屋など，内部にも見所が多い．1845年，「国の歴史的建造物」として初めて改修工事され，その後，他の城の改修工事の規範になった．

ワインの特徴
★きめ細やかな泡立ちをもつ．透明で澄んだグレーを帯びた黄金のニュアンスがある麦わら色．白い果実，ヘーゼルナッツやアーモンド，しばしばヴァニラや甘草などの繊細なアロマをもつ．ブリュットはエレガントな口あたり，生き生きとした心地よい辛口．セック，ドゥミ・セックはより甘さを感じさせる．
★サーモンピンクやチェリーの色調．小さな赤い果実のアロマがあり，わずかにタンニンの渋みを感じる．

テロワール
　穏やかな準海洋性気候．ロワール川から離れるにつれ大陸性気候の影響が強まる．粘土石灰岩，粘土燧石（すいせき），砂，軽い小石や粘土などの土壌．多様な気候が多様な土壌とともに多彩な品種を育てる．

- Loire（ロワール）／Anjou Samur Touraine（アンジュー・ソーミュール・トゥーレーヌ）
- ★★シュナン・ブラン，シャルドネ，オルボワ，カベルネ・フラン，カベルネ・ソーヴィニヨン，グロロー，ピノー・ドーニス，ピノ・ノワール
- ★★シャルキュトリ，フォワグラ，小魚のフライ，帆立貝殻焼き，舌平目や若鶏のクリームソース，フライドチキン，豚のスペアリブ湖南風，アイスクリーム，シャーベット，甘いタルト，フルーツ盛り合わせ

AOC

Jasnières　ジャスニエール

1937

　サルト県にある AOC ジャスニエールの畑は，中世，シトー会修道士たちの手で発展した．西側の産地コミューンのロムには巨岩遺跡のドルメンがあり，古くから人が住んでいたようである．また現在，ワイン貯蔵庫にしつらえた洞窟があり，見学や試飲ができるようになっている．東側の産地コミューン，リュイエ・シュル・ロワールのさらに東には，クチュール・シュル・ロワール村が隣接する．この村は，1542 年，詩人ピエール・ド・ロンサールが生まれたラ・ポワソニエール館を擁する地として知られている．なお，サルト県は農水省認定ラベル・ルージュおよび EU 認定 IGP（地理的表示保護）をもつ豚肉を産する．ジャスニエールの北約 40km のル・マン市には，その豚肉を使ったリエット（rillette de uans）が名物料理になっている．

▍ワインの特徴
●フローラルでフルーティーなアロマがあり，しばしばミネラルを伴う．味わいは溌溂として，熟成とともに複雑性が増し，ドライフルーツや蜂蜜の香りが現れ繊細である．良年には貴腐ブドウを選別し，ロワール川沿岸のものに肩を並べる甘口が生まれる．

▍テロワール
　ロワール渓谷の最北に位置し，ロワール川から離れているため大陸性気候の影響で海洋性気候が和らげられる．傾斜した丘陵の上に広がる粘土燧石（火打石）に分解された白亜質テュフォー（Tuffeau）からなる．

　🍴　Loire（ロワール）／Touraine（トゥーレーヌ）
　🍇　●●シュナン・ブラン 100%
　🍴　●●リエット，シャルキュトリ，キッシュ，盛り合わせサラダ，きのこのソテー，チーズ（AOP ヴァランセ，AOP コンテ），甘口にフォワグラ

ロワール　**181**

AOC
Menetou-Salon メヌトゥー・サロン

1959

シェール県ブールジュ市の北北東18kmに位置するメヌトゥー・サロンの周辺が産地．

歴代メヌトゥー領主で最も有名な人物と言えば，シャルル7世の大蔵卿ジャック・クール．ベリー公国の中心地ブールジュで毛皮商人の子に生まれた彼は，商才を生かして財を成し，百年戦争末期シャルル7世を助けた．この地のワインは，大富豪ジャック・クールの食卓を飾るワインであったと記録されている．また，シャルル7世の寵妃アニェス・ソレルは，現在彼女にちなみクロ・ド・ラ・ダムと呼ばれる畑のワインを飲みながら，メヌトゥー城に今でも残る菩提樹の木陰で休むことを好んだという．そのほか，ブールジュには，ジャック・クール邸のほか，世界遺産に登録されたブールジュ大聖堂ことサン・テティエンヌ大聖堂など見所が多い．

ワインの特徴
- アカシアなどの白い花や，火打石，ミント，柑橘類の控えめな香りがある．わずかにコショウなどのスパイスと麝香の香りを伴う．味わいは円く溌溂としており，辛口で余韻が長い．
- 白い果実や乾燥した果実のアロマがあり，味わいはエレガントで繊細である．
- ルビー色のきれいな色調．チェリーやスモモなどの赤い果実のアロマが豊かでフルーティーである．熟した果実の風味が口中を満たし，味わいはしなやかで腰があり，フィネスを感じる．

テロワール
日照に恵まれた大陸性気候で，冬と夏の気温の変化が著しい．土壌のほとんどは粘土石灰岩や泥灰岩からなる．

- Loire（ロワール）／Centre-Loire（中央ロワール）
- ソーヴィニヨン・ブラン
- ピノ・ノワール
- 野菜炒め，ウインナーシュニッツェル，ムール貝のフライ，エスカルゴ，アスパラガスのタルト，魚のパイ包み焼き，ブーダン・ブラン，鶏ときのこのご飯，チーズ（AOPクロタン・ド・シャヴィニョル）
- シャルキュトリ，伊勢海老鬼殻焼き，アーティチョークのロースト，マイルドなカレー，鶏とリンゴのサラダ胡麻ドレッシング
- 野菜のピッツァ，ソーセージの網焼き，きのこのリゾット，熟成したものにバベットステーキ，豚の生姜焼き

AOC
Montlouis-sur-Loire モンルイ・シュル・ロワール (1938), Montlouis-sur-Loire Mousseux モンルイ・シュル・ロワール・ムスー (1938), Montlouis-sur-Loire Pétillant モンルイ・シュル・ロワール・ペティヤン (1938)

　モンルイ・シュル・ロワール，モンルイ・シュル・ロワール・ムスーは発泡性ワイン．モンルイ・シュル・ロワール・ペティヤンは微発泡性ワインである．産地はトゥールの町とアンボワーズの町の間．ロワール川をはさむ対岸は，AOC ヴーヴレの生産地区である．モンルイには，現在シャトーホテルとして利用されている邸宅，ラ・ブルデジエール城がある．この城は 16 世紀に，国王フランソワ 1 世が愛妾マリー・ゴダンのため，彼女の夫で大蔵卿のフィリベール・バブーに建てさせたものだった．マリー・ゴダンはフランソワ 1 世のみならず神聖ローマ帝国皇帝カール 5 世やローマ教皇クレメンス 7 世をも虜にした，当代一の美女として知られていた．産地コミューンのひとつ，サン・マルタン・ル・ボーには，歴史的建造物の指定を受けたサン・マルタン教会がある．凍える人に自分の外套を分け与えた逸話で世界的に有名な聖マルタンは，4 世紀のトゥール司教であった．

■ワインの特徴
- 時の経過とともにアーモンド，カリン，ミネラルの豊かな香りが現れる．熟成すると美しい黄金色となり，蜂蜜，蜜蝋，カリンのゼリー，ドライフルーツの香りが豊かになる．辛口は軽く繊細で気品がある．甘口は芳香高く，厚みのあるボディであるが，常に溌溂さを失わない．
- ★輝く麦わら色．アカシアなどの白い花，クマツヅラ，ブリオッシュの芳醇な香りをもつ．

■テロワール
　北はロワール川，南はシェール（Cher）川，東はアンボワーズの森に囲まれ，温暖な気候に恵まれている．石灰岩台地の上に堆積する砂質粘土質の土壌．底土は粘土質砂岩，砂質粘土や燧石（火打石）．

- Loire（ロワール）／Touraine（トゥーレーヌ）
- ●●★シュナン・ブラン 100％
- ●テリーヌやシャルキュトリ，キッシュ，ヤマメの塩焼き，ワカサギのフライ，帆立貝殻焼き，刺身，ローストチキン，加熱圧搾チーズ（AOP ヴァランセ，AOP コンテ）
- ●フォワグラ，かぼちゃのタルト，チーズ（AOP フルム・ド・モンブリゾン），アイスクリーム，シャーベット，甘いタルト
- ★フルーツを添えたケーキ

ロワール　183

AOC
Muscadet-Sévre-et-Maine　ミュスカデ・セーヴル・エ・メーヌ
1936

　ミュスカデの産地は，ロワール川口の約50km上流にあるナント市を南から取り囲むように広がっている．ナントは，小説家でSFの父と呼ばれるジュール・ヴェルヌが生まれ育ったロワール地方最大の都市．ローマ帝国時代より交通の要衝だったナントを取り巻く地域には，さまざまな品種のブドウが持ち込まれた．メロンに似た葉をもつムロン・ド・ブルゴーニュ種は17世紀前半に導入され，地元ブルゴーニュ地方ではあまり育てられなかったが，ここナント地区では「ミュスカデ種」の通称とともに定着していった．ナントは，15世紀以来の建造物が残る旧市街のほか，ナント美術館，ル・コルビュゼが設計したロワール南岸の新市街ナント・ルゼなど，見所が多い．

　この他，ナント市周辺には，AOC ミュスカデ（Muscadet），AOC ミュスカデ・コトー・ド・ラ・ロワール（Muscadet-Coteaux de la Loire），AOC ミュスカデ・コート・ド・グラン・リュー（Muscadet Côtes de Grand-Lieu）があり，辛口白ワインを算出している．またミュスカデ種ではなく，フォル・ブランシェ主体の AOC グロ・プラン・デュ・ペイ・ナンテ（Gros Plant du Pays Nantais）もナント市周辺で産出される辛口白ワインである．また，AOC グロ・プラン・デュ・ペイ・ナンテの近隣に AOC フィエフ・ヴァンデアン・ブレム（Fiefs Vendéens Brem）がある．AOC フィエフ・ヴァンデアン・シャントネイ（Fiefs Vendéens Chantonnay），AOC フィエフ・ヴァンデアン・マルイユ（Fiefs Vendéens Mareuil），AOC フィエフ・ヴァンデアン・ピソット（Fiefs Vendéens Pissotte），AOC フィエフ・ヴァンデアン・ヴィックス（Fiefs Vendéens Vix）．

ワインの特徴
- 緑を帯びた淡い色調．白い花の香りがあり，火打石を擦った香りやミネラル感にあふれる．味わいは繊細で生き生きとして酸味のある辛口ワイン．わずかに発泡していることがある．

テロワール
　穏やかな海洋性気候の日照条件の良い斜面にブドウは植えられている．褐色の酸性土壌，変化に富んだ片麻岩や雲母片岩，わずかな花崗岩土壌．石灰岩が含まれていないのが特徴．

- Loire（ロワール）／Sud-Ouest（南西部）・Pay Nantais（ナント）
- ●ムロン・ド・ブルゴーニュ（ミュスカデ）100%
- ●生牡蠣，刺身，マスのリエット，ヒメジの網焼きナント風，ミラノ風リゾット，チーズ（AOP シャビシュー・デュ・ポワトー）

AOC
Orléans オルレアン

2006

オルレアン市はパリの南約 130km に位置し，町はロワール川右岸に，畑は両岸に広がっている．オルレアンの名は，3世紀のローマ皇帝アウレリアヌスが変化したという．百年戦争中に，7か月にわたり町を包囲していた英軍を，ジャンヌ・ダルクが撃破した 1429 年の戦いは有名である．「オルレアンの少女」の姿は，サント・クロワ大聖堂のステンドグラスや，マルトロワ広場の騎馬像など，町のあちこちで目にすることができる．ロワール地方は山羊乳製チーズが有名だが，オリヴェという名の牛乳製のチーズがあり，オルレアンのワインとのマリアージュが楽しめる．

なお，オルレアンには AOC オルレアン・クレリ（Orléans-Cléry）という，カベルネ・フラン種主体で造られる，チェリーなど赤い果実の香りが心地よい赤ワインがある．

▌ワインの特徴
- 🟢 シャルドネ種から造られる，まろやかで心地よい，軽く繊細なワイン．若いうちに楽しむ．
- 🔴 ピノ・ムニエ種が主体となって軽く端正な味わいを表し，ピノ・ノワール種がバランスをとる．

▌テロワール
大陸性気候の影響が強い海洋性気候．緯度が高く冷涼な気候と，ロワール川の影響を受ける．左岸は，古い沖積土からできた段丘にあり，砂利混じりの砂土質土壌．右岸は石灰岩土壌．

🔍	Loire（ロワール）／Touraine（トゥーレーヌ）
🍇	🟢 シャルドネ 60％ 以上，ピノ・グリ
	🌸 ピノ・ムニエ 60％ 以上，ピノ・グリ，ピノ・ノワール
	🔴 ピノ・ムニエ 70 ～ 90％，ピノ・グリ，ピノ・ノワール
🍴	🟢 イワナの塩焼き，チキン・シーザーサラダ，トマトとズッキーニのフリッタータ
	🌸 シャルキュトリ，リエット，チーズ（オリヴェ，パヴェ・ブレソワ）
	🔴 鮭の蒸し煮，ローストビーフ，鶏胸肉の網焼き

ロワール　185

AOC

Pouilly-Fumé プイィ・フュメ，または Blanc Fumé de Pouilly
ブラン・フュメ・ド・プイィ（1937），
Pouilly-sur-Loire プイィ・シュル・ロワール（1937）

　プイィ・フュメまたは（ブラン・フュメ・ド・プイィ）はソーヴィニヨン・ブラン種から造られる白ワインだが，フュメ（fume＝煤がついた，スモークした）という名の由来は，収穫時にブドウの表面についた蠟粉と呼ばれる灰白色の粉が煤のように見えるためだとする説が有名だ．また，このテロワールがワインに与える，発火石のような独特の香りに由来するという説もある．産地コミューンのひとつ，トラシー・シュル・ロワールには，歴史的建築物に指定されたルネサンス様式の城，シャトー・ド・トラシーがある．プイィ・シュル・ロワールの産地に用いられるシャスラ種は，生食用ブドウ品種として19世紀半ばに大成功を収めたのだが，べと病やフィロキセラの相次ぐ流行により大打撃を受けた．現在も栽培面積は，ソーヴィニヨン・ブラン種に比べ，はるかに小さい．

▌ワインの特徴
● レモンやグレープフルーツなどの柑橘類のアロマが豊かで，エニシダ，アカシアやライチ，ヘーゼルナッツやカリンのアロマもある．フルーティーさに偏ることなく火打石などのミネラル香とのバランスがよい．酸が生き生きとして率直．力強くボディがあり，余韻が長い．

▌テロワール
大陸性気候で，冬と夏との基本の変化が著しい．土壌は以下のように四分される．
①石灰岩を含む砂利質土壌
②キンメリジアンを含む泥灰土からなる土壌
③石灰岩を含む砂利質土壌
④燧石（火打石）を含む粘土燧石（火打石）土壌

🔍　Loire（ロワール）／Centre-Loire（中央ロワール）

🍇　プイィ・フュメ▶
　●ソーヴィニヨン・ブラン 100%
　プイィ・シュル・ロワール▶
　●シャスラ 100%

🍴　プイィ・フュメ▶
　●トマトのタルト，ムール貝ワイン蒸し，帆立貝殻焼き，鶏網焼きレモン風味，鮭の南蛮漬け，ローストポーク，チーズ（AOPクロタン・ド・シャヴィニョル）
　プイィ・シュル・ロワール▶
　●生のハーブ入りのサラダ，スパゲティ・ボンゴレ，シャリキュトリ，海老フライ，スズキ網焼き，茶碗蒸し

AOC
Quarts de Chaume カール・ド・ショーム

1954

カール・ド・ショームは AOC コトー・デュ・レイヨン，AOC ボヌゾーと並びアンジュー地区を代表する貴腐ワイン．カール・ド・ショームという名は，中世，ショーム領主が産品のなかでも良質なもの 4 分の 1，つまりフランス語で言うカール（quart）を徴収していた史実によると伝えられている．ブドウ栽培は中世初期には始まっているが，この地域で甘口ワインが造られるようになるのは，16 世紀にアルコール度の高い白ワインを好むオランダ商人の到来以降であった．高いアルコールのワインは，長い航海でも劣化せず，壊血病に効果があると考えられていた．当時，石炭，石灰，ワインは，レイヨン川を運河として本流のロワール川へ運び出されていた．現在は，合流地点のシャロンヌ・シュル・ロワールを起点に，渓谷とブドウ畑の間を小さな観光電車が走っている．

▌ワインの特徴
● 緑色を帯びた深みのある黄金色．若いうちは花，白い果実，柑橘類の砂糖漬けやトロピカルフルーツのアロマが豊か．5 〜 10 年経ると木の香り，乾燥果実や砂糖漬けの果実，蜂蜜，焼いたアーモンドなどの複雑な香りと，際立つミネラル感が現れる．味わいはなめらかでオイリー．ボディが力強く，甘さと酸味のバランスがとれた甘口ワインの典型．

▌テロワール
穏やかな海洋性気候．レイヨン川が大きく蛇行している影響で，朝は霧が出る．そのため貴腐菌が発生しやすい．片岩と砂岩が特徴の土壌．

- Loire（ロワール）／Anjou Saumur（アンジュー・ソーミュール）
- ● シュナン・ブラン 100%
- ● フォワグラのポワレ，AOP ブレス産肥育鶏，北京ダック，チーズ（AOP フルム・ダンベール），洋梨のロックフォールタルト，アンズのスフレ

ロワール 187

AOC
Quincy カンシー

1936

ブールジュ市の西約 18km に位置するカンシーの畑は，ロワール川の支流シェール川左岸を北のヴィエルゾン市に向かって広がっている．ユリウス・カエサルの『ガリア戦記』に登場するビトゥリゲス族が住んでいた当時からブドウ栽培は始まっていたようで，ボルドー地方にブドウをもたらしたのは彼らだとする説があるほど，その歴史は古い．1120 年の教皇カリストゥス 2 世の勅書にも，当地のワインについての記述がある．現在，この地で栽培されている品種，ソーヴィニヨン・ブラン種は，ブールジュとカンシーの中程にあったシトー派ボーヴォワール女子修道院の尼層たちが導入したと言われている．

粗衣粗食を旨とするシトー会では当時，塩漬け食品を食べることが多かった．そのため，喉の乾きを癒すのにワインが造られたとか，聖王ルイ 9 世と母后ブランシュ・ド・カスティーユがこの修道院を訪れ，ワインの質が上がったなどとも言われている．

▎ワインの特徴
- グレープフルーツなど柑橘類のフルーティーな香り．アカシアなどの白い花，ミント，コショウなどのスパイス，蜂蜜，焼いたような香りを伴う．味わいは酸が生き生きとして腰があり，繊細でフィネスがある．

▎テロワール
夏は比較的暑く乾燥している．大陸性気候で冬と夏との気温の差が著しい．シェール川の砂土と小石からなる占い台地の土壌は以下のように二分される．
①粘土質からなる基層の上の砂土と小石が含まれる土壌
②赤い砂土からなる基層の上の砂土質土壌
③粘土質砂土や粘土質あるいは砂の少ない基層の上の泥砂質土壌

- Loire（ロワール）／Centre-Loire（中央ロワール）
- ● ソーヴィニヨン・ブラン，ソーヴィニヨン・グリ 10% 以内
- ● ルッコラサラダ，アスパラガスのパンツァネッラ，アンチョビ添えスパゲティ・カルボナーラ，牡蠣フライのわさびソース，魚のテリーヌ，ブーダン・ブラン，ローストポーク，チーズ（AOP シャヴィニョール，AOP プリニィ・サン・ピエール，ヴァランセ）

AOC
Reuilly ルイィ

白 *1937*, ロゼ・赤 *1961*

7世紀前半，ルイィとブドウ畑を含む周辺の土地は，メルヴィング朝フランク王ダゴベール1世によりサン・ドニ修道院に寄進された．ダゴベールがパリ北郊に創設した同修道院は，税制上の特権や王の墓所に指定されるという栄誉に加え，僧たちが造るワインを販売できるよう，市を開く許可まで与えられていた．年に一度のこの市はその後大きく発展し，中世フランス屈指の賑わいを見せた．そして，イギリスや北方諸国との通称も行われるようになっていった．ルイィに建つロマネスク様式の教会も，同じ聖ドニに捧げられており，11世紀の地下聖堂を見ることができる．なお，ルイィは怪盗紳士アルセーヌ・ルパンのモデルのひとり，無政府主義者マリウス・ジャコブが晩年を過ごすために選んだ穏やかな町である．

■ワインの特徴
- ●アカシア，ミントなど，花や植物の香りをもち，アンズ，レモン，グレープフルーツのフルーティーなアロマが豊か．味わいは溌溂として厚みのあるなめらかな辛口．
- ●淡いバラ色．ミント，コショウ，白桃や木イチゴなどの繊細な香りをもつ．味わいは柔らかいが，骨格がしっかりとしてボディがある．
- ●スミレとチェリー，木イチゴや桑の実の魅力的で複雑なアロマがある．味わいはボディがあり，軽やかで果実の風味が際立っている．

■テロワール
大陸性気候で冬と夏との気温の差が著しい．緩やかな勾配の泥灰岩の丘陵および砂土と小石の高い台地にある．

- Loire（ロワール）／Centre-Loire（中央ロワール）
- ●ソーヴィニヨン・ブラン 100%
- ●ピノ・ノワール，ピノ・グリ
- ●ピノ・ノワール 100%
- ●セビーチェ，フェタチーズのサラダ，マスのムニエル，マナガツオの和風ソース，仔牛のピカタ，チーズ（AOPセル・シュル・シェール）
- ●アスパラガスのサラダ，シャルキュトリ，アンドゥイエット，タンドリーチキン，牛肉のたたき
- ●鮭の網焼き，ラムチョップ，ローストチキン，鴨の和風ソース，鶏のバルブイユ

ロワール

AOC
Rosé Anjou ロゼ・ダンジュー

1936

　アンジューといえば一般に，15世紀ルイ善王の時代から「花と芸術の都」と謳われたアンジェ市を中心に，5つの各県にまたがる地域を指すが，ワインの生産地は，メーヌ・エ・ロワール，ドゥー・セーヴル，ヴィエンヌに限られている．9世紀に伯爵領となったアンジェーの領主でよく知られるのは，帽子に好んでつけたエニシダの若芽にちなみプランタジュネの愛称で呼ばれたジョフロワ5世である．その息子のアンリは英プランタジネット朝（1154～1399）の始祖ヘンリー2世となった．一方，のちにこの地を得た仏カペー朝の聖王ルイ9世は，弟をアンジュー伯とし，新たなアンジュー家を創った．アンジェには，この当時築かれた城壁が今も残っている．場内に展示されているタペストリーは「ヨハネの黙示録」を表現したゴチック芸術として名高い．

　なお，アンジュー地区のそのほかのAOCにAOCアンジュー（Anjou，白，ロゼ，赤），AOCアンジュー・ガメ（Anjou Gamay，赤），AOCカベルネ・ダンジュー（Cabernet d'Anjou，赤）などがある．

▎ワインの特徴
● 外観は澄んで輝きがあり，サーモンピンクやオニオンスキン色を帯びた木イチゴ色．イチゴやスグリなどの小さな赤い果実やミントの香り．白コショウのニュアンスも．味わいは円く心地よくフルーティー．バランスの取れた甘口で，後味が爽やか．

▎テロワール
　海洋性気候のため冬は温暖で夏は快適．気候の変化は少なく日照に恵まれている．土壌はアンジュー・ノワールとアンジュー・ブランに2分される．アンジュー・ノワールの地域は，砂岩や他の沖積岩，噴出岩でできた山塊の境界．アンジュー・ブランの地域は，テュフォー（Tuffeau）と呼ばれる白亜質から変化した白い土壌である．

> 　Loire（ロワール）／Anjou Saumur（アンジュー・ソーミュール）
> ● カベルネ・フラン，カベルネ・ソーヴィニオン，マルベック（コット），ガメ，グロロー，ピノー・ドーニス
> ● シャルキュトリ，盛り合わせサラダ，タンドリー・チキン，タルト，フルーツ

AOC
Rosé de Loire ロゼ・ド・ロワール

1974

ロワール川流域にならぶ，アンジュー，ソーミュール，トゥーレーヌの畑で多く造られる辛口ロゼ．ロワール川はフランス最長の川で，その渓谷は「フランスの庭」と呼ばれる風光明媚な一帯を成すが，水量の増減が激しく，気まぐれな川と言われている．夏は水が減り，1933年にはトゥールで対岸に歩いて渡れるほど水位が下がったという歴史をもつ．その一方，冬から春は雨や雪の影響で増水し，洪水を引き起こすことが多かった．そのため，治水工事が古くから行われ，文献に登場する最初の堤防建設は821年，シャルルマーニュの息子，フランク国王1世の時代に遡る．なお，2000年ロワール川流域約250km（アンジェ市の西10km弱にあるシャロンヌからオルレアン市の東15kmほどのシュリーまで）の地区は世界遺産に登録され，数々の建造物に彩られた景観や自然環境の保護がすすめられている．

■ワインの特徴
● 澄んでグレーを帯びた淡いバラ色や，オレンジのニュアンスのある木イチゴ色．イチゴ，木イチゴやスグリなどの小さな赤い果実やスミレの花，キャンディのアロマ．果実香のあるフレッシュで心地よい辛口ロゼワイン．

■テロワール
穏やかな準海洋性気候だが，かなり乾燥している．地域が広く，土壌は多様性に富む．アンジュー地域は片岩，ソーミュールとヴーヴレ地域は白亜質のテュフォー（Tuffeau）が主体．

- Loire（ロワール）／Anjou Saumur Touraine（アンジュー・ソーミュール・トゥーレーヌ）
- ● カベルネ・フラン，カベルネ・ソーヴィニヨン，ガメ，グロロー，ピノー・ドーニス，ピノ・ノワール
- ● シャルキュトリ，盛り合わせサラダ，ピッツァ，バーベキュー，キッシュ，ブルスケッタ，小魚のフライ，甘いタルト，フルーツの盛り合わせ

ロワール 191

AOC
Saint-Nicolas-de-Bourgueil サン・ニコラ・ド・ブルグイユ

1937

　サン・ニコラ・ド・ブルグイユは，カベルネ・フラン種主体で造られるロゼ，赤．この品種は，1152年，アンジュー伯アンリがアキテーヌ女公アリエノール・ダキテーヌと結婚したのを機にアキテーヌ地方からもらされたと言われる．なお，ロワール川からピレネー山脈におよぶ広大な領地をもつアリエノールとアンリの結婚は，彼女が仏王ルイ7世と離婚した直後のことであった．この結婚は後の百年戦争の遠因となっていく．現在は，ブルグイユはアンドル・エ・ロワール県に区分されているが，大革命まではアンジュー地方ソーミュール（現メーヌ・エ・ロワール県）の一角をなしていた．また，この地は，詩人ピエール・ド・ロンサールが恋歌をささげた村娘マリー・デュパンの故郷でもある．

■ワインの特徴
- 🔴 赤や白い果実のアロマがフレッシュで，しばしば柑橘系の香りが際立つ．
- ⚫ チェリーなどの赤い果実の豊かなアロマに，スミレと青ピーマンの香りを伴う．味わいは生き生きとしてバランスがよく溌溂としている．土壌の違いによって，しなやかで喉ごしがよい早熟タイプと骨格がしっかりしてコクがある長熟タイプがある．

■テロワール
　大西洋の影響から，ブルグイユよりわずかに海洋性気候がまさる．多くは，砂土と砂利からなる沖積土が段丘上に広がった深い土壌．残りは白亜質テュフォー（Tuffeau）からなる丘陵の土壌で，段丘の上にあり砂土で覆われている．

 Loire（ロワール）／Touraine（トゥーレーヌ）

 🔴⚫ カベルネ・フラン，カベルネ・ソーヴィニヨン10%以内

- 🔴 シャルキュトリ，魚網焼き，盛り合わせサラダ，木イチゴのデザート
- ⚫ サワラの紙包み焼き，豚フィレ，ローストビーフ，ペッパーステーキ，チーズ（AOPサント・モール・ド・トゥーレーヌ），チョコレートムース

AOC
Sancerre サンセール

1936

シェール県にあるサンセールの町は，ロワール川を左岸から見下ろす丘にある．ブールジュ市の北東，プイィの対岸である．河川交通の要所であったので，早くも12世紀には初代サンセール伯によって城塞と町の防除壁が築かれ，大きく発展した．しかし，新教側として戦った宗教戦争，王党派が蜂起した大革命期を経て，次第に勢力をそがれることになる．町の西側に連なる丘でブドウ栽培が古くから行われ，6世紀末の記録に残るが，大きく発展したのは12世紀．当時主流であった赤ワインは水利に恵まれ高い知名度を誇っていた．『ベリー公のいとも豪華なる時禱書』をつくらせたことで知られるベリー公ジャンには「王国一のワイン」と評されている．また，サンセールを中心とするサンセロワ地区では，16世紀から山羊の飼育とチーズづくりが盛んであった．シェール県全域でつくられるシェーヴルチーズのAOPクロタン・ド・シャヴィニョルは，サンセールの西3kmにあるシャヴィニョル村から広まっていったようである．

■ワインの特徴
- ●エニシダやカシスの芽などの植物の香りが多く感じられ，アカシア，ジャスミンや柑橘類の香りが高い．味わいは，生き生きとして果実の風味が豊か．エレガントで気品がある．
- ●ミント，コショウ，アンズやスグリの香り．味わいはフィネスがある．
- ●チェリー，桑の実や甘草の香りが豊か．心地よく引き締まった味わい．しっかりとした骨格をもち，ボディがある．余韻が長く，長熟型のワイン．

■テロワール
大陸性で冬と夏の気温の変化が激しい．ロワール川の激しい浸食と断層によってできた丘陵にある．土壌は以下のように三分される．①最も西寄りの丘陵の小さな牡蠣殻を含む泥灰土や粘土石灰岩からなる土壌，②小石の多い石灰岩を含む砂利質土壌，③東寄りの丘陵にある粘土珪土質土壌．

- Loire（ロワール）／Centre-Loire（中央ロワール）
- ●ソーヴィニヨン・ブラン100%
- ●ピノ・ノワール100%
- ●野菜のタルト，生牡蠣，帆立貝の和風ソース，海の幸のテリーヌ，ルッコラのサラダ，スズキのオランデーズソース，蟹ピラフ，ポークソテー，仔牛の照り焼き，チーズ（AOPクロタン・ド・シャヴィニョル）
- ●シャルキュトリ，ニース風サラダ，ナシゴレン，タコス，セビーチェ
- ●鮭網焼き，きのこのピッツァ，鶏のソテー ズッキーニ添え，ハンバーガー，鶏の照り焼き，スペアリブ

AOC
Saumur ソーミュール
1957

　ロワール，トゥーエ，ディヴの3つの河川が流れるソーミュール市は，「アンジュー地方の真珠」と呼ばれる美しい町．アンジェ市からロワール川を40kmほど遡ったところにあり，その地の利から，12世紀から現在にいたるまでロワールワイン取引の拠点として栄えてきた．オノレ・ド・バルザックの小説『ウジェニー・グランデ』のなかで，樽屋からブドウ畑の経営に手を広げ，一代で財を成した守銭奴グランデ老人の活躍する舞台となるのが19世紀初頭のソーミュールだ．町のシンボル的な存在のソーミュール城は，15世紀の装飾写本のなかで，ブドウ収穫の様子を描いた9月に登場している．また，シャネルの創業者であるココ・シャネルは1883年，この地に生まれた．その他ソーミュール地区にAOCソーミュール・シャンピニィ（Saumur Champigny，赤），AOCカベルネ・ド・ソーミュール（Cabernet de Saumur，ロゼ），AOCソーミュール・ピュイ・ノートルダム（Saumur Puy-Notre-Dame，赤）がある．

ワインの特徴
- 香りは生き生きとして，白い果実の砂糖煮や白い花のアロマをもっている．味わいはボディがあり，心地よくバランスがとれている．
- アロマは繊細で，赤い果実を思い起こさせる．フレッシュでフルーティー，軽やかでバランスの良いワイン．
- 木イチゴなどの赤い果実とアイリスやスミレの花のアロマ．きめの細かいタンニンで，後口が潊渕として調和がとれている．

テロワール
　穏やかな準海洋性気候．白亜質のテュフォー（Tuffeau）の露出した丘の上にある白い土壌アンジュー・ブランが主体．砂岩，沖積岩，褐色土壌アンジュー・ノワールにも分散している．

- Loire（ロワール）／Anjou Saumur（アンジュー・ソーミュール）
- シュナン・ブラン（ピノー・ド・ラ・ロワール）
- カベルネ・フラン，カベルネ・ソーヴィニョン
- カベルネ・フラン，以下併せて30％以内カベルネ・ソーヴィニョン，ピノー・ドーニス
- キッシュ，クラムチャウダー，帆立貝ソテー，小魚のフライ，刺身，舌平目の白バターソース，鶏のクリーム煮，チーズ（AOPコンテ，AOPアボンダンス，AOPボーフォール）
- シャルキュトリ，鶏網焼き
- フライドチキン，焼き鳥，平目の黒バターソース，ローストポーク干しアンズ添え，AOPメイヌ・アンジュー牛の網焼き，ハンバーガー

AOC
Saumur Mousseux ソーミュール・ムスー
1957

ソーミュール・ムスーはシャンパーニュのトラディショナル製法と同じく，瓶内二次発酵で造られ，9ヶ月以上熟成させる発泡性ワイン．ソーミュール地区の丘には，テュフォーと呼ばれる白い石灰岩を何世紀も切り出してきた穴が残っているが，この石切場跡は貯蔵庫として使用されてきた．生産地域は，AOC ソーミュールを含むロワール川の左岸である．この地の主産業は古来よりワインほか農産物であったが，17世紀初めからロザリオや信仰の証として身につけるメダイ（メダル）の製造が加わった．癒しの力があると信じられてきた泉のそばで嘆きの聖母ピエタ像が発見され，記念に建立されたノートルダム・デ・ザルディエリ大聖堂がフランス有数の巡礼地となったためである．サン・ピエール教会はじめ数多くのカトリック教会や，歴史的建造物指定のプロテスタント教会，ソーミュール城など，ソーミュールは美しい建築物の宝庫だ．

■ワインの特徴
★きめ細かな泡立ちがあり，透明で澄んだグレーを帯びた黄金のニュアンスをもつ麦わら色．白い果実，ヘーゼルナッツやアーモンド，しばしばヴァニラやトースト香などの繊細なアロマをもつ．エレガントな口あたり．生き生きとして心地よく，ときに刺激的な辛口．

★サーモンピンクやチェリーの色調．小さな赤い果実のアロマがあり，味わいはわずかにタンニンの渋みを感じる．

■テロワール
穏やかな準海洋性気候．白亜質のテュフォー（Tuffeau）の白い土壌アンジュー・ブランが主体．褐色土壌アンジュー・ノワールの片岩もある．土壌や気象条件がさまざまで，多様なブドウ品種が栽培されている．

🍇	Loire（ロワール）／Anjou Samur（アンジュー・ソーミュール・トゥーレーヌ）
🍇	★★シュナン・ブラン（ピノー・ド・ラ・ロワール），シャルドネ，ソーヴィニョン・ブラン，カベルネ・フラン，カベルネ・ソーヴィニヨン，ガメ，グロロー，ピノー・ドーニス，ピノ・ノワール
🍴	★★シャルキュトリ，グージェール，蟹のカクテル，フォワグラ，小魚のフライ，鶏のクリームソース，ベトナム風焼き魚，刺身，アイスクリーム，シャーベット

ロワール 195

AOC
Savennières サヴニエール（1952），
Savennières Roche-aux-Moines サヴニエール・ロッシュ・オ・モワンヌ（1952），Savennières Coulée de Serrant サヴニエール・クーレ・ド・セラン（1952）

サヴニエールの名は，「サボン草の村」を意味するラテン語「ウィクス・サポナリア」に由来する．それは，水に浸して揉むと泡が立つナデシコ科の植物であるサボン草が，ロワール川沿いに多く見られるからである．ロワール川の北岸が生産地だが，サヴニエールのなかで特に知られているのは，クーレ・ド・セランとロッシュ・オ・モワンヌの辛口白ワインである．クーレ・ド・セランは，人智学者のルドルフ・シュタイナーが提唱したビオディナミ（バイオダイナミクス）という天体の動きなどを考慮した有機農法によって造られるワイン．しかも，この呼称は，ニコラ・ジョリーという生産者のモノポル，つまり単独所有となっている．また，ロッシュ・オ・モワンヌは，13世紀末，岩（ロッシュ）が多いこの土地の寄進を受けたアンジェ・サン・ニコラ修道院の修道士たち（モワンヌ）が，棚状のブドウ畑をつくったことにちなみ名づけられた．

▌ワインの特徴
●● 緑を帯びた麦わら色から金色．菩提樹，アニス，グレープフルーツ，洋梨，蜂蜜，カリンのアロマと持ち，ミネラル香も豊富．熟成するとヘーゼルナッツ，甘苦系のスパイス，グレープフルーツやレモンの砂糖漬けの複雑な香りが現れる．ボディが豊かで，生き生きとした味わいがあり，エレガントでバランスがよく余韻が長い．

▌テロワール
海洋性の気候．ロワール川に張り出した岩の斜面の高いところにある．土壌は深く，片岩または砂岩質片岩が主体で，ところにより小花崗岩と砂岩からなる．

- Loire（ロワール）／Anjou Saumur（アンジュー・ソーミュール）
- ●● シュナン・ブラン 100％
- サヴニエール／サヴニエール・ロッシュ・オー・モワンヌ▶
  - ● キッシュ，ヤマメの白バターソース，ブルターニュ牡蠣の卵黄煮，仔牛のクリーム煮，ズッキーニのフライ，タイカレー，刺身，チーズ（AOP セル・シュル・シェール）
  - ● チーズ（AOP ブルー・ドーヴェルニュ）
- クーレ・ド・セラン▶
  - ● 鰻の燻製，鮭の網焼き，ブーダン・ブラン，帆立貝のポワレ，伊勢海老のアメリカンソース
  - ● フォワグラ，チーズ（AOP リヴァロ，マロワール）

196 Loire

AOC
Touraine トゥーレーヌ

1939

　トゥール市を中心に東はブロワ，西はカンド・サン・マルタンまでの広大は地域が AOC トゥーレーヌの産地．トゥーレーヌといえば，古くから国王や貴族が好み城を築いてきた．

　首都トゥールは，パリと大西洋岸のさまざまな都市や巡礼地のサンティアゴ・デ・コンポステーラを結ぶ交通の要衝として栄えてきた．豚肉でつくるリエット・ド・トゥールや，サブレ生地に砂糖漬けのフルーツなどを加えてつくるヌガー・ド・トゥールが特産品として知られている．また，文豪のオノレ・ド・バルザックは，作品の舞台にこの地方をしばしば選んだ．名作『谷間の百合』では，モルソフ夫人を恋する主人公フェリックス青年に「私は芸術家が芸術を愛するようにここを愛しているのです」と当地への想いを語らせた．

　なお，トゥーレーヌの産地のコミューンのひとつで AOP シエーヴルチーズでも有名なサント・モール・ド・トゥーレーヌから 15km ほど南東のラ・エ村では 1596 年に哲学者ルネ・デカルトが生まれている．当地区には，発泡性ワインの AOC トゥーレーヌ・ムスー（Touraine Mousseux）と AOC トゥーレーヌ・ペティヤン（Touraine Pétillant）がある．また，非発泡性の白と赤を産出する AOC トゥーレーヌ・シュノンソー（Touraine Chenonceaux）や，非発泡性の赤を産出する AOC トゥーレーヌ・ガメ（Touraine Gamay）がある．

■ワインの特徴

- ●ソーヴィニヨン・ブランから造られる辛口ワインがほとんど．エニシダ，スイカズラ，トロピカルフルーツの香りが印象的で溌溂としている．シュナン・ブラン種から造られるワインにはフィネスがある．
- ●生き生きとしてフルーティーで繊細な辛口．ピノー・ドーニス種がスパイシーな風味をもたらす．
- ●ガメ種主体で造られるワインがほとんどで，軽やかで，赤い果実の特徴的なアロマがあるフルーティーなワイン．カベルネ・フラン種やコット種を加えたものは 3〜4 年熟成できる腰のあるワインとなる．

■テロワール

　準海洋性気候．東に向かうにつれ大陸性気候の影響が強くなり，多様な土壌とあいまって多様なブドウ品種が栽培されている．土壌は白亜質の粘土石灰岩や粘土燧石，白亜質のテュフォー（Tuffeau）の表面を覆う軽い小石，石灰質の化石と砂の土壌．東部では粘土層の上に砂などが混じった層が重なった多様な土壌．

Loire（ロワール）／Touraine（トゥーレーヌ）

- 🍇 ●ソーヴィニヨン・ブラン，20％以内ソーヴィニヨン・グリ
- ●各70％以内カベルネ・フラン，カベルネ・ソーヴィニヨン，コット，ガメ，グロロー，ムニエ，ピノー・ドーニス，ピノ・グリ，ピノ・ノワール
- ●コット50％以上，カベルネ・フラン併せて80％以上，カベルネ・ソーヴィニヨン，ガメ，ピノ・ノワール
- 🍴●クラブケーキ，スパイシートマトオムレツ，帆立の殻焼き，平目の白バターソース，小魚のフライ，キッシュ，チーズ（AOPサント・モール・ド・トゥーレーヌ）
- ●シャルキュトリ，リエット，サーグ，スパイシーなブルスケッタ，魚や家禽の網焼き生野菜添え
- ●ラムのケバブ，バベットステーキ，鶏の網焼き，鹿肉のロースト

AOP サント・モールード・トゥーレーヌ

198　Loire

AOC
Touraine Mesland トゥーレーヌ・メラン
1955

AOC トゥーレーヌ・メランを産出するコミューンは，アンボワーズとブロワの間，ロワール川右岸に位置する．対岸にあるショーモン城は，アンリ2世の死後に王妃カトリーヌ・ド・メディシスが買い取り，夫の愛妾ディアーヌ・ド・ポワティエにシュノンソー城と交換させたことで知られる．呼称の由来となったコミューン，メランは，11世紀初頭から18世紀までフォンテーヌ・メランと呼ばれていた．フォンテーヌはフランス語で泉の意味だが，豊かな湧き水に恵まれたこの地の水にまつわるイメージから，現在，トゥーレーヌ・メランの組合では水の精メランドをシンボルマークにしている．なお，この水の精は，酒神ディオニュソスの娘ともいわれる．この地は酪農の地としても知られ，なかでも山羊乳から造られるチーズAOPサント・モール・ド・トゥーレーヌは人気の高いチーズである．AOCトゥーレーヌ・メランの南西にAOCトゥーレーヌ・アンボワーズ（Touraine Amboise，白・ロゼ・赤）と，AOCトゥーレーヌ・アゼ・ル・リドー（Touraine Azay-le-Rideau，白・ロゼ）がある．

▌ワインの特徴
- 若いうちはバラやライラックの香りにあふれ，時とともに菩提樹の花とミネラルの香りが広がる．味わいはフルーティーでバランスがよく，熟成するとなめらかさが顕著になる辛口ワイン．年によって辛口だけでなく，半甘口になることもある．
- チェリーとスグリの香り．味わいは繊細で心地よく，しなやかで生き生きとしている．
- 深いルビーの色調．木イチゴやカシスのフルーティーで繊細なアロマ．きめ細やかなタンニンをもち，若々しいワインだが，腰のある熟成向きのワインもできる．

▌テロワール
穏やかな準海洋性気候．テュフォー（Tuffeau）の上に砂，小石，粘土砂岩および粘土燧石（すいせき）（火打石）が重なった土壌．

- Loire（ロワール）／Touraine（トゥーレーヌ）
- シュナン・ブラン60％以上，ソーヴィニョン・ブラン30％以下，シャルドネ15％以下
- ガメ80％以上，カベルネ・フラン，コット
- ガメ60％以上，カベルネ・フラン，コットともに10〜30％
- 帆立貝のフライ，海老とアサリのリゾット，ヤマメの塩焼き，スズキの香草詰め，チーズスフレ，チーズ（AOPサント・モール・ド・トゥーレーヌ，AOPヴァランセ），半甘口には鶏のクリーム煮
- シャルキュトリ，リエット，鶏網焼き，黒オリーヴとアンチョビのスパゲティ
- ローストビーフ，ローストポーク，仔牛のソテー マレンゴ風，ハンバーガー，チーズ（AOPコンテ）

ロワール 199

AOC
Touraine Noble-Joué トゥーレーヌ・ノーブル・ジュエ

2001

産地はトゥール市の東にあり，シェール川とアンドル川の間の産地コミューンで造られる．トゥーレーヌ・ノーブル・ジュエはロゼワインにのみ与えられた呼称である．この地のワインは15世紀にはすでに有名で，ルイ11世の宮廷で飲まれていたという記録がある．第一次世界大戦後，都市化の波に押されて一時消滅したが，1970年代に入り復活した．産地コミューンのひとつにジュエ・レ・トゥールがある．この地は，732年にメロヴィン朝フランク王国の宮宰カール・マルテルが，イベリア半島から侵入したイスラム軍と戦った場所である．またここは，山羊乳でつくるAOPサント・モール・ド・トゥーレーヌの生産地でもある．

ワインの特徴
● ヴァン・グリ（Vin Gris）と呼ばれるロゼワイン．グレーや銀色を帯びた非常に淡いロゼの色調．スグリやフルーツ・キャンディのアロマ．しっかりしたボディで，口あたりはまろやか．後味はフルーティーで溌剌としている．心地よい酸味がありバランスがよい辛口タイプのワイン．

テロワール
穏やかな準海洋性気候．シェール川沿岸の丘陵の縁に位置し，南部はアンドル川の台地にある．珪石が混じる石灰岩土壌．

- Loire（ロワール）／Touraine（トゥーレーヌ）
- ● ピノ・ムニエ，ピノ・グリ，ピノ・ノワール
- ● シャルキュトリ，リエット，生牡蠣，アサリの酒蒸し，ソフトシェルクラブ，小魚のフライ，スモークサーモン，ムール貝の詰め物，刺身，ニース風サラダ，焼き鳥，チーズ（AOPサント・モール・ド・トゥーレーヌ，AOPヴァランセ）

AOC
Valençay ヴァランセ

2004

　ブールジュ市とトゥール市のほぼ中間，ロワール川の支流シェール川左岸の旧ベリー地方北西端にあるのがヴァランセの産地．フランス有数の美しさで知られるルネサンス様式のヴァランセ城は，16世紀半ばに建てられた．1803年には，ナポレオンの外務大臣タレーランが社交の場に利用するため購入した．ソーミュール地区やトゥーレーヌ地区に多い石灰岩テュフォーで造られたヴァランセの駅舎は，城と調和する美しい設計で，歴史的建造物に指定されている．また，ヴァランセは山羊乳でつくられるAOPヴァランセの名称でもある．チーズの上部が欠けたピラミッドを想像させる形の由来には二説ある．このチーズを見たナポレオンがエジプト遠征の失敗を思い出した様子から，遠征を勧めたタレーランが後日切り取らせたというもの．また，ナポレオン自身が剣で切り取ったとも言われている．なお産地のひとつ，セル・シュル・シェールでも同名のシェーブルチーズがつくられている．

ワインの特徴
- エニシダ，白い花のフローラルなアロマ．ときに，火打石のようなミネラルの香りがする．味わいは溌溂としていて，まろやか．
- 熟した果実のアロマ．アグレッシブではないがしっかりとした酸味のある味わい．
- 小さい赤い果実，チェリーのアロマにスパイシーさが加わる．若いうちは心地よい飲み口．3～5年熟成してもそのポテンシャルを楽しめる．

テロワール
　準海洋性気候だが，内陸にあり大陸性気候の影響が強まる．畑は台地の縁や丘陵に広がる．土壌は粘土や燧石（火打石）からなる．

Loire（ロワール）／Touraine（トゥーレーヌ）
- ソーヴィニョン・ブラン70%以上，シャルドネ，オルボワ，ソーヴィニョン・グリシュナン・ブラン60%以上
- ガメ30～60%，コット，ピノ・ノワールともに10%以上，ピノ・ドーニス30%以下，カベルネ・フラン20%以下
- ガメ30～60%，コット，ピノ・ノワールともに10%以上，カベルネ・フラン20%以下
- イワナの塩焼き，ムール・マリニエール，帆立貝の串焼き，チーズ（AOPヴァランセ，AOPセル・シュル・シェール）
- シャルキュトリ，リエット，鶏の網焼き
- とんかつ，フライドチキン，ウインナーシュニッツェル，チーズ（AOPコンテ）

ロワール　201

AOC
Vouvray ヴーヴレ,
Vouvray Mousseux ヴーヴレ・ムスー, Vouvray Pétillant
ヴーヴレ・ペティヤン

1936

ヴーヴレは，非発泡性の白に与えられた呼称．ヴーヴレ・ムスーとヴーヴレ・ペティヤンは発泡性ワインだが，ペティヤンの方は微発泡である．産地はトゥール市の東，ロワール川右岸および支流ブレンヌ川流域に位置する．ヴーヴレの発展に最も寄与したのは，372年にマルムティエ修道院を創設した聖マルタンであるといわれている．今もなお育てられているブドウのほか，剪定方法の導入が彼の功績である．梢を短く刈り込む方が適していると発見できたのが，彼のロバが梢を食べてしまったからだとする説がある．また，14〜16世紀に王侯貴族がトゥーレーヌ地方に滞在したため，当地のワインの名声は確立した．水利に恵まれた地であったことも，商業的に成功をおさめる要因のひとつとなった．

この地域にはマルムティエ修道院の修道士が石灰岩の崖を掘ってつくった穴居が数多く残り，その一部が現在天然の貯蔵庫として利用されている．

■ワインの特徴

- ●● 緑色を帯びた麦わらから金色．辛口は若々しさが心地よく豊満．甘口はカリンやアカシアの香り．厚みのあるボディだが，滾洌としている．熟成した極甘口は琥珀色を帯びた黄金色．アンズ，カリンの砂糖漬けや砂糖煮，蜂蜜などの複雑な香りになる．
- ★光り輝く麦わらを帯びた黄色．アカシア，バラ，柑橘類，ブリオッシュなどの香り．味わいは軽やかで心地よい．この地域特有なペティヤン（微発泡酒）も造られている．

■テロワール

準海洋性気候だが，北に位置しているため，年による気候の差が激しく，ヴィンテージによって半甘口，甘口，ごく甘口が造られる．畑はテュフォー（Tuffeau）の下層土の上に広がる粘土燧石(火打石)と粘土砂岩台地の石ころだらけの高い丘にある．粘土石灰岩と粘土質珪土の土壌は，河川に沿って存在する．

🍇	Loire（ロワール）／Touraine（トゥーレーヌ）
🍇	●●★シュナン・ブラン，ムニュ・ピノ
🍴	★シャルキュトリ，鮨，フライドチキン，アーモンドタルト，フルーツを添えたケーキ
	●シャルキュトリ，スズキの香草詰め，川カマスの白バターソース，伊勢海老網焼き，野菜炒め，スフレ，チーズ（AOPプリニィ・サン・ピエール）
	●(半甘) ソフトシェルクラブ，平目のクリームソース，インドカレー
	●(甘) フォワグラ，チーズ（AOPフルム・ド・モンブリゾン），フルーツのキャラメリゼ，栗のムース，林檎のタルト

Provence

プロヴァンス

　アルルからニースまでを含むプロヴァンス地方は，年間を通して太陽の光がふりそそぐ温暖な気候の土地で，観光地や海浜リゾート地として人気が高い．フランスで最も古くからブドウ栽培とワイン造りが行われてきた土地で，マルセイユを建設したフォカイア（現在のトルコ辺り）の古代ギリシャ人によってブドウの木が植えられたのは，2600年も前のことになる．豊富な日照量と水はけのよい石灰質の土壌が，ブドウ栽培に最適である．また，ローヌ川や地中海沿岸で海に向かって吹く烈しい北風「ミストラル」は空気を乾燥させ，ブドウを健康に保つ．生き生きとして華やかな香りをもつロゼワインが生産量も多く有名だが，近年では白や赤ワインの評価も高い．ワインのほかに，ラヴェンダー，オリーヴオイル，野菜，新鮮なハーブ，魚介類などが豊富である．地中海料理のブイヤベースは世界的に有名．セザンヌ，ゴッホ，マチス，ピカソなど，多くの画家に愛された土地でもある．

AOC
Bandol バンドール

1941

バンドールは地中海に面したリゾート地で，マルセイユ（Marseille）の東，トゥーロン（Toulon）の西20kmに位置する．畑は，南をグロ・セルヴォー（Gros Cerveau），東をコーム（Caume）山，北をサント・ボーム（Sainte-Baume）山塊に囲まれた8村に広がっている．特に赤ワインの評価が高い．ブドウ栽培とワイン造りは，紀元前6世紀頃にマルセイユの町を築いたフォカイア人（古代ギリシャ人）によって広まった．バンドールはプロヴァンス地方特有の東風とミストラル（Mistral）と呼ばれる強い北西風から守られた安全な港であったため，ワインの輸出港として栄えた．港の繁栄は19世紀末頃まで続き，多くの商船が寄港してバンドールの"B"を焼き印したワイン樽を運ぶ光景が見られたという．国王ルイ15世にも愛され，王宮の食卓を飾った．

■ ワインの特徴
- 澄んだ麦わら色，菩提樹やエニシダなどの花，アンズや洋梨，柑橘系などの果実のアロマを放ち，生き生きとしてフルーティーな味わい．
- 淡い野バラや上品なサーモンピンクの色が美しく，オレンジのような爽やかな香り．若いうちの溌剌さを楽しむだけでなく，完熟したムルヴェードル種の存在感で長期熟成を楽しめるものもある．
- カシスなどの黒い果実，スミレ，甘草，焦げ臭やコショウなどのスパイスの凝縮したアロマは，熟成とともに，葉巻，なめし革，トリュフや森の腐葉土の香りを伴う．力強く骨組みがしっかりとし，タンニンが豊かで，熟成に耐える．若いうちから熟成したものまであらゆる段階で楽しめるワイン．

■ テロワール
樹木の多い丘に囲まれたすり鉢状の地形に守られ，階段状の傾斜地になっている．地中海に近いため，気温差は和らげられている．南向きの斜面で年間の日照時間3,000時間と恵まれ，年間降水量は650mmで秋冬に多い．東や南東のそよ風が通風をよくし，地中海からの風が夜間も一定の湿度を維持して，夏の強烈な暑さからブドウを守る．乾燥した土壌は，小石の多い石灰岩を主体に泥灰岩が占める．肥沃な土壌は平野に流れ，残った痩せた土地で，ミネラル分に富んでいる．

- Provence（プロヴァンス）
- ● クレレット 50% 以上 95% 以内，ユニ・ブラン，プールブラン
- ● ムルヴェードル 20% 以上 95% 以内，グルナッシュ，サンソー
- ● ムルヴェードル 50% 以上 95% 以内，グルナッシュ，サンソー
- ●● ブイヤベース，シーフードサラダ，オリーヴ，魚のスープ，海老春巻き
- ● 仔羊網焼き，牛赤身肉蒸し煮，鹿やイノシシのロースト

AOC
Bellet ベレ または Vin de Bellet ヴァン・ド・ベレ

1941

プロヴァンス地方の最東端に位置する．コート・ダジュールと呼ばれる地中海沿岸地域の高級リゾート地，ニースの後背地にある小さなAOC．白，ロゼ，赤を産出しているが，地元以外では入手困難で希少価値が高い．古くは国王ルイ14世や，フランスワイン愛好家だったアメリカ第3代大統領トーマス・ジェファーソンなどに愛飲されたという．ニース周辺には，小高い丘の上に築かれた，「鷲の巣村」と呼ばれる中世の小村が点在する．特に美しいのが，印象派や20世紀初頭の画家に愛された芸術村，サン・ポール・ド・ヴァンス（Saint-Paul de Vence）．画家たちが滞在したコロンブ・ドール（Colombe d'Or）という民宿が残っていて，現在はプロヴァンス料理を楽しめるホテルレストランとなっている．

ワインの特徴
- ● 時を経ても輝きを失わない淡い色合いは，年とともに深みを増す．洋梨やライム，菩提樹やブドウなどの白い花，ミモザ，火打石の調和のとれたアロマを放ち，後に焼いたアーモンド，カリンの香りが現れる．味わいはフルーティーで円く，豊満な辛口．余韻が長く長熟型．
- ● 金色を帯びた，淡く柔らかくきれいな色調．野バラ，シダや蜂蜜の繊細なアロマが豊か．生き生きとしており，しなやかさとフィネスが調和している．
- ● 濃いルビーの色調．スモモやアンズなどの果実，野バラの力強いアロマがあり，コショウなどスパイスの香りを伴う．さらに樽で熟成させると南仏の松林の香りが感じられる．長期熟成が可能で，チェリーなど果実の砂糖漬けのブーケが現れる．

テロワール
標高200〜300mのアルプス山脈の末端の支脈にある丘は，地中海地方の真ん中にある．年間日照2,700時間，年間降水量838mm．相対的に高い標高で，渓谷のなかではミストラル（Mistral）とトラモンタン（Tramontane）がほとんど遮られることがなく，冷涼なミクロクリマ（微気候）を享受している．夜は海から微風が吹く．その気候は，白，ロゼワインの溌剌さと気品をもたらすには欠かせない．遅摘みのワインも造られるなど，北の性格も帯びている．ブドウは狭い段丘や階段状の畑に植えられている．土壌は，粘土質の鉱脈をもつ目の粗い砂と砂岩でできた丸い小石からなる．

- Provence（プロヴァンス）
- ● ヴェルマンティノ60%以上
- ●● ブラケ，フォル・ノワール（フュエ・ネラ）併せて60%以上
- ● バーニャ・カウダ
- ● 白身魚網焼き，ニース風サラダ
- ● 仔羊もも肉，チーズ（トム・ド・ロクビリエール）

プロヴァンス 205

AOC
Cassis カシス

1936

　カシスは地中海沿岸の大都市マルセイユの東方に位置する港町．プロヴァンス地方のなかで最も早くAOCを獲得した産地で，畑はカナイユ岬から地中海へと向かう斜面に広がる．なお，地元では「カシス」ではなく「カッシー」と発音する．15世紀末から数世紀の間は，フィレンツェのアルビッジ家がイタリアから導入したミュスカテル（Muscatel）というミュスカ種が盛んに栽培されていた．現在は，ハーブの香りを放つ気品のある辛口の白の評価が高い．カシスは，パステルカラーの家並みが美しい避暑地で，周辺にはカランク（Calanques）と呼ばれる白い石灰岩の断崖と紺碧の海が織り成す美しい入江があり，夏になるとヴァカンス客で賑わう．小説家マルセル・パニョル作の映画の舞台にもなった町である．ウニが名物で，カシスのワインと良く合う．

ワインの特徴
- 緑色を帯びた輝く色調．香りはそれほど強くないが，菩提樹やジャスミンなどの花，ライムなどの柑橘系や白桃やカリン，パイナップルなどの果実，樹脂などの複雑なアロマを放ち，蜂蜜，トースト，ハーブ，ガリーグ（Garrigue＝地中海岸の石灰質の灌木林）の香りを伴う．生き生きとしてフルーティー，円みがあり，繊細で辛口．
- 淡い色調，サンソー種がフィネスと果実味をもたらす．
- グルナッシュ種により，豊満さと，しばしば豊かなタンニンが現れる．

テロワール
　周囲の丘陵地帯によってミストラル（Mistral）と呼ばれる北西風から守られている．降霜はまれで，日照は充分である．ブドウ畑は標高100〜150mの段丘に広がる．中生代白亜紀にできた粘土石灰質および泥灰質土壌は以下のように三分される．
　①やや深い浸食された土壌
　②レンジヌ（炭酸カルシウムや炭酸マグネシウムを多量に含む土壌）とやや深い褐色土壌
　③斜面の崩積土の上に広がる褐色土壌

Provence（プロヴァンス）
- マルサンヌ30％以上80％以内，クレレット併せて60％以上
- サンソー，グルナッシュ，ムルヴェードル併せて70％以上
- マルセイユのブイヤベース，スープ・ド・ポワソン，タコのプロヴァンス風，チーズ（AOPバノン）
- シャルキュトリ
- 豚の薄切り肉オリーヴ添え

AOC
Coteaux d'Aix-en-Provence コトー・デク・サン・プロヴァンス

1985

北はデュランス（Durance）川に始まり，南はマルセイユ近郊の地中海沿岸の村々にまで及ぶ広大な産地．春にはアーモンドの木々が満開の花を咲かせ，夏は松林にセミの鳴き声が響き渡り，秋から冬にかけては石灰質の山からミストラル（Mistral）が吹き降りる．中心都市のエク・サン・プロヴァンス（Aix-en-Provence）は，紀元前 122 年に古代ローマ人によって建設された古都．時のローマ総督の名がセクスティウスで，たくさんの泉が湧き出ていたことから，この町はラテン語で「セクスティウスの水の町」を意味する「アクアエ・セクスティアエ」と名づけられ，その音が次第に崩れて「エクス（Aix）」になったといわれている．

▌ワインの特徴
- 北部で生まれるものは秀逸，アカシアやエニシダなどの花や柑橘類のアロマが豊かで，しなやかな味わい．
- 輝きのある美しい淡いピンクの色調．イチゴなどの果実，菩提樹などの花の香りにあふれ，軽くフルーティーで心地よい．若いうちに飲まれる．
- スミレなどの花，干し草や月桂樹の葉，たばこなどの植物的なアロマを放ち，熟成するにつれシナモンや毛皮の香りが現れる．熟成に欠かせないタンニンが豊か．軽くしなやかで，素直なワイン．

▌テロワール
ミストラルという冷たく乾燥した北風の影響を受ける地中海性気候．年間日照は 2,900 時間．雨は少なく春秋に集中し，年間降水量は 550 〜 680mm と恵まれている．プロヴァンス石灰（Provence calcaire）低地の西部に位置する．北はデュランス川から南は地中海まで，西はローヌ渓谷とロダニエンヌ（Rhodaniennes）平野から東は結晶岩からなるサント・ヴィクトワール（Sainte-Victoire）山まで広がる．

土壌は以下のように三分される
① 小石の多い粘土石灰岩質土壌
② 石炭質青砂岩の上に砂利，砂岩を含む砂質土壌
③ 粘土や砂質泥土を母岩とする小石の多い土壌

- 🍷 Provence（プロヴァンス）／コート・ド・プロヴァンス
- 🍇 ●ヴェルマンティノ 50% 以上
  - ●●グルナッシュ 20% 以上，サンソー，クノワーズ，ムルヴェードル，シラーのうち 2 品種以上
- 🍴 ●ブイヤベース，鯛や真鱈の香草網焼き，帆立貝のプロヴァンス風
  - ●ブイヤベース，ラタトゥイユ，アーティチョーク
  - ●トマトのオリーヴオイル浸け，豚肉のロースト セージ風味

プロヴァンス **207**

AOC
Coteaux Varois en Provence　コトー・ヴァロワ・ザン・プロヴァンス
1993

畑はヴァール県の28村にまたがる．AOCコート・ド・プロヴァンスと同様にロゼの生産量が多く，若干の白と赤を産出している．広大な畑の西側に伸びるサント・ボーム（Sainte-Baume）山塊には，紀元前のガリア人が聖なる力があるとして崇拝した神秘的な森が広がり，キリスト教の聖女，マグダラのマリアが30年間隠遁生活を送ったといわれる洞窟がある．山麓のサン・マキシマン・ラ・サント・ボーム（Saint-Maximin-la-Sainte-Baume）の町には，13世紀にマグダラのマリアの聖遺物を祀るために建設された，プロヴァンス地方最大のゴチック様式の教会が有名．

■ワインの特徴
- 🟢 生産量はわずかではあるが，柑橘類や花のアロマを放ち，繊細で円く生き生きとしている．
- 🌸 際立って鮮やかなピンクの色調．白桃，木イチゴやイチゴなどの果実の香りが豊か．
- 🔴 内陸の冷涼な地中海性気候が，過度でないポリフェノールの成熟をもたらし，腰が強くバランスのよい赤ワインの生産に適している．スミレなどの花，干し草やミントの植物的なアロマに，熟成によって甘草，獣肉やなめし革などの香りが現れる．

■テロワール
多様なニュアンスをもつ内陸の地中海性気候．年間降水量は700〜900mm，平均気温は13℃．ブドウの熟成期間は南北で15〜30日のずれがある．標高は平均350m，最高500m．西のサント・ボーム，北のベシロン（Bessillons），南のキュエル（Cuers）のそれぞれの岩山が海洋性の影響を遮り，秋と春はとても穏やかで，夏はしばしば酷暑．冬はたいへん寒く厳しい．ほかのプロヴァンス地方より大陸性で，やや山麓地帯の要素がある．土壌は石灰岩の上に位置し，以下のように四分される．①脱灰（カルシウムを失う）から角張った石灰の破片までをもつ赤い粘土質土壌，②泥灰土の上の褐色土壌，③崩積土あるいは古い沖積土の上の土壌，④石灰質盆地周辺の小石が多く深い土壌．

Provence（プロヴァンス）／コート・ド・プロヴァンス地区

- 🟢 ヴェルマンティノ30%以上，セミヨン30%以内，ユニ・ブラン25%以内，クレレット，グルナッシュ・ブラン
- 🌸🔴 サンソー，グルナッシュ，ムルヴェードル，シラー併せて80%以上　2品種以上　1品種は90%以内
- 🟢 鯵フライ，帆立貝のプロヴァンス風
- 🌸 シャルキュトリ，ラタトゥイユ，アイオリ
- 🔴 トリュフ入りスクランブルエッグ，ピーマンの牛肉詰め

AOC
Côtes de Provence コート・ド・プロヴァンス

1997

　フランス第2の都市マルセイユ（Marseille）周辺から，国際映画祭で有名なカンヌ（Cannes）の南までの84町村に及ぶAOC．フランス最大のロゼワインの産地で，国内総生産量の35％を占める．夏にきりっと冷やして飲まれることが多いロゼは，「ヴァカンスのワイン」と呼ばれており，パスティス（アニス酒）と同様に南仏の夏の名物となっている．この地でブドウ栽培が始まったのは今から2600年前で，マルセイユを建設したギリシャ人による．ワイン生産はガロ・ロマン時代（紀元前121年〜紀元5世紀頃）に，古代ローマ人の手によって発展．その後数世紀はゴート族の侵攻により畑は荒廃するが，中世になって，ミサにワインを使用するキリスト教徒の手によって蘇った．15世紀に入り，最後のプロヴァンス伯兼アンジュー公のルネ善良王の統治下で，プロヴァンス地方にイタリアのルネサンス文化がもたらされ，経済的にも黄金時代を迎えた時代に，ワイン造りはさらに繁栄した．
　19世紀後半，他の産地と同様に，害虫フィロキセラの猛威により大打撃を受けたが，醸造家と栽培者の熱意と努力，大資本の参入，設備の近代化などによって復興し，コート・ド・プロヴァンスとして1977年にAOCを取得．その後，栽培面積が広く栽培品種も多様であるため，アペラシオンの細分化が推進され，その結果，以下の地区は，AOCコート・ド・プロヴァンスの後に地区名を併記することができるようになった．併記できるものにAOCコート・ド・プロヴァンス・サント・ヴィクトワール（Côtes de Provence Sainte-Victoire，ロゼ・赤），AOCコート・ド・プロヴァンス・フレジェス（Côtes de Provence Fréjus，ロゼ・赤），AOCコート・ド・プロヴァンス・ラ・ロンド（Côtes de Provence la Londe，ロゼ・赤），コート・ド・プロヴァンス・ピエールフー（Côtes de Provence Pierrefeu，ロゼ・赤）がある．

ワインの特徴
- 🟢 輝きのある緑色を帯びた淡い黄色．フェンネルやアカシア，エニシダなどの花，ライムやグレープフルーツなどの柑橘系，樹脂などの芳香系のアロマが豊か．味わいはストラクチャーがあり，生き生きとしたフィニッシュ．
- 🌸 淡いバラ色，オレンジがかったバラ色，澄みきったバラ色，サーモンピンクやボタン色など多彩な色調．果実，タイム，フェンネル，菩提樹などの花，ミントやたばこなど植物系，火打石，松の樹皮の芳香系など，モザイクのようなテロワールを反映した多様な香り．口に含むと，生き生きとしているが酸は攻撃的ではない．ストラクチャーはしっかりしているが収斂性はなく，円くしなやかで，バランスがよくとれた繊細なワイン．
- 🔴 長いマセラシオン（醸し）による伝統的な醸造法で造られる．スミレ色を帯びた紫紅色，赤い果実，月桂樹やローズマリー，たばこなどの植物，熟した黒い果実，甘草やシナモンなどのスパイスや毛皮や獣肉など動物の香りが豊か．ブドウ品種，土壌，

プロヴァンス　**209**

気候，そして生産者の選択により，フレッシュに造るか，熟成向きにするかが決まる．前者は赤い果実または花の香りがして，ソフトで飲みやすい．後者は豊満で腰があり，オークの大樽または小樽で数か月寝かせる．熟成させたワインは年とともに，ビロードのような喉ごしと深い味わいとなる．

▌テロワール

　地中海性気候で，年間平均気温は北部で14℃，南部で15℃．四季の変化がある．乾燥する期間は夏に非常に長く，冬は短い．雨量は秋と春に集中し，多量に激しく降る秋雨は収穫後の土壌を再生させ，春の雨はブドウの生育を促進させる．年間降水量は600～900mm，日照は年間2,700時間．非常に不規則な起伏と，南から北にいくにしたがって減少する海洋性気候の影響とがあいまって，メゾ・クリマ（Méso-Climats＝中間の気候）の栽培地となり，南と北で，ブドウの成熟に2～3週間の違いが現れることはまれではない．定期的に吹くミストラルは湿気を追い払い，ブドウ樹を健康に保つのに貢献する．春が早いので開花が早く，夏の暑さはブドウの実をよく成長させる．地中海沿岸の地層および片岩，片麻岩や花崗岩で構成されるモール結晶岩山塊が異なった土壌の境界となっている．モール結晶岩山塊の北では，砂岩，砂と粘土の低地になる．北西は石灰岩が主体．一般的に腐植土が少なく，水はけがよく，小石混じりで，質のよいワインを生む土壌である．

以下の5地域に大別される．

①モール結晶岩山塊（Massif de Maures）：片岩，千枚岩，砂岩の上の崩落土．あるいは沖積砂岩の上に褐色に変化した土壌

②ペルミエンヌ低地（Depression Permienne）：赤い砂岩の岩層の基盤に，赤やワインの澱（おり）の色をした粘土砂岩と，低地を占める起伏による崩積土壌

③石灰岩質の台地と丘陵：三畳紀の地層の上に，三畳紀の苦灰岩（白雲岩）や泥灰岩の形成の露頭が広がる地域．腐植炭酸塩土，褐色の石灰岩や石灰岩土壌の低地

④ボーセ盆地（Bassin du Beausset）：泥灰岩と砂岩の露頭，および石灰岩と泥灰岩

⑤アルクの高い盆地（Haut Bassin de l'Arc）：石灰岩の起伏の浸食と変化による崩壊層と沖積土

🍷　Provence（プロヴァンス）／コート・ド・プロヴァンス

🍇　●クレレット，セミヨン，ユニ・ブラン，ヴェルマンティノ
　　●●サンソー，グルナッシュ，ムルヴェードル，シラー，ティブーレン併せて70％以上　2品種以上　1品種は90％以内

🍴　●ヒメジの網焼きニース風，帆立貝のプロヴァンス風，アンコウのリゾット
　　●ラタトゥイユ，アイオリ，ウニやホヤ，鮨，ガパオライス，インドカレー
　　●冷たいポトフのサラダ，トマトのオリーヴオイル浸け，オッソ・ブッコ，チーズ（クー・ド・ベルジェ）

AOC
Les Baux de Provence　レ・ボー・ド・プロヴァンス

1995

アルル（Arles）の町から東へ約 15km のアルピーユ（Alpilles）山麓に広がる産地．白い石灰質の岩山を背景に，ブドウ樹とオリーヴの畑がどこまでも続く．1995 年に AOC コトー・デク・サン・プロヴァンスから分離独立する形で AOC に昇格．ほとんどの造り手が有機農法またはビオディナミ農法を実践している．畑は 7 町村にまたがるが，代表格は切り立った岩の断崖上にあるレ・ボー村で，頂に建つ中世の城砦跡からの眺めがすばらしい．他にも仏作家，アルフォンス・ドーデの『風車小屋便り』の風車が残るフォンヴィエイユ（Fontvieille）村，フィンセント・ファン・ゴッホの療養の地だったサン・レミ・ド・プロヴァンス（Saint-Rémy-de-Provence）村などがある．最高品質のオリーヴオイルができる地域でもあり，L'huile d'Olive de la vallée des Baux-de-Province（レ・ボー・ド・プロヴァンス谷のオリーヴオイル）の名称で AOP を取得している．

■ワインの特徴
- 生き生きとしたフレッシュさが特徴で，白桃，アプリコットなどの果実や，アニス，ローズマリーのアロマが豊か．樽熟成した場合は，グリルされた香りのニュアンスや完熟した果実，バニラのブーケが現れる．
- 花の香りや焦げ臭を放ち，フルーティーで骨組みがしっかりとし，素朴な味わい．50% 以上をセニエ法により造らなければならない．
- ローズマリーやたばこのアロマは，時とともに黒い果実の香り，麝香(じゃこう)やジビエなどの動物的な香りを伴う．肉づきがよくたくましい．熟成に不可欠なタンニンが豊かで腰が強い．

■テロワール
年間降水量 550 〜 680mm，年間日照時間 2,700 〜 2,900 時間．気温は高く，ブドウは早熟する．アルピーユ山塊の北と南斜面，標高 400m に昇る起伏が東西 30km に延びている．ミクロクリマ（微気候）と土壌の恩恵を受けるアルピーユ山塊は，小石が多く，斜堤（緩傾斜）の形をした扇状地や崩落土が見られる．

🔍	Provence（プロヴァンス）
🍇	● クレレット，グルナッシュ・ブラン，ヴェルマンティノ
	● サンソー，グルナッシュ，シラー
	● グルナッシュ，ムルヴェードル，シラー
🍴	● マスの燻製，生牡蠣
	● ブイヤベース，スズキや鯛のエストラゴンやフェンネル詰め
	● 赤身肉網焼き，鴨のイチジク添え，ビーフシチュー

プロヴァンス　**211**

AOC
Palette パレット

1948

芸術の都エク・サン・プロヴァンス（Aix-en-Provence）の近郊にある銘醸地．畑は，真白に輝く石灰質のサント・ヴィクトワール（Sainte-Victoire）山の麓に寄り添っている．この AOC を代表する蔵元はシャトー・シモーヌ（Château Simone）で，平均樹齢 60 年のグルナッシュ種やクレレット種，珍しいマノスカン種やキャステ種などから，珠玉のワインを造っている．ブドウ樹を見守るサント・ヴィクトワール山は，後期印象派の画家，ポール・セザンヌが好んで描いた山．その作品群は後にパブロ・ピカソに大きな影響を与えた．パレットという呼称が，絵の具を混ぜ合わせるときに使うパレットと同じ言葉であるのは，多くの画家に愛されたプロヴァンスの地にふさわしい偶然といえる．

■ワインの特徴
- 🟢 クレレット種主体に造られ，8 か月以上の熟成が課される．黄金色の色調．花や果実のアロマを放ち，樹脂の芳香を伴う．エレガントでかつ凝縮感があり，南の白ワインとしてはめずらしく，長期熟成する．
- 🔴 直接圧搾法とセニエ法が半々に用いられ，8 か月以上の熟成が義務づけられている．オーク樽でシュール・リー熟成されることが多い．琥珀色を帯び澄んでいて，際立つルビーの色調．花の香りが豊か．筋肉質で腰があり，繊細な果実味と濃縮感がある．
- 🔴 濃いルビー色から暗赤色．スミレ，黒い果実，松ヤニ，なめし革や森の腐葉土の繊細な香りが豊か．バランスがよく，ムルヴェードル種と古来のブドウ品種が重厚なタンニン，堅固な構造や長い余韻をもたらす．18 か月以上の樽熟成が課される．

■テロワール
ランジュス（Langesse）とグラン・カブリ（Grand Cabri）の丘によりミストラルから守られる．ブドウ栽培にはまれな北向きの斜面は，グルナッシュ種やサンソー種がゆっくり熟すのに理想的であり，繊細なアロマを保ち，豊かなタンニンを生成させ，遅摘みが可能となる．土壌はランジュスとモンテゲ（Montaiguet）の湖畔の石灰岩からなり，石灰質崩落土の上に広がる．痩せてやや深く，小石が多い．

Provence（プロヴァンス）

- 🟢 アレニャン（ピカルダン），ブールブラン，クレレット，クレレット・ロゼ併せて 55% 以上
- 🔴🟢 ムルヴェードル 10% 以上，サンソー，グルナッシュ併せて 50% 以上　1 品種は 80% 以内，マノスカン，キャステ
- 🔴🟢 トマトとオリーヴオイルのサラダ，ニンニクを使ったパスタ，ピッツァ，クスクス，チリ・コン・カルネ，タパス，ハンバーガー，ナゲット
- 🔴 牛肉の蒸し煮，仔羊網焼きやロースト，豚肉のソテー

AOC
Pierrevert ピエールヴェール

1998

　プロヴァンス地方の最北にあり，イタリア国境に近いシュナイエ（Chenaillet）山から発しローヌ川に合流するデュランス（Durance）川沿いの肥沃な渓谷に広がるAOC．西隣りにはAOCリュベロンの畑が続き，北方にはラヴェンダー畑に覆われた高原地帯，オート・プロヴァンス（Haute-Provence）が広がる．ラヴェンダーのエッセンシャル・オイルも特産品のひとつで，AOPに認定されている．高原では山羊の放牧も行われていて，栗の葉で包んで熟成させるシェーヴルチーズのAOPバノン（Banon）が生産されている．AOC名称の由来となっているピエールヴェール村の近くには，『木を植えた男』で有名なプロヴァンス地方の文豪，ジャン・ジオノが生涯を過ごした美しい谷間の村，マノスク（Manosque）がたたずむ．

■ワインの特徴
- ●一般的に淡い黄色で，ヴェルマンティノ種はしばしば緑色を帯びる．率直で柑橘類の豊かなアロマを放つ．溌剌としてバランスよく，円やかな味わい．
- ●鮮やかなピンクの色調．トースト香を伴うキャンディーの香り．生き生きとしていて，きれいな酸と豊満さが調和し，この地の典型的な味わいを現している．
- ●澄んだ際立つ濃赤色．カシスや赤い果実のアロマに樽熟成の場合は木の香りが感じられる．タンニンは溶けて心地よく，バランスがとれている．

■テロワール
　アルプス山脈にその源をもつ寒気団により乾燥した地中海性気候で，標高450mに位置する．土壌は以下のように三分される．①小石の多い古い沖積土，②石灰質青砂岩や砂岩質粘土の上の砂土，③ヴァランソール台地の新生代第三紀の中新世と鮮新世の地層から生まれた小石の多い鉄分を含む土壌

　　Provence（プロヴァンス）
- ●グルナッシュ・ブラン，ヴェルマンティノ併せてあるいは単独で50%以上，マルサンヌ，ピクプール，ヴィオニエ10%以内，ユニ・ブラン，クレレット，ルーサンヌ
- ●サンソー，グルナッシュ，シラー併せて70%以上
- ●シラー30%以上，グルナッシュ15%以上，併せて70%以上
- ●ヒメジ網焼きアンチョビソース，チーズ（AOPバノン）
- ●シャルキュトリ
- ●仔羊のプロヴァンサル風，牛肉網焼き

マルシェのオリーヴ

Rhône

ローヌ

　フランス南東部のヴィエンヌからアヴィニョンまで南北200kmにわたるローヌ川の両岸に位置し，白，ロゼ，赤，発泡性ワイン，天然甘口ワインと多様なワインを産出している．ローヌ川流域は自然に恵まれ，人気の高い観光地である．ブドウ栽培は，紀元前4世紀頃からマルセイユを築いた古代ギリシャ人によって始められた．その後，紀元前125年頃この地に入植した古代ローマ人によって，ブドウ栽培とワイン生産が飛躍的に発展した．12世紀には，テンプル騎士団がブドウ樹を植え，14世紀には，アヴィニョンのローマ教皇たちがこの地のワイン生産を奨励した．北部と南部では，気候や土壌の違いから性質の異なるワインが造られる．北部は，夏暑く冬寒い大陸性気候で，酸味と渋みのバランスのよいワインが生まれる．南部も夏は暑いが，冬はミストラルによって雲のない地中海性気候となり，凝縮感がありアルコール分の高いワインができる．トリュフ，チーズ，オリーヴオイル，メロンなどの名産物がある．

AOC
Beaumes-de-Venise ボーム・ド・ヴニーズ

2005

　ローヌ河畔の町，アヴィニョンの北東に位置する産地．畑は AOC ジゴンダス（Gigondas）や AOC ヴァケラス（Vacqueyras）と同様に，細長い独特の形状をした，白い石灰質のダンテル・ド・モンミライユ（Dentelles de Montmirail）山塊の南東の麓に広がる．「ボーム」はこの周辺に点在する砂岩質の洞窟を意味し，「ヴニーズ」は，かつてこの地域一帯がローマ教皇領であった時代にコンタ・ヴネサン（Comtat Venaissin）と呼ばれていたことに由来．ローヌ地方で唯一のミュスカ種による白の天然甘口ワインのヴァン・ドゥ・ナチュレル（VDN＝Vins Doux Naturels）で世界的に有名だが，グルナッシュ種とシラー種を主体とした赤ワインでも 2005 年に AOC を取得した．

▌ワインの特徴
● 熟した赤い果実から黒い果実やアーモンドの香りが豊かで，スパイシーさが特徴．味わいは膨らみがあり，まろやか．タンニンは豊かだが溶けている．力強いフルボディでありながらエレガントな赤ワイン．

▌テロワール
　地中海性気候．ダンテル・ド・モンミライユ山塊の地形によって，ミストラルから守られているため，暑くなる地区である．標高 100 〜 600m にある．柔らかい石灰岩からなり，砂岩質の地帯と石灰質の砂岩が点在する．土壌は軽く，適度に小石を含んでいる．コート・デュ・ローヌ地方特有の泥灰土から構成されている．

🔍　Vallée du Rhône（ローヌ）／Côtes du Rhône（コート・デュ・ローヌ）／
　　Méridionale（南部）

🍇　● グルナッシュ・ノワール，シラー

🍴　● 赤身肉の赤ワイン煮込み，トリュフのスクランブルエッグ，仔羊やイノシシのシチュー，牛肉のメダル仕立てジロール茸添え

ローヌ　215

AOC
Château Grillet シャトー・グリエ

1936

AOC コンドリューの畑に囲まれたわずか約 4ha のシャトー・グリエは，フランスで最も小さなアペラシオンのひとつ．ローヌ川右岸，リヨン（Lyon）市の南 50km に位置する．小さいだけでなく，シャトー名が AOC の名称，ワイン名となっている唯一の例で，さらに 1836 年からネイレ・ガシェ（Neyret Gachet）家が単独所有（モノポール）している伝説的な銘醸地だ．その名は「焼けた城」を意味し，いずれもヴィオニエ種 100％からなる「ローヌの名花」と賞賛される芳醇で上品な白ワインだ．地元の山羊乳製のチーズ，AOP リゴット・ド・コンドリュー（Rigotte de Condrieu）とよく合う．

■ワインの特徴
- オーク樽で 2 年以上熟成される．透明できらめく淡黄色の色調．時が経つと金色になる．若いうちはブドウ，アカシアなどの白い花や，トロピカルフルーツのアロマがあり，熟成すると蜂蜜，アーモンド，白桃，アンズの香りがでてくる．味わいはコクがありオイリーで，酸味は控えめ，まろやかな白ワイン．

■テロワール
コンドリューの中心部にあたる畑は真南に面している．たいへん日あたりがよく，北と西の風から守られるミクロクリマ（微気候）の恩恵を受ける．夏は非常に暑く秋は穏やかで，雨量は 1 年を通して平均している．ブドウ畑は中央山塊（Massif Central）の東の縁にあたり，急峻な斜面のローヌ渓谷に接する．切り立った斜面は花崗岩質の風化による砂と片麻岩からなる土壌である．ブドウ畑は，急斜面のため石垣に支えられた段丘に広がる．

🍷	Vallée du Rhône（ローヌ）／Côtes du Rhône（コート・デュ・ローヌ）／Septentrionale（北部）
🍇	● ヴィオニエ 100％
🍴	● 白身魚すり身リヨン風，小海老のグラタン，カソレット入り仔牛リドボー煮込み，チーズ（リゴット・ド・コンドリュー）（AOP リゴット・ド・コンドリュー）

AOC
Châteauneuf-du-Pape シャトーヌフ・デュ・パプ

1936

　ローヌ南部，左岸の平野地に広がる産地．村名は，アヴィニョンにローマ教皇庁があった 14 世紀にこの村に建てられた教皇の夏の館に由来する．教皇たちが奨励したブドウ栽培は現代へと受け継がれ，ローヌ南部最高峰の赤ワインの AOC として君臨している．教皇の被る三重王冠の下に 2 つの鍵が交差する紋章がボトルに入っていることが多い．また，現代の原産地呼称統制法（AOC）の基礎が発案されたワイン史上重要な産地でもある．19 世紀末の害虫フィロキセラの禍後，ワインの品質悪化，偽造を嘆いたピエール・ル・ロワ（Pierre Le Roy）男爵が，1923 年に地元の生産者と組合を結成し，生産地域や品種の制限，栽培法などを定める規制を提唱したことが始まり．この活動はやがて各地に広がり，1935 年にフランス全土に及ぶ公的な制度へと発展した．男爵はその後 INAO（Institut national de l'origine et de la qualité＝原産地・品質管理全国機関）の会長を務めた．

▍ワインの特徴

● 非常に澄んだ淡い黄色の色調．ブドウの花，スイカズラ，水仙などのフローラルなニュアンスがある繊細なアロマをもつ．味わいはバランスがとれ，アロマの爽やかさが残る．

● 色は濃いガーネット．赤い果実,なめし革,アニス,甘草,スパイス,わずかにバルサム,熟成によりジビエの香りが現れる．味わいはまろやかで，オイリーな中に豊かでしなやかなボディをもつ．力強く，余韻は非常に長い．
ワインの特徴土壌の複雑さが新樽の使用，ブドウ品種の使用割合とあいまって，多様なタイプのワインを生み出している．伝統的な深い濃赤色の重厚なものから，軽くてタンニンも柔らかくエレガントなものまである．

▍テロワール

　地中海性気候で，ローヌ地方で最も乾燥している．日照は年間約 200 時間に達し，夏の平均気温は 25℃．ミストラルが空気を乾燥させ，ブドウを健全に保つ．

　氷河期にアルプスから運ばれた丸い石が日中に太陽の熱を集め，夜は熱を放射するため，ブドウ栽培に適した土地となっている．

　土壌はやや深く，非常に石が多い．大部分が砂の多い赤い粘土と混ざった大きな珪岩の石の層からなる．古い段丘の小石の多い土壌，軟質砂岩とその上の砂土，そして石灰質の下層土の上の小石の多い土壌の 3 つに分けられる．

> Vallée du Rhône（ローヌ）／Côtes du Rhône（コート・デュ・ローヌ）／Méridionale（南部）
>
> ●● ブールブーラン・ブラン，ヴァカレーズ・ノワール，サンソー・ノワール，クレレット・ブラン＆ロゼ，クノワーズ・ノワール，グルナッシュ・ブラン・

グリ・ノワール，ムルヴェードル・ノワール，ミュスカルダン・ノワール，ピカルダン・ブラン，ピクプール・グリ・ノワール，ルーサンヌ・ブラン，シラー・ノワール，テレ・ノワール ＊13品種の採否は自由

- ●白身魚網焼き，仔牛のクリーム煮
- ●（わずかに熟成）フォワグラ トリュフ入り
- ●仔羊もも肉蒸し煮，サーロインステーキ，ホロホロ鳥の詰め物

アヴィニョンのシャトー・ヌフ・デュ・パプ

AOC
Clairette de Bellegarde クレレット・ド・ベルガルド

1949

ローヌ南部，下流域の AOC コスティエール・ド・ニームの畑に囲まれたベルガルド村にある AOC で，クレレット・ブランシュ種 100％ の白ワインを産出している．南には野生のフラミンゴや世界最古の種に属するといわれる美しい白馬が生育する，広大なカマルグ（Camargue）湿地帯が広がっている．トローと呼ばれる黒毛牛肉，米などのいろいろな特産物があるが，特に有名なのは塩で，フランスの生産量の 90％がカマルグの塩田で生産されている．最高品質の「塩の花（Fleurs du Sel）」または「塩の真珠（Perles du Sel）」と呼ばれる結晶は，フランス料理界で評価が高い．

■ワインの特徴
● 香りは菩提樹，エニシダ，アプリコット，フェンネルなど特有のアロマが豊かである．パイナップル，リンゴ，洋梨，ミラベルなどの果実の香りに，アーモンド，ヘーゼルナッツ，ドライフルーツやニワトコの花の香りを伴う．辛口で，味わいは溌剌とし，円い口あたりでバランスがよい．後味に心地よい苦味が感じられる．

■テロワール
コスティエール・ド・ニームとともに，ラングドック地方に分類されることもある．ブドウ畑はニーム（Nîmes）とアルル（Arles）の町の間，ボーケール（Beaucaire）村とサン・ジル村に挟まれる．暑く乾燥した地中海性気候．海に近いため穏やかである．土壌は，ローヌ川の洪水によってアルプスより運ばれた小石の多い赤土がほとんどを占める．

🔍	Vallée du Rhône　ヴァレ・デュ・ローヌ地区／ Méridional（南部）
🍇	●クレレット 100％
🍴	●ハマグリの酒蒸し，チーズ（サン・フェリシアン），アイスクリーム

ローヌ　219

AOC
Clairette de Die クレレット・ド・ディー

　ローヌ北部に位置するディー（ディオワ）地区は，フレンチ・アルプス山脈の玄関口にあたるヴェルコール（Vercors）山塊の麓を流れる，ドローム川沿いの丘陵地に広がる．複数のAOCワインが生産されている．クレレット・ド・ディーは，シャンパーニュと同様にリクール・ド・ティラージュ（Liqueur de Tirage，酵母と糖分を混ぜたもの）を加え，瓶内二次発酵方式で造られ，9ヶ月以上熟成される発泡性ワイン．この地方は山や丘，峡谷，湖など豊かな自然に恵まれた風向明媚な地域である．夏はロック・クライミングやキャンプ，冬はクロスカントリー・スキーなど，アウトドア派の人々に人気の高いスポットだ．ディー地区にはAOC シャティヨン・アン・ディオワ（Châtillon-en-Diois）があり，非発泡性の白，ロゼ，赤が産出される．また，最も古い歴史のある発泡性甘口白AOC クレレット・ド・ディー・メトード・ディオワーズ・アンセストラル（Clairette de Die Méthode Dioise Ancestrale）や，瓶内二次発酵方式で造られるAOC クレマン・ド・ディー（Crément de Die），クレレット種100％の非発泡性ワインAOC コトー・ド・ディー（Coteaux de Die）がある．

■ワインの特徴
★金色を帯びた淡い黄色の色調．アプリコット，白桃などの熟した果実，バラや野バラ，スイカズラなどの白い花の香りに溢れる．味わいは繊細で軽く，辛口で飲み応えがある．

■テロワール
　地中海性気候の北限にあたり，日あたりのよい標高200〜700 mのヴェルコール山塊の麓に畑が広がる．ヴェルコール山塊の浸食が顕著で起伏が甚だしい．ブドウ畑は浸食された石灰岩の上に位置し，土壌は「黒い土地（Terres Noires）」と呼ばれる片岩質泥灰土と粘土石灰質の互層からなる．この土壌は乾期には，雨水と養分をとどめる役目を果たす．

- Vallée du Rhône（ローヌ）／Septentrional（北部）Die（ディー）
- ★クレレット100％
- ★フォワグラのトースト，イル・フロタント，ウッフ・ア・ラ・ネージュ，ライスケーキルバーブ添え，クルミのシャルロット，シャーベット

AOC
Côte Rôtie コート・ロティ

1940

リヨン (Lyon) から南へ約 34km の地点にあるローヌ川右岸の町ヴィエンヌ (Viennes) のすぐ南に位置する AOC で，ローヌ北部最高峰と謳われる赤ワインの銘醸地.「焼けた丘」を意味する名の通り，畑は太陽がじりじりと照りつける急斜面に張り付いている. 栽培地のなかで，特に優れた土壌をもつことで有名なのが，アンピュイ (Ampuis) 村の背後に続く丘だ. 丘は小川を境にしてさらに「コート・ブロンド (Côte Blonde)」と「コート・ブリュンヌ (Côte Brune)」という2つの区画に分かれている. これらの名称は，その昔領主であったモジロン (Maugiron) 公爵に2人の娘がおり，一方の丘をブロンドの髪の娘，もう一方をブリュンヌ (茶色) の髪の娘に分け与えたという逸話に由来する.

ワインの特徴
● 深みのある濃い赤の色調. 木イチゴ，スパイス，ほのかなスミレの香りをもち，熟成が進むとヴァニラや干しプルーンの香りが現れ，さらにトリュフ，ドライフルーツ，なめし革，モカ，チョコレート，シナモンなどの複雑な香りが出てくる. 味わいはエレガントでフィネスがある. コート・ブロンドは繊細なタンニンをもち，オイリーでバランスがよい. コート・ブリュンヌはタニックでストラクチャーがしっかりとしている.

テロワール
温暖な大陸性気候. 乾燥していて，コート・ロティの名が示すように夏は「焼かれる (ロティ)」ほど暑い. ほかの季節には一定した雨量がある. 標高 300m 以上にあり，南に面し，北と西の冷たい風から守られるミクロクリマ (微気候) の恩恵を受ける. ブドウ畑は中央山塊 (Massif Central) の東の縁にあたり，急峻な斜面のローヌ渓谷に接する. 南のコート・ブロンドが片麻岩と珪酸石灰の層の土壌，北のコート・ブリュンヌが雲母片岩と粘土，酸化鉄に覆われた非常に切り立った花崗岩質の台地となっている. ブドウ畑は，急斜面のため石垣に支えられた段丘に広がる.

- Vallée du Rhône (ローヌ) ／Côtes du Rhône (コート・デュ・ローヌ) ／Septentrionale (北部)
- ● シラー 80% 以上，ヴィオニエ
- ● 牛フィレのロースト レーズン添え，鴨のシチュー，仔牛リドボーのソテー トリュフ添え，牛肉とアスパラガスのオイスターソース炒め，チーズ (AOP リゴット・ド・コンドリュー)

ローヌ 221

AOC
Côtes du Rhône コート・デュ・ローヌ

1937

　ローヌ地方は，スイスのアルプス山脈からレマン湖を経て，地中海へ流れるローヌ川の両岸に広がるワイン産地．モンテリマール（Montélimar）市を境として，北部（Septentrional，セプタントリオナル）と南部（Méridional，メリディオナル）に大きく分かれている．この地に最初にブドウ樹を植栽したのは，マルセイユを築いた古代ギリシャ人で，すでに紀元前4世紀頃から現在のAOCコート・ロティやAOCエルミタージュ辺りで栽培が行われていた．その後，古代ローマ人，テンプル騎士団，アヴィニョンの歴代のローマ教皇などによってワイン造りは脈々と受け継がれていった．「コート・デュ・ローヌ」という名で各地に輸出されるようになったのは17世紀頃である．

　現在，AOCコート・デュ・ローヌの生産地域は北部と南部の全域と定められているが，実際は　畑の大部分は南部（123市町村）に広がっている．これより1つ格上のAOCコート・デュ・ローヌ・ヴィラージュの生産地区はアルデッシュ県から南の4県の95市町村（コミューン）である．

　AOCコート・デュ・ローヌの一つ格上に，AOCコート・デュ・ローヌ・ヴィラージュ（Côtes du Rhône Village）がある．さらに，そのうちの21区画は，より自然環境に恵まれ，優れたワインが生まれることからヴィラージュという表現に，個別のコミューン（あるいは地区）名を併記することが政令で認められている．それらは，シュスクラ（Chusclan），ロダン（Laudun），マッシフ・デュショー（Massif d'Uchaux），プラン・ド・デュー（Plan de Dieu），ピュイメラ（Puymeras），ロエ（Roaix），ロシュギュード（Rochegude），ルセ・レ・ヴィーニュ（Rousset-les-Vignes），サブレ（Sablet），サン・ジェルヴェ（Saint-Gervais），サン・モーリス（Saint-Maurice），サン・パンタレオン・レ・ヴィーニュ（Saint-Pantaléon-les-Vignes），セギュレ（Séguret），シニャルグ（Signargues），ヴァルレアス（Valréas），ヴィザン（Visan），サン・タンデオル（Saint-Andéol），ガダーニュ（Gadagne），サント・セシル（Sainte-Cécile），シュゼ・ラ・ルース（Suze-la-Rousse），ヴェゾン・ラ・ロメーヌ（Vaison-la-Roamaine）である．

▎ワインの特徴

　ブドウ品種名は表示できない．プリムール（Primeur＝新酒）のロゼと赤は，フルーティーでさっぱりしている．

- 透明で淡い黄色の色調，香りはフローラルでフルーティーであり，味わいは爽やかさとバランスのよさが感じられる．ストラクチャーのしっかりした，香りがよく，のどの渇きを癒してくれる辛口の白ワイン．
- きれいな木イチゴのピンク色にチェリーの光沢があり，ときにはサーモン・ピンクのニュアンスが入る色調．香りは赤い果実の繊細なアロマがあり，若いときには香りが豊かで，味わいが心地よい爽やかなワイン．

●グルナッシュ種は果実味やコクとまろやかさを，シラー種とムルヴェードル種は，ワインにスパイシーなアロマや濃い色合い，熟成に適した骨太なストラクチャーをもたらす．サンソー種はフィネスをもたらす．軽くて鮮やかな色をした赤ワインは，フルーティーでさっぱりしていて，しなやかで，若いうちに楽しめる．長期熟成タイプと呼ばれる，より骨太な構造の赤ワインはコクがあり，たくましく，スパイシーな黒い果実の複雑なアロマがある．

テロワール

　北部は寒い冬と暑い夏による穏やかな大陸性気候，南部は気温が高く並外れた日照量を誇る地中海性気候である．ヴァランス（Valence）から北では，中央山塊（Massif Central）の端の急斜面の台地が花崗岩と片岩を含んだ土壌であり，ほかは粘土石灰質の土壌が主流．南部は石灰質の下層土の上の粘土，砂，丸い小石，アルプスからの大きい丸い石や石灰質青砂岩の砂礫層など多彩である．

Côtes du Rhône（コート・デュ・ローヌ）
- ●ブールブーラン，クレレット，グルナッシュ・ブラン，マルサンヌ，ルーサンヌ，ヴィオニエ併せて80％以上
- ●●グルナッシュ・ノワール40％以上ムルヴェードルとシラー併せて15％，上併せて70％以上
- ●魚網焼き，海老フライ，ブーリード（アイオリと卵黄入りのビブイヤベース），チーズ（ピコドン）
- ●シャルキュトリ，豚肉のカレー風味
- ●（若い）鶏の唐揚げ，シャルキュトリ，チーズ（ルブション，カンタル）
- ●（熟成）牛肉のメダル仕立てジロール茸添え，仔羊の蒸し煮オリーヴ添え，若鶏の赤ワイン煮込み，熟成したチーズ（AOPブリード・モー，AOPカマンベール）

自然豊かなローヌ地方

AOC
Côtes du Vivarais コート・デュ・ヴィヴァレ

1999

ローヌ南部の最北にあるAOCで，アルデッシュ（Ardèche）川両岸の石灰質の台地に広がる．20世紀初めの数十年間は，南仏やアルジェリアのワインにブレンドされる「安い地酒」の大量生産地として発展した．しかし，1960年代頃に質重視への変革が始まり，グルナッシュ種，シラー種，ムルヴェードル種などの品種への植え替えが行われ，生産量の制限，設備の近代化，醸造技術の改良などが進められた．この地のワイン復興に貢献したのは，1962年のアルジェリア戦争終結まで仏領であったアルジェリアで暮らし，この地に移り住んだフランス人だ．彼らの長年の努力と協同組合の活動により，アルデッシュ県の9町村，ガール県の5町村に及ぶコート・デュ・ヴィヴァレは1999年にAOCに昇格した．

▌ワインの特徴

- ●マルサンヌ種とルーサンヌ種から造られる白ワインはミネラル感があり，驚くほど溌剌としている．口あたりがよく，フルーティーでバランスがとれている．
- ●赤ワインと同じブドウ品種から造られる．香り高く生き生きとして軽快な印象．グルナッシュ種の優雅さが現れている．
- ●黒い果実とスパイスの香りがあり，タンニンが豊かで生き生きとしている．「南部のなかでの北部の味」といわれるように，南のグルナッシュ種がもつストラクチャーと，北のシラー種のアロマが相乗している．フルーティーで口あたりがよいワイン．

▌テロワール

セヴェンヌ（Cévennes）山脈に近く標高も高いために，地中海性気候が和らげられている．ミストラルがブドウの成熟をうながす．栽培地域はセヴェンヌ山脈とローヌ渓谷に囲まれ，アルデッシュ川が横切る．ブドウの大半は標高250mのグラ台地（Plateau des Gras）の上に植えられている．深い石灰岩土壌，砂利質，泥灰岩質石灰岩の土壌に広がる．日中土壌に蓄えられた太陽熱が夜間放出され，温度を保つ役目を果たす．

🌍	Vallée du Rhône（ローヌ）/Vallée du Rhône（ヴァレ・デュ・ローヌ）/Méridional（南部）
🍇	●グルナッシュ・ブラン50%以上，クレレットとマルサンヌ併せて30%以上 ●グルナッシュ・ノワール60〜80%，シラー10%以上 ●グルナッシュ・ノワール30%以上，シラー40%以上
🍴	●鯵の塩焼き，チーズ（ブリア・サヴァラン） ●鶏ささみのソテー，仔牛肉の網焼き，シャルキュトリ ●仔牛のアスパラガス巻き，チーズ（AOPライヨール）

AOC
Condrieu コンドリュー

1940

　ローヌ地方北部の玄関口にあたるヴィエンヌの町から約11km南下すると，芳しい花のような白ワインを生むコンドリューの丘が現れる．北隣りに赤ワインで名高い AOC コート・ロティがあり，南の4村では AOC サン・ジョゼフの畑と一部重なっている．険しい急斜面に階段状に連なる石垣の上に，樹齢の高いブドウ樹がたくましく根を張っている．ローヌ北部の他の AOC と同様に，畑はいくつかの区画（Lieu-Dit，リュー・ディ）に別れ，それぞれに名称が付いている．優れた区画に，コート・シャティヨン（Côte Chatillon）やコトー・デュ・シェリー（Coteaux du Chéry）などがある．

ワインの特徴
● 辛口が主体であるが，ブドウの成熟度によっては半甘口や甘口を生むこともある．スミレ，アイリス，白桃，アプリコットの香りと口中のミネラル感が豊か．酸とまろやかなボディのバランスがよく，全体的に爽やかである．口の中に余韻が残る．

テロワール
　温暖で乾燥した大陸性気候．夏は暑く，ほかの季節は雨量が一定している．南に面し，北と西の風から守られるミクロクリマ（微気候）の恩恵を受ける．ブドウ畑は中央山塊（Massif Central）の東の縁にあたり，急峻な斜面のローヌ渓谷に接する．片麻岩と粉末状の雲母が表層土を覆っている土壌からなる．ブドウ畑は，急斜面のため石垣に支えられた段丘に広がる．

- Vallée du Rhône（ローヌ）／Côtes du Rhône（コート・デュ・ローヌ）／Septentrionale（北部）
- ● ヴィオニエ100％
- ● オマール海老もしくは伊勢海老網焼き，海老のクールブイヨン煮，ヒメジのケッパーとフェンネル風味，甘鯛のすり身リヨン風，フォワグラ，チーズ（AOP リゴット・ド・コンドリュー）

ローヌ　225

AOC
Cornas コルナス

1938

　古都リヨン（Lyon）を中心とするローヌ（Rhône）県の南に続くアルデッシュ県のワイン村のひとつ．ローヌ北部の右岸地区にあり，北を AOC サン・ジョゼフ，南を AOC サン・ペレに囲まれている．ケルト語で「焼けた大地」を意味するコルナスの畑は，コート・ロティ（＝焼けた丘），シャトー・グリエ（＝焼け焦げた城）と同様に，太陽の光が照りつける丘の急斜面に階段状に広がる．赤ワインのみを造っており，栽培品種はシラー種 100％で，他の北部の AOC と違い，ヴィオニエ種，マルサンヌ種，ルーサンヌ種などの白ブドウ品種とのアサンブラージュが政令で認められていない．そのため，ローヌで最も濃厚な赤と評されることがある．

■ワインの特徴
● 深みのあるルビーの色調．カシスなど黒い果実，スミレ，スパイス，香ばしいチョコレートの香りがある．熟成 5 年を過ぎるとトリュフ，麝香，煮詰めたフルーツ，甘草の香りが出てくる．最もタンニンを多く含み，最も力強くしっかりした骨格をもつフランスワインのひとつで，長熟タイプである．

■テロワール
　南および南東向きの斜面は，日あたりが抜群によい．畑が南南東に向いているため，このアペラシオンは成熟が早く，コート・デュ・ローヌ北部地区の赤ワインのなかで最初に収穫が始まる．
　花崗岩質の泥土堆積物が，切り立った斜面を構成する土壌．地元で「ピエ（Pied）」と呼ばれる麓の区画は，唯一，石灰質の崩落土からなる．ブドウ畑は，急斜面のため石垣に支えられた段丘に広がる．

🔍　Vallée du Rhône（ローヌ）／Côtes du Rhône（コート・デュ・ローヌ）／Septentrionale（北部）

🍇　● シラー 100％

🍴　●（若い）牛ロースのロースト，パテのパイ包み焼きリヨン風，鴨焼き，チーズ（ミュロル）
　　●（熟成）鹿のもも肉やイノシシの煮込み，赤身肉のきのこやトリュフ添え

AOC
Costières de Nîmes コスティエール・ド・ニーム

1986

畑はローヌ地方の最南に位置し，プティ・ローヌ（Petit Rhône）川の北の緩やかな傾斜地に広がる．西にはラングドック地方，東には野鳥が生息するカマルグ（Camargue）湿原地帯が続く．中心都市のニームは，17～18世紀に絹織物産業で栄えた町．絹で富を得た実業家たちがブドウ栽培に投資したことで，ワインの生産も飛躍的に発展した．この町は古代ローマ時代の遺跡の宝庫でもある．オリーブ栽培も盛んで，食用の実とオイルでAOPを取得している．なお，AOCコスティエール・ド・ニームの北には，2013年にAOCに認められたデュセ・デュゼス（Duché dùzès）がある．

▎ワインの特徴
- ● 清澄度が高く，金色を帯びた澄みきった黄色．フローラルかつフルーティーで，柑橘類，白い果実，トロピカルフルーツのアロマが豊かである．味わいは生き生きとして，フレッシュ．複雑性があり，バランスがとれている．
- ● 輝きがあり，バラ色，ザクロ色の色調．熟した赤い果実や干した果実の豊かで繊細なアロマがあり，フローラルでスパイシー．アタックが柔和でまろやか．余韻は長く生き生きとしている．ときには微発泡性のある辛口．
- ● 色調はスミレ色のニュアンスをもち，深みのあるガーネット色．カシスや桑の実などの黒い果実や，スモモ，チェリーなど核果実，スミレ，スパイスの豊かな香り．味わいはタンニンが豊富で力強い．若いうちはフルーティーでバランスがとれている．年を経ると凝縮感が現れ，余韻が長くなる．

▎テロワール
ローヌ川右岸の三角州に沿った丘に位置する．夏に暑く乾燥する地中海性気候で，海に近いため気候が穏やかである．春秋に偏りなく降る年間600～700mmと少ない降水量，そして日照というブドウ栽培に適した条件に恵まれている．標高20～130mに位置する丘陵と台地は，ローヌ川の大洪水によってアルプスから運ばれた，グレス（Gress）と呼ばれる珪土質の丸い小石からなる．

- Vallée du Rhône（ローヌ）／Côtes du Rhône（コート・デュ・ローヌ）／Méridionale（南部）
- ● グルナッシュ・ブラン，マルサンヌ，ルーサンヌ
- ● グルナッシュ・ノワール，シラー，ムルヴェードル
- ● 海老フライ，チーズ（バノン）
- ● シャルキュトリ，棒棒鶏
- ●（若い）ロースト・チキン，バベットステーキ，アンコウの串焼き
- ●（熟成）鹿肉のロースト，牛肉の赤ワインソース，チーズ（AOPライヨール）

AOC
Crozes-Hermitage クローズ・エルミタージュ　または
Crozes-Ermitage クローズ・エルミタージュ

1937

ヴァランス（Valence）の北20km，ローヌ川左岸に位置するクローズ・エルミタージュ村，タン・レルミタージュ（Tain-l'Hermitage）村を中心とする．畑は，ローヌ北部を代表とする赤ワインのひとつであるAOCエルミタージュの畑が連なる小高い丘の裾野に広がる．赤の生産量が圧倒的に多く，ローヌ地方のワインのなかでもコストパフォーマンスが高いワインとして人気である．河畔にあるタン・レルミタージュ村は，小さな教会を中心に，ワイン専門店や大手ネゴシアンの事務所，協同組合のカーヴなどが集中している村で，ローヌワイン街道巡りに欠かせない村のひとつである．

ワインの特徴
- 西洋サンザシやアカシアのフローラルな香りが高く，味わいはオイリーでまろやか．若いうちは酸が豊かでフレッシュ感がある．
- チェリーなどの赤い果実，なめし革，スパイスの香りが豊かでフルーティー．味わいはエレガントで溌剌としたボディがあり，タンニンが充分にある．長い余韻が特徴．

テロワール
わずかに地中海性気候の影響を受けるが，多湿とミストラルの冷たい風により和らぐ．畑のある丘は真南を向き，日照に恵まれている．土壌は多様性に富み，南北に分かれる．北はエルミタージュの丘に隣接する段丘にあり，花崗岩質と，白陶土質砂土の砕屑からなる．南は氷河期に現れた融氷河川の沖積土とローヌ川の丸い石の開けた平地になっている．

🔍	Vallée du Rhône ヴァレ・デュ・ローヌ地方／Côtes du Rhône コート・デュ・ローヌ地区／Septentrionale 北部
🍇	●マルサンヌ，ルーサンヌ
🍷	●シラー85％以上，マルサンヌ，ルーサンヌ
🍴	●パイ生地のオードブル，マスなどの淡水魚，熟成したものにはカソレット入りサフラン風味の甲殻類
	●（若い）シャルキュトリ，ラムチョップ，ホロホロ鳥のロースト
	●（熟成）若鶏の赤ワイン煮，ビーフシチュー，鴨のオリーヴ添え

228　Rhône

AOC

Gigondas ジゴンダス

1971

畑はローヌ南部，左岸に位置し，オランジュ（Orange）の町の東に広がる．村名はラテン語で「歓声と喜悦」を意味する《joconditas》に由来する．人口700人の小さなジゴンダス村はワイン一色で，中心の広場には誰でも気軽に試飲ができるカーヴやレストランが軒を並べている．濃厚で骨格のある赤と若干のロゼを産出しているが，特に赤ワインについては，AOCシャトーヌフ・デュ・パプと並ぶローヌ南部を代表するクオリティーと賞賛されている醸造元もある．オランジュには古代ローマ時代の遺跡がいくつか残っていて，そのひとつである荘厳な野外劇場では毎年夏に，100年の歴史を誇る国際音楽祭が開かれている．

┃ワインの特徴
● 濃いピンク色の色調，アーモンド，赤い果実，スパイスの香りがある．味わいはアルコールのボリューム感があり，腰が強く芳醇．
● マセラシオン（醸し）は長く，古いオーク樽で熟成される．日差しを浴びてきらめくような深みのある濃赤色の色調．なめし革のアロマがある．若いうちは果実やキルシュ（チェリーブランデー）の香りで，時を経るとなめし革，森の腐葉土のニュアンスを帯びる．味わいは，骨格がしっかりしてバランスがとれ，タンニンが非常に力強く，長期熟成できる．

┃テロワール
東はダンテル・ド・モンミライユ山塊の斜面や麓に広がり，西はウヴェーズ（Ouvèze）渓谷の台地に張り出している．暑く乾燥した南仏の地中海性気候で，ミストラルの強い風の影響を受ける．日照量は年間2800時間に達するが，標高によりやや涼しいところもある．ウヴェーズ渓谷にある古い段丘は，表土が小石の多い土壌．一方，ダンテル・ド・モンミライユ山塊の斜面は，軟質砂岩に砂土の表土が重なった土壌と，泥灰土の上に石灰質が重なった土壌からなる．

🔍 Vallée du Rhôn（ローヌ）／Côtes du Rhône（コート・デュ・ローヌ）／Méridionale（南部）

🍇 ●●グルナッシュ・ノワール50％以上，シラーとムルヴェードル併せて15％以上，左記併せて90％以上

🍴 ●シャルキュトリ，鯖の塩焼き
●焼き肉，ホロホロ鳥のクリーム煮ポテト添え，鴨のオレンジ添え，仔羊もも肉蒸し煮

ローヌ　229

AOC
Grignan les adhémar　グリニャン・レ・ザデマール

2010

　ローヌ南部の最北に位置する．1973年からAOCコトー・デュ・トリカスタン（Coteaux du Tricastin）の名で親しまれてきたが，2010年にAOCグリニャン・レ・ザデマールに改名．代表的な村であるグリニャン（Grignan）村には，プロヴァンス地方最大のルネサンス様式の城館が建つ．フランスが誇る最高級食材，黒トリュフの名産地でもあり，ドローム県と南隣りのヴォクリューズ県で採れる量は，フランス全体の収穫量の約8割に及ぶ．他にもAOP認定のシェーヴルチーズのピコドン（Picodon），ニョンス村のAOP認定オリーヴオイル（Huile d'Olive de Nyons）などの特産品がある．

▌ワインの特徴
- ●淡い金色の色調．香りは白桃，アプリコットなどの果実香とエニシダやオレンジの花などのアロマを伴う．後に蜂蜜，ヘーゼルナッツ，砂糖漬けの果実の香りが広がる．味わいはフレッシュで，ミネラル豊かでボディがある．
- ●淡いバラ色からわずかに紫を帯びた明るい赤まで多彩な色調．香りはイチゴ，赤スグリなどの小さな赤い果実やドライフルーツのアロマが豊か．味わいは豊かな果実の風味があり，バランスがよく力強い．
- ●深みのある濃い赤色，ルビー，赤紫，ガーネット，褐色をおびた暗赤色まで幅広い色調．香りはチェリー，木イチゴ，カシス，桑の実などの赤や黒の果実の香り，牡丹，バラやスミレなどの花の香り，甘草，タイム，シナモン，コショウのスパイス香，たばこの香りもある．タンニンが生き生きとして繊細．しなやかで力強いストラクチャーをもつ．余韻が長く複雑性がある．

▌テロワール
　気候は地中海性気候の最北にあたり，オリーヴやグルナッシュの北限と一致する．年間降水量は，700mmから1,000mmと幅広い．畑は，アルプス前山地帯を背にした丘陵と，ローヌ渓谷との間に位置する．氷河期の浸食により，沈積土壌の起伏が多い．底土は粘土石灰岩と砂が主体であり，表面は砂利混じりの赤い粘土が主体．

🔎	Vallée du Rhône ヴァレ・デュ・ローヌ地方　Vallée du Rhône ヴァレ・デュ・ローヌ地区
🍇	●ブールブーラン，クレレット，グルナッシュ・ブラン，マルサンヌ，ルーサンヌ，ヴィオニエ
	●グルナッシュ・ノワール，シラー
🍴	●スズキの塩焼き，サザエの壺焼き，チーズ（AOPピコドン）
	●シャルキュトリ，おでん
	●バベットステーキ，ローストチキン，鹿肉シチュー

AOC
Hermitage エルミタージュ (l'Hermitage, l'Ermitage) レルミタージュ

1937

　AOC エルミタージュはローヌ北部を代表する銘醸地の一つで，特に赤ワインは極上の銘酒として称賛されている．畑はいくつかの区画（Lieu-Dit＝リュー・ディ）に分かれていて，各々にル・メアル（Le Méal），レルミット（L'Ermite）など名が付いている．優れた区画の名称は，エチケットに併記されることが多い．また，珍しいヴァン・ド・パイユ（Vin de paille＝わらの上で干したブドウから造る白の甘口ワイン）も産出している．このエルミタージュの畑の裾野に，AOC クローズ・エルミタージュの畑が続いている．「エルミタージュ」は仏語で「隠者の庵」を意味するが，13世紀にガスパール・ド・ステランベール（Gaspard de Sterimberg）というアルビジョア十字軍騎士がこの丘で隠遁生活を送り，ブドウを栽培したという逸話が残っている．

▌ワインの特徴
- ● アカシアなどの白い花やヴァニラ，ローストしたアーモンドの香りが豊か．味わいは充分な骨格がある．複雑でボディがあり，長熟タイプ．
- ● （ヴァン・ド・パイユ）フルーツの砂糖漬けの香りが高い．残糖とアルコールのバランスがよく，長熟タイプ．ブドウは，収穫後45日以上（実際は2か月）すのこや麦わらの上で乾燥させるか，天井に吊るし，糖分を凝縮させ，18か月以上熟成させる．
- ● 濃いルビーレッドの色調．香りは赤い果実と野生の花のアロマがあり，熟成するに従い，干しプルーンとなめし革のニュアンスを帯びる．味わいは豊満で複雑．

▌テロワール
　例外的なミクロクリマ（微気候）に恵まれている．急峻な斜面のほとんどが南に向いているため，日あたりが良好で北風から守られている．土壌は多様性に富み，雲母片岩と片麻岩に覆われた花崗岩の風化による砂地のほか，丸い小石が堆積した川辺からなる．西は花崗岩質土壌で，東は沖積土の段丘と，その上を覆うレス黄土（Lœss）である．

- Vallée du Rhône ヴァレ・デュ・ローヌ地方／Côtes du Rhône コート・デュ・ローヌ地区／Septentrionale 北部
- ● （ヴァン・ド・パイユ）マルサンヌ，ルーサンヌ
- ● シラー85％以上，マルサンヌ，ルーサンヌ
- ● 家禽など白身肉のロースト，ニジマスのムニエル
- ● 鹿肉のロースト，牛フィレのプロヴァンス風
- ● （ヴァン・ド・パイユ）雄鶏のヴァン・ジョーヌ（黄ワイン）煮，マグレ・ド・カナール洋梨とオレンジ添え

AOC
Lirac リラック

1947

ローヌ川右岸に位置するガール県の4町村にまたがる産地．すぐ南にはロゼワインの銘醸地，AOC タヴェル，川を渡った東側にはローヌ南部を代表する赤ワインが生まれる，AOC シャトーヌフ・デュ・パプの畑が広がる．なお，この地は「コート・デュ・ローヌ」という呼称の発祥の地でもあり，ワインで評判が高かったため，生産地と品質を保証するために，1737 年の国王の勅令で全ての輸出用の樽に，《C.D.R.》の焼印を押すことが義務づけられた．当時はローヌ右岸のワインのみが「コート・デュ・ローヌ」と呼ばれていたが，19 世紀半ばになって左岸のワインにもこの名称が使われるようになった．

▌ワインの特徴
- 淡い黄色で光沢がある色調．香りはアカシアや菩提樹などの白い花と，白桃，リンゴ，トロピカルフルーツなどの果実のアロマが高い．時とともに蜂蜜や月桂樹などの香りが現れる．味わいは溌剌として繊細．まろやかさと長い余韻が調和している．
- 光沢があり，チェリー，ざくろの実，バラの花びらの色合い．花の香りからしだいに変化し，イチゴ，木イチゴ，カシス，桑の実など赤から黒い果実の香りが現れる．味わいはミネラル感豊かで厚みがあり，口あたりのよいエレガントなワイン．
- 深いルビー色の色調．赤と黒の果実の香りとスパイシーな香りがあり，熟成によりなめし革，甘草，トリュフ，カカオの香りが現れる．味わいは骨格がしっかりして，バランスがとれている．熟成とともに洗練され，膨らみのある肉厚なワインとなる．

▌テロワール
典型的な地中海性気候．ミストラルの強い風の影響を受ける．雨が少なく，日照時間は年間平均 2,700 時間に達する．ブドウの植えられている段丘上部は，大きな丸石を含んだ赤い粘土質土壌で構成されている．丘の斜面から麓にかけては，レス黄土や石灰岩質粘土へと続く．

- Vallée du Rhône（ローヌ）／Côtes du Rhône（コート・デュ・ローヌ）／Méridionale（南部）
- ブールブーラン，クレレット，グルナッシュ・ブラン，ルーサンヌ 60% 以内
- グルナッシュ・ノワール 40% 以上，ムルヴェードルとシラー併せて 25% 以上，サンソー
- 活貝類のお造り，ハムと小海老のスフレ，チーズ（AOP ピコドン）
- ブイヤベース，茄子とトマトの詰め物，タジン
- 家禽のロースト，マグレ・ド・カナール，鶏肉の詰め物のテリーヌ，七面鳥のローースト 栗添え

AOC
Lubéron リュベロン

2009

プロヴァンス地方からローヌ川へと流れるデュランス（Durance）川とその支流カラヴォン（Calavon）川の間にあり，ローヌ南部のなかで最東に位置する．2009年にコート・デュ・リュベロン（Côtes du Lubéron）から改名．畑はプティ・リュベロン（Petit Lubéron）山塊の谷間に広がっている．山塊部は落葉樹，ヒマラヤ杉の森，ガリーグに覆われ，ワシやフクロウが生育する深い峡谷など，多彩な自然にあふれている．英国人作家，ピーター・メイルの『南仏プロヴァンスの12か月』で描かれた美しい村々で有名な地域．

自然にあふれているリュベロン

▍ワインの特徴
- 🟢 緑を帯びた淡い黄色の色調．香りは菩提樹とスイカズラの花のはっきりしたアロマをもち，しばしば柑橘類を想起させる香り．味わいは繊細でなめらか．
- 🔴 色調は明るいチェリー色や赤スグリ色．香りはフレッシュで爽やか．味わいは生き生きとし，赤い果実の風味が心地よい．
- 🔴 色調は紫を帯びたルビー色．香りはカシスや桑の実，木イチゴなどの熟した小さな果実のアロマがあり，甘草も感じられる．味わいはボディがあり気品もある．

▍テロワール

地中海性気候に分類されるが，アルプスとローヌ渓谷からの大陸性気候の影響も受ける．リュベロン山により年間を通してミストラルの影響を和らげられる．日照は年間平均2,600時間というフランスで最も太陽に恵まれた地方のひとつ．東部は西部より涼しく多湿．

ブドウ畑は，以下の5つの土壌に分類される．①古い段丘の上に載った小石混じりの土壌，②氷河時代の砕屑化による砕石土壌，③自然崩壊による砕石土壌，④中新世の砂岩の上に載った砂質土壌，⑤丸い小石や粘土で構成された台地の土壌

- 🔖 Vallée du Rhône（ローヌ）／Vallée du Rhône（ヴァレ・デュ・ローヌ）／Mérdional（南部）
- 🍇 ●ブールブーラン，クレレット，グルナッシュ・ブラン，マルサンヌ，ルーサンヌ，ヴェルマンティノ（ロール）
  - ●●グルナッシュ・ノワールとムルヴェードル併せて60％以上，シラー20％以上
- 🍴 ●カマスの塩焼き，アサリ酒蒸し，ピエ・パケ（仔羊のすね肉煮込み），チーズ（AOPピコドン）
  - ●シャルキュトリ，エスカルゴ殻焼き，バーベキュー
  - ●ラムチョップ，鹿肉のシチュー，コック・オ・ヴァン

ローヌ　233

AOC
Muscat de Beaumes-de-Venise ミュスカ・ド・ボーム・ド・ヴニーズ
1945

ローヌ河畔の町，アヴィニョンの北東に位置する産地．ローヌ地方で唯一のミュスカ種による白の天然甘口ワイン（VDN＝Vins Doux Naturels），AOC ミュスカ・ド・ボーム・ド・ヴニーズは，世界にその名を知られている．また，ボーム・ド・ヴニーズ村は，このワインによって「すばらしき味覚の地」にも指定されている．この認定は，フランスの農水省，環境省，観光省，文化省によって1995年に提唱されたもの．「代々受け継がれてきた伝統手法によって生まれる食の名産物と，美しい自然，歴史的建造物などの観光資源が調和よく結びついている地」に与えられる．

ワインの特徴
VDN ときに軽いピンクを帯びる淡い金色の色調．若いうちは桃，プラムやオレンジなどの柑橘類を思わせるフルーティーな香りがあり，ライチなどのエキゾチックな香りも幾らか伴う．熟成につれて，干しアンズや蜂蜜の香りが現れる．味わいは長い余韻がある．

テロワール
暑く乾燥した地中海性気候．ミストラルはダンテル・ド・モンミライユ山塊によって和らげられる．ダンテル・ド・モンミライユ山塊は石灰質土壌．南部は砂岩や砂の多い泥灰土，北部は小石の多い粘土質石灰の土壌．

Vallée du Rhône（ローヌ）／Côtes du Rhône（コート・デュ・ローヌ）／Méridionale（南部）

VDN ミュスカ・ア・プティ・グラン 100%

VDN スモーク・サーモンのパイ，フォワグラ薄切りのポワレ，チーズ（AOP ブルー・デ・コース），クレーム・ブリュレ，フルーツケーキ

AOC
Rasteau ラストー

1944

ローヌ南部，ヴォクリューズ県の北端にある赤の天然甘口ワイン（VDN，ヴァン・ドゥー・ナチュレル）の産地．東側にはダンテル・ド・モンミライユ（Dentelle de Montmirail）山塊がそびえる．VDN 造りは 1935 年頃，日照に恵まれ，グルナッシュ種がよく育つことに着眼したラングドック地方フロンティニャン出身の一人のワイン醸造家によって始められた．この試みは成功し 1944 年に AOC に認定．なお，当産地に，1967 年から AOC コート・デュ・ローヌ・ヴィラージュ・ラストー（Côtes du Rhône villages Rasteau）の名を冠していた辛口の赤がある．この赤は，2010 年に VDN と同じく，AOC ラストーに改名された．丘の斜面に佇むラストー村は，12 世紀の教会や城跡，時計台広場などがある美しいワイン村．また 10km ほど離れたところに，古代ローマ時代の遺跡が残るヴェゾン・ラ・ロメーヌ村（Vaison-la-Romaine）がある．

■ ワインの特徴

VDN 淡い黄色から琥珀色（アンブレ）までさまざまな色調．フローラルなアロマと蜂蜜の香りが特徴．ロゼは，砂糖漬けの果実やドライフルーツの香りに，しばしばキルシュなどチェリーのオー・ド・ヴィーの香りが加わる．

● (グルナ（Grenat＝ガーネット色）)・(テュイレ（Tuilé＝レンガ色）) はっきりしたルビー，ガーネット，コニャック（テュイレ）の色調．煮詰めた赤や黒の果実，レーズン，干しスモモの香りがあり，熟成によってスパイスと甘草の香りが出てくる．甘さとタニックなストラクチャーとのバランスがすばらしく豊かな味わい．

長期熟成された「ランシオ（Rancio）」，「オール・ダージュ（Hors-d'Age）」は，赤銅色からアンズ色の色調．アンズやオレンジのフルーツペースト，カリンのゼリー，ヴァニラの香りが特徴的．味わいはまろやかな甘口で余韻が長い．

■ テロワール

主として南向きの畑はブドウに高い成熟度をもたらす．典型的な地中海性気候で，暑さと日照が大きな特徴．これにより，高いアルコール度が期待できるブドウを得ることができ，天然甘口ワイン醸造が容易になる．石灰質の茶色い土壌，泥灰土の上の痩せた土壌，砂岩の上の赤い土壌がある．北部は小石，砂土，泥灰土が主体で，南部は丸い小石の段丘となっている．

Côtes du Rhône コート・デュ・ローヌ地区　Méridionale 南部

VDN グルナッシュ・ノワール，グルナッシュ・グリ，グルナッシュ・ブラン

VDN チーズ（AOP ロックフォール），アンズのシャーベット
VDN （ランシオ）チョコレート

AOC

Saint-Joseph サン・ジョゼフ

1956

　ローヌ北部，右岸に位置する AOC．23 町村にまたがるが，そのうちのひとつにモーヴ（Mauves）という村がある．その昔，この地域で造られるワインは「モーヴワイン」と呼ばれ，高級ワインとして珍重されていた．文豪ヴィクトル・ユゴーの代表的な小説，『レ・ミゼラブル』に高価なワインとして登場する．現在のサン・ジョゼフという名は，18 世紀にトゥルノン・シュル・ローヌ（Tournon-sur-rhône）の町のイエズス会修道院が，小さな丘に与えた聖人の名から来ている．つまり，この AOC 呼称はコミューン（市町村）名ではなく，丘の通称名である．畑はさらにいくつかの区画（リュー・ディ）に分かれていて，区画名をエチケットに併記することができる．

■ワインの特徴

● 透明できらめく緑を帯びた黄色の色調．アカシアなどの白い花，蜂蜜の香りが豊か．味わいは爽やかで優しく，バランスがよく余韻が長い．

● 際立った深みのあるルビー色．カシスと木イチゴの微かな香りがあり，熟成が進むとなめし革と甘草のニュアンスを帯びる．味わいは細やかなタンニンがエレガントで，フィネスの中に均整がとれたしなやかなボディがある．

■テロワール

　大陸性気候だが，それほど厳しくない．夏は暑く乾燥していて，ほかの季節は雨量が一定おり，例外的なミクロクリマ（微気候）に恵まれている．ほとんどの斜面が南に向いているため，日あたりが良好で北風から守られている．ブドウ畑は中央山塊（Massif Central）の東の縁にあたり，急峻な斜面のローヌ渓谷に接する．土壌は多様性に富み，花崗岩質の基層の上に雲母片岩と片麻岩の軽い土壌や，石灰岩の崩落した小さな塊からなる水成岩の土壌，古い段丘の沖積土壌などからなる．ブドウ畑は，急斜面のため石垣に支えられた段々畑に広がる．

🍷	Vallée du Rhône（ローヌ）／Côtes du Rhône（コート・デュ・ローヌ）／Septentrionale（北部）
🍇	● マルサンヌ，ルーサンヌ
	● シラー 90% 以上，マルサンヌ，ルーサンヌ
🍴	● カサゴのソテー，きのこのリゾット
	● ジロール茸のクリーム煮，豚肉のローストセージ風味ポテト添え，チーズ（AOP リゴット・ド・コンドリュー）

AOC
Saint-Péray サン・ペレ

1936

ローヌ北部のヴァランス（Valence）の真西に位置する，フランスで最も古く AOC に認定された産地のひとつ．マルサンヌ種やルーサンヌ種を使った白の発泡性，非発泡性ワインを産出している．19世紀初頭，アレクサンドル・フォール（Alexandre Faure）という一人のブドウ栽培者が，シャンパーニュ地方の醸造家を招いて，瓶内発酵による発泡性ワインの醸造法（伝統方式と呼ばれる）を学び，1829 年にサン・ペレ初のヴァン・ムスー（Vin Moussoux）を誕生させた．その評判はたちまちヨーロッパ各地に広まり，ロシア皇帝や英国のヴィクトリア女王の食卓を華やかに飾った．ワーグナーもこのヴァン・ムスーに魅了され，歌劇「パルシファル」の作曲中に 100 本を注文したという逸話が残っている．

ワインの特徴
- ●淡い金色の色調．花の香りが高い．味わいは溌剌としていて，口のなかに心地よい爽やかさが広がり，繊細でバランスがよい．
- ★黄色い色調が際立ち，香りはアカシアなどの白い花と柑橘類のアロマが豊か．味わいは酸が溌剌として軽く，辛口で清涼感がある．

テロワール
起伏の多い丘と深い谷が，暑い内陸地方にやや涼しいミクロクリマ（微気候）を生み出している．土壌は沈泥，黄土，石灰岩のかけらで覆われた花崗岩質．ＡＯＣコルナスの花崗岩質の斜面が，サン・ペレ村とトゥーロー（Toulaud）のビギュエ（Biguet）地区まで続いている．丘はミアラン（Mialan）渓谷にあるクリュッソル城（Château de Crussol）の遺跡を支える石灰質の地層で区切られる．

- Vallée du Rhôn（ローヌ）／Côtes du Rhône（コート・デュ・ローヌ）／Septentrionale（北部）
- ●★マルサンヌ，ルーサンヌ
- ●イワナのムニエル，アサリの酒蒸し，海老のカクテル，仔牛のリドボー ソテー
- ★洋梨のタルト

AOC
Tavel タヴェル

ローヌ川右岸のガール県に位置するタヴェルは，昔からロゼワインのみを産出している個性的な生産地．対岸には赤ワインで名高い AOC シャトーヌフ・デュ・パプの畑が広がる．セニエ法で造られるロゼはオレンジがかった鮮やかなローズ色で，アルコール度の強いしっかりした味わいを特徴とする．「T」の文字の上に王冠が飾られた紋章が浮き彫りにされているボトルを見かけることが多いが，この紋章は「最初に AOC を獲得したフランスのロゼ」，すなわち「ロゼの王様」であるタヴェルのシンボルマークだ．ワインの評判はすでに 1300 年頃から高く，ローマ教皇庁をアヴィニョンに移したフランスのフィリップ美貌王や教皇たちに愛された．『美味礼賛』の著者で，ガストロノミー界に多大な影響を与えた美食家，ブリア・サヴァランからも賞賛された．

ワインの特徴
- ピュアなバラ色の色調．次第に濃い橙色（雄鶏のとさか色）のニュアンスを帯びる．香りはフローラルで，赤い果実と新鮮なアーモンド香があり，時が経つにつれて，微かなスパイス，よく熟れた核果実，炒ったアーモンドの香りをもつようになる．味わいはまろやかな口あたりで，最後にスパイシーな刺激がある．ロゼとしてはしっかりとした独特な骨組みをもつ，豊かなワイン．

テロワール
典型的な地中海性気候．雨が少なく，日照時間は年間平均 2,700 時間に達する．強い風のミストラルの影響を受ける．ローヌ丘陵の石灰岩が広がる地域で，軽く水はけのよい石灰質の3つの土壌からなる．
　①タヴェルの西の地域を占める石灰岩の石塊と赤粘土ローズ（石垣用白色石灰岩）質土壌
　②ヴィラフランシュ段丘（Villafranchienne）に見られる赤粘土と珪岩ガレの土壌
　③傾斜流域地帯の砂と砂利質土壌

- Côtes du Rhône コート・デュ・ローヌ地区／ Méridionale 南部
- グルナッシュ・ブラン・グリ・ノワール 30～60%，ブールブーラン，サンソー，クレレット・ブランシュ，クレレット・ロゼ，ムルヴェードル，ピクプール・ブラン・グリ・ノワール，シラー各 60% 以内
- タプナード，ブイヤベース，シャルキュトリ，ローストチキン，ポレンタ（イタリアのトウモロコシや栗の粉の粥），サワラの甘酢餡かけ

AOC
Vacqueyras ヴァケラス

1990

畑はローヌ川左岸，青空に鋸状の稜線を描く白いダンテル・ド・モンミライユ（Dentelles de Montmirail）山塊の麓に広がる．周辺にはジゴンダス，ボーム・ド・ヴニーズ，コート・デュ・ローヌ・ヴィラージュなどの AOC が集中している．ヴァケラス村から南のアヴィニョン周辺までは，コンタ（Comtat）と呼ばれる肥沃な平野が広がっている．ここは，14 世紀のアヴィニョン教皇庁時代から 18 世紀末のフランス革命期までローマ教皇領に属していた．灌漑の行き届いた豊かな農業地帯であり，野菜や果物の栽培が盛んで，特産物としてカルパントラ（Carpentras）産のイチゴ，カヴァイヨン（Cavaillon）産のメロンなどがある．

■ワインの特徴
- ● きれいな澄んだ黄色の色調．香りはフローラルなアロマをもち，しっかりしたストラクチャーと酸味が，味わいの厚みと長いアロマティックな余韻を支える．
- ● やや金色を帯びた美しいピンク色の色調．香りはフルーティーなアロマがある．味わいはボディのある豊潤なワイン．
- ● 深みのある赤い色調．ブラックチェリーとイチジク，プルーンの香りがあり，甘草も感じられる．味わいは肉厚．オイリーで力強いボディがあり，生き生きとした果実とスパイスのバランスがよい．

■テロワール
暑く乾燥していて，日照量が非常に多く，地中海性気候そのもの．土壌は氷河台地と沖積土からなり，東西に二分される．西はウヴェーズ（Ouvèze）渓谷の段丘にある小石の多い土壌，東は軟質砂岩の上の砂質土壌である．

- 🔍 Vallée du Rhône（ローヌ）・Côtes du Rhône（コート・デュ・ローヌ）・Méridionale（南部）
- 🍇 ● ブールブーラン，クレレット，グルナッシュ・ブラン，マルサンヌ，ルーサンヌ，ヴィオニエ各 80% 以内
    - ● サンソー，グルナッシュ・ノワール，ムールヴェドル，シラー各 80% 以内
    - ● グルナッシュ・ノワール 50% 以上，シラーとムールヴェドル併せて 20% 以上
- 🍴 ●● シャルキュトリ
    - ● ラムチョップ，カルパッチョ，鹿肉のシチュー

ローヌ 239

AOC
Ventoux ヴァントゥー

2008

　ローヌ南部, 左岸に位置し, 北は標高 1,909m のヴァントゥー (Ventoux) 山の麓から, 南はヴォクリューズ (Vaucluse) 高原まで続く広大な丘陵地帯に畑が広がっている. 1973 年にコート・デュ・ヴァントゥーの呼称で AOC に昇格. 2008 年にヴァントゥーと改名された. 生食用のブドウの生産も盛んで, ミュスカ種が AOC に認定されている. 冬になると雪帽子を被る雄大なヴァントゥー山は, トゥール・ド・フランスのコースとしても有名. 南のヴォクリューズ高原には, この地方特有の美しい小村が点在する. 例えば, 天空に浮かんでいるように見える鷲の巣村, ゴルド (Goldes) や, ラヴェンダー畑に囲まれたソー (Sault) 村, 黄土の採掘場として知られ, 赤やオレンジのオークルカラーに染まったルシヨン (Roussillon) 村などがある.

┃ワインの特徴
- ●緑を帯びた淡い黄色. ブドウやアカシアの花と, 柑橘類の香りがある. 味わいは生き生きとしてバランスがよく, 若飲みするタイプの辛口白.
- ●気品のある紫がかったバラ色の色調. フルーティーでフローラルな香りが高い. 味わいは心地よくバランスがとれて, アロマティックな余韻が長い.
- ●深みのあるルビー色. 赤い果実やスパイスの香りが複雑で魅力的. 味わいはエレガントで繊細. 口あたりがよく, フルーティーなものから, オイリーで力強くしっかりしているものまで幅広い.
- ●●●ともにプリムール (Primeur＝新酒) を造ることができる.

┃テロワール
　地中海性気候で日照に恵まれている. ヴァントゥー山とヴォクリューズ高原があるため, ミストラルの影響は少ない. ヴァントゥー山が涼しさをもたらす.

　土壌は, ヴァントゥー山が海であった硬い石灰岩の上に堆積した沖積土を主体に, 崩落土と丸い小石をもつ古い沖積土, そして赤い地中海土壌からなる. ミストラルの影響の少ないローヌ渓谷の東端にあり, 以下の 3 つの地域に分かれている. ①北のマロセーヌ盆地, ②東のヴァントゥー山の麓, ③カラヴォン川の北からアプトまでの地域.

- ♟ Vallée du Rhône (ローヌ)／Vallée du Rhône (ヴァレ・デュ・ローヌ)／Méridional (南部)
- 🍇 ●ブールブーラン, クレレット, グルナッシュ・ブラン, ルーサンヌ
- ●●グルナッシュ・ノワール, シラー, サンソー, ムルヴェードル, カリニャン
- 🍴 ●鯵の塩焼きやフライ
- ●シャルキュトリ
- ●(若い) 豚肉のロースト栗添え, サーロインステーキ, 牛肉のメダル仕立てジロール茸添え, 仔羊のムサカ (挽肉と茄子のオーブン焼き)
- ●(熟成) 牛肉の赤ワインソース, チーズ (AOP サレール)

AOP サレール

AOC
Vinsobres ヴァンソーブル

　ローヌ南部，左岸のドローム県に位置する小さなワイン村．畑はエーグ（Aigue）川沿いにあり，日照に恵まれた丘の斜面にブドウ樹が連なっている．周辺には，黒トリュフが採れる森や，オリーヴ畑が広がっている．ヴァンソーブル村のすぐ北にあるヴァルレアス（Valeréas）小郡は，アヴィニョンにローマ教皇庁があった 14 世紀からフランス革命までローマ教皇領であった地区で，その名残りから今でも「教皇の飛び地（l'enclave des Papes）」と呼ばれている．アヴィニョン教皇庁 2 代目のヨハネス 22 世が，ヴァルレアスのワインを病気が治る「奇跡のワイン」として重宝し，いつでも手に入れることができるようにこの地を買い取ったという話が残っている．

■ワインの特徴
● 紫がかった光沢がある濃い赤色の色調．赤い果実のアロマに，スパイシーな香りも加わっている．味わいは，タンニンの力強さと爽やかな味のバランスがとれていて余韻が長い．

■テロワール
　地中海性気候．近くの起伏した土地によりミストラルやアルプスから吹く風から守られている．9 月から 10 月の秋と 3 月から 5 月の春に 2 度の雨季があり，1 月から 2 月の冬と特に 7 月は乾季となる．丘は砂利を含む赤色から褐色の泥灰土で，台地は沖積土からなる．

- Vallée du Rhône（ローヌ）／Côtes du Rhône（コート・デュ・ローヌ）Méridionale（南部）
- ● グルナッシュ・ノワール 50% 以上，ムルヴェードルとシラー併せて 25% 以上，3 種併せて 80% 以上
- ● 牛赤身肉のタイム・ローズマリー風味，牛肉のメダル仕立てジロール茸添え，鹿肉のシチュー，チーズ（AOP カンタル）

242　Rhône

Roussillon

ルシヨン

　ラングドック地方に隣接するルシヨン地方は，ブドウ畑が続く渓谷と自然に恵まれた地．スペインと国境を接し，ピレネー山脈の高地と地中海に囲まれている．ピレネー・ゾリアンタル県に属し，フランス本土で最も南に位置し，ラングドック地方と同じ地中海性気候である．太陽の光を十分に受けたブドウから，白，ロゼ，赤ワインが産出されるが，天然甘口ワイン（VDN，ヴァン・ドゥー・ナチュレル）の銘醸地としても知られている．中世，この地方はバルセロナを拠点として発展したアラゴン・カタルーニャ連合王国の領地であったため，スペイン－カタルーニャ地方とのつながりが深い．人々はカタルーニャ語を話し，ここを北カタルーニャ地方と呼び，独自の文化を守り続けている．20世紀初頭，マチスはここで色彩の解放をうたう絵画運動「フォーヴィスム（野獣派）」を開花させた．上質なアンチョビがあり，甲殻類などの海産物に恵まれている．夏のリゾート地としても人気が高い．

AOC
Banyuls バニュルス (1936), Banyuls Grand Cru バニュルス・グラン・クリュ (1962)

スペインと国境を接し，地中海に面したルシヨン地方は，天然甘口ワイン（VDN，ヴァン・ドゥー・ナチュレル）の銘醸地として名高い．VDN は果汁の発酵途中にブドウを原料とする強いアルコールを添加して発酵を止め，ブドウの自然な甘みを残すミュタージュ（Mutage）という技法で造られる．この技法は，モンペリエ大学の医学者，アルノー・ド・ヴィラノヴァ（Arnau de Vilanova）が 13 世紀に発明し，VDN に欠かせない糖度の高いブドウの栽培に最適なテロワールをもつルシヨン地方で特に発展した．AOC バニュルス，バニュルス・グラン・クリュの生産地区は，スペイン国境近くのヴェルメイユ海岸（Côte Vermeille）の 4 つの港町，すなわちバニュルス・シュル・メール（Banyuls-sur-Mer），コリウール（Collioure），ポール・ヴァンドル（Port-Vendre），セルベール（Cerbère）からなる．グルナッシュ種から造られる赤が圧倒的に多く，白とロゼは少ない．ミュタージュ（アルコール添加）のタイミングを変えることによって，ドゥー（Doux ＝甘口），ドゥミ・ドゥー（Demi-Doux ＝半甘口），セック（Sec ＝辛口）の 3 タイプとなる．

ワインの特徴
熟成方法の違いによって，以下のような特徴の異なるワインが生まれる．

- **VDN** バニュルス・トラディショネル（Banyuls Traditionel）最も一般的なバニュルス．ミュタージュ後，最低でも 12 か月間，樽で酸化熟成させる．熟成していくうちに，赤ワインは褐色，マホガニー色を帯びていき，赤い果実のジャムやドライフルーツ，カカオ，アーモンドなどの豊かな香りが現れ，コクのあるまろやかな味わいとなる．白ワインは琥珀色へと変わり（アンブレ），オレンジの砂糖漬けや蜜蝋，アーモンドのような風味を帯びる．

- **VDN** バニュルス・リマージュ（Banyuls Rimage），あるいはバニュルス・ヴィンテージ（Banyuls Vintage）伝統的な方法とは異なり，良年のブドウをその果実の風味や新鮮さを保つために，6 〜 12 か月間樽やタンクで酸化させないように熟成させた後で，早めに瓶詰めされる．瓶にはミレジム（収穫年度）が表記される．赤の若いものは濃いルビー色をしている．熟したカシスや桑の実，チェリーのアロマを基調とし，スパイスを感じさせる．タンニンがしっかりした濃厚な味わい．瓶の中で熟成していくうちに褐色を帯び，干しスモモやイチジクの風味が現れ，円みを帯びてくる．白は熟成していくうちに，麦わら色から黄金色へと変わり，白い花の香りや，柑橘類，アカシアの蜂蜜，フェンネル，洋梨のリキュールなどの風味が出てくる．

- **VDN** バニュルス・グラン・クリュ（Banyuls Grand Cru）樽で 30 か月以上熟成し，グルナッシュ種を 75％以上使用する．より上質なキュヴェから造られる．赤銅色がかった色調．干しスモモのリキュールや熟したイチジク，炒ったカカオ豆，森の腐葉土などの芳醇なアロマが現れ，クルミ，シナモン，コーヒー，ヴァニラの風味が

広がる．タンニンがまろやかでエレガントな味わいで，口の中で余韻が長く続く．

VDN **バニュルス・ランシオ（Banyuls Rancio）** 伝統的な酸化熟成をさらに長い年月をかけて行った後で「ランシオ香」が現れたバニュルス．マディラ酒に似た甘く焦げた香りに，炒ったコーヒー豆，クルミ，シナモン，ヴァニラ，タバコの葉などの複雑な風味が加わる．

テロワール

バニュルスの畑は階段状の石垣の上に広がる．土壌は痩せた褐色の片岩質．焼けつく太陽の光のもとで乾燥し，ピレネー山脈から吹き降りる強烈な山風，トラモンタン（Tramontane）と地中海からの潮風にさらされている．

ブドウ樹は，強風に耐え，地中深くから養分を吸い上げることができるように，ゴブレ式またはエヴァンタイユ（扇）式に仕立てられており，樹齢の高いものが多い．

- Roussillon（ルシヨン）
- VDN（バニュルス・アンブレ／白）グルナッシュ・ブラン，グルナッシュ・グリ，マカブー，トゥルバ（マルヴォワジ・デュ・ルシヨン）
- VDN（ロゼ）グルナッシュ・ブラン，グルナッシュ・グリ，グルナッシュ・ノワール，マカブー，トゥルバ（マルヴォワジ・デュ・ルシヨン）
- VDN（バニュルス・トラディショネル）グルナッシュ・ノワール 50% 以上，グルナッシュ・グリ
- VDN（バニュルス・リマージュ）グルナッシュ・ノワール
- VDN（バニュルス・グラン・クリュ）グルナッシュ・ノワール 75% 以上，グルナッシュ・ブラン，グルナッシュ・グリ，マカブー，ミュスカ・ブラン・ア・プティ・グラン，ミュスカ・ダレクサンドリ（ミュスカ・ロマン），トゥルバ（マルヴォワジ・デュ・ルシヨン）
- VDN（バニュルス・アンブレ），（バニュルス・リマージュ），（バニュルス・トラディショネル），（バニュルス・グラン・クリュ）フォワグラ，チーズ（サン・フェリシアン），チーズ（AOP ブルー・デ・コース），ピーチメルバ，フルーツタルト，干しスモモの重ねパイ，チョコレート
- VDN（バニュルス・ランシオ）チョコレートムース，バナナプディング チョコレート添え

フルーツのタルト

AOC
Collioure コリウール

赤 *1971*, ロゼ *1991*, 白 *2003*

コリウールはスペイン国境から 26km の地中海に面した小さな漁港. バルセロナを中心に脈々と受け継がれてきたカタルーニャ文化が息づくルシヨン地方にあり, 人々はカタルーニャ語を話し, 村にはカタルーニャ旗が掲げられている. 明るい日差しと鮮やかな色彩にあふれるこの村は, フランス人画家のアンリ・マチスが提唱した 20 世紀初頭の絵画運動,「フォーヴィスム（野獣派）」の誕生地でもある. 畑はルシヨン地方の最南端に位置し, 天然甘口ワイン（VDN）を造っている AOC バニュルスの畑と同じ地域にある. そのため, コリウールの赤ワインは 1971 年に AOC を取得するまでは,「バニュルス・セック（辛口のバニュルス）」という名で親しまれていた. 1991 年にロゼ, 2003 年に白が AOC に認定. 有名な特産物として, IGP 認定の「アンショワ・ド・コリウール（Anchois de Collioure：コリウールのアンチョビ）」がある.

▍ワインの特徴

- ● 色は淡い黄色で, 柑橘類やトロピカルフルーツの風味がある. かすかに樽の香りを感じる. 繊細で爽やかな味わいのバランスのよいワイン.
- ● オレンジがかった鮮やかなローズ色で, 野生の赤い果実やスパイスのアロマを感じる香り高いワイン. 味わいはフレッシュでありながらも力強く個性的.
- ● 9 か月以上の熟成が義務づけられている. 濃い色調で, 花や果実, スパイスの香りが複雑に絡み合う, 柔らかなタンニンが特徴的. 濃厚で骨組みがしっかりしている.

▍テロワール

フランス最南端のブドウ栽培地であるコリウールの畑は, 地中海を見下ろす険しい斜面に張り付くように広がる. 土壌は褐色の片岩質で, 痩せていて石が多い. この地特有の土壌と豊かな日照量, 海の影響が結びついて, 独特なミクロクリマ（微気候）が生まれている. 厳しい乾燥と強風に耐えるために, ブドウ樹はゴブレ（Gobelet）式に仕立てられることが多く, また地中深く根を張るように植えられている.

Roussillon（ルシヨン）
- ● グルナッシュ・ブラン, グルナッシュ・グリ, マカブー, マルサンヌ, ルーサンヌ, トゥルバ, ヴェルマンティノ
- ● カリニャン, グルナッシュ・グリ, グルナッシュ・ノワール, ムルヴェードル, シラー
- ● カリニャン, グルナッシュ・ノワール, ムルヴェードル, シラー
- ● IGP コリウールのアンチョビのサラダやピッツァ
- ● カタルーニャ地方のシャルキュトリ, パエリア
- ● 鹿肉の煮込み, 牛肉網焼き

AOC
Côtes du Roussillon コート・デュ・ルシヨン

1977

　フランス本土の最南に位置し，スペイン国境に接するルシヨン地方は，青く輝く地中海，雄大なピレネー山脈，ブドウ畑と桃の木が広がる渓谷と，多彩な自然に恵まれた景勝地．なかでもピレネーの峰々から一際高くそびえるカニグー（Canigou）の雄姿は素晴らしく，「カタルーニャの富士山」とたとえられることもある．歴史的にも文化的にもスペインのカタルーニャ地方とのつながりが深い地方で，1659 年に完全にフランス領となったが，人々は今でもこの地を「北カタルーニャ（北カタローニュ）地方」と呼び，独自の文化を守り続けている．

　ピレネー・ゾリアンタル（Pyrénées Orientales）県の広範に及ぶ AOC コート・ド・ルシヨンは辛口の白，ロゼ，赤を産出．県都のペルピニャン（Perpignan）から北のコルビエール山までの 32 村に広がる AOC コート・ド・ルシヨン・ヴィラージュ（Côtes du Roussilon Villages）では，赤のみが産出されている．なかでもカラマニ（Caramany），レケルド（Lesquerde），ラトゥール・ド・フランス（Latour -de-France），トータヴェル（Tautavel）の村で造られたワインには，AOC 呼称の後に各々の村名を併記することができる．また，ペルピニャンから南のピレネー山脈までの内陸部に広がるレ・ザスプル（Les Aspres）地区と，レ・ザルベール（Les Albères）地区の 37 村で生産される赤ワイン AOC コート・デュ・ルシヨン・レ・ザスプル（Côtes du Roussilon Les Aspre）がある．

▍ワインの特徴
- 🟢 色は緑がかった淡い黄色で，柑橘類や白桃，アカシアなどの白い花の香りに包まれている．使われるブドウ品種によって，生き生きとしてミネラル感あふれるタイプと，よりまろやかでオイリーな味わいのタイプがある．
- 🌸 シャクヤクの花のような淡い桃色の色調．木イチゴやスグリの香りのする比較的アルコールの強いコクのある風味が特徴．溌剌として繊細，複雑性がある．
- 🔴 紫色からガーネット色までさまざまな色調．若いものはスミレやカシス，熟成するにつれて香辛料，赤い果実の砂糖漬け，なめし革などの香りが現れる．果実の風味豊かで濃厚な味わい，カリニャン種が，ワインに柔らかなタンニンと円みを与える．丸い小石が広がる段丘はコクを，片岩質土壌は野性味を，石灰質土壌は肉づきを，片麻岩と花崗岩質の土壌は芳香，しなやかさ，エレガンスをもたらす．シラー種を主体としたものはより長く熟成させることができる．

▍テロワール
　畑はアグリ（Agly）川，テット（Têt）川，テク（Tech）川の流れる堆積性の丘陵地帯に広がる．夏は暑く乾燥し，冬は暖かい地中海性気候であるが，標高の高い内陸部では夏の暑さがやや和らぐ．焼け付く太陽と，ピレネー山脈から吹き降りるトラモ

ルシヨン　247

ンタン（Tramontane）と呼ばれる強風のもとで，ブドウが完熟するため，アルコール度の高い濃厚なワインが生まれる．年間降水量は500〜600mmで特に10月と11月に集中し，雷を伴う豪雨になることが多い．土壌は以下のように三分される．
　①コルビエール（Corbière）の山麓とアスプル（Aspres）丘陵で見られる粘土質，泥土，石灰質からなる赤い土壌
　②アルベール（Albères）山脈の麓と北西部のアグリ渓谷の底土に花崗岩と片麻岩をもつ片岩からなる黒と褐色の土壌
　③アスプル（Aspres）丘陵と河川に沿った小石の多い段丘にある砂を含む粘土質軟質砂岩土壌

> 🔍　Roussillon（ルシヨン）
> 🍇　●2種以上,80%以上グルナッシュ・ブラン，マカブー，トゥルバ（マルヴォワジー・デュ・ルシヨン）
> 　　●●2種以上，80%以上カリニャン，グルナッシュ・ノワール，ムルヴェードル，シラー
> 🍴　●ムール貝，カジキマグロとオリーヴオイル，ラヴィオリ
> 　　●カタルーニャ風鶏の煮込み，シャルキュトリ，夏野菜のグラタン
> 　　●バーベキュー，鴨のロースト，パエリア，仔牛の薄切り巻き蒸し煮

グルナッシュ・ブラン種

248　Roussillon

AOC
Maury, Maury Rancio モリー, モリー・ランシオ

1936

ペルピニャン（Perpignan）から北西30kmに位置するアグリ（Agly）川上流の丘陵地帯に，ルシヨンが誇る天然甘口ワイン（VDN，ヴァン・ドゥー・ナチュレル）のひとつ，AOCモリーの故郷がある．オード県との県境に広がる畑のすぐ前には，白い岩壁がむき出しになった荒々しいコルビエール（Corbières）山がそびえる．この石灰質の山塊は中世期にアルビジョア十字軍（ローマ教皇インノケンティウス3世が呼びかけた十字軍）に弾圧されたキリスト教の異端であるカタリ派の最後の砦となった場所．山頂には惨劇の舞台となったケリビュス（Quéribus）城塞の廃墟が残っている．天然甘口ワインの製造に欠かせないミュタージュの原理を発明したアルノー・ド・ヴィラノヴァは，当時ルシヨンを治めていたマジョルカ王宮のお抱えの名医であった．聡明な彼はアラビアの錬金術師により蒸留酒の存在を知り，この「生命の水（オー・ド・ヴィ＝eau-de-vie）」をブドウ酒と結合させることを思いついたという．

▍ワインの特徴

VDN 熟成方法は大きく2つに分かれる．若いワインの繊細さと爽やかさを封じ込めるために早めに瓶詰めしてヴィンテージ・ポートと同じようにゆっくりと瓶熟成させる方法（ヴィンテージ）と，1年ほど天日にさらした後でカーヴに移し，数年間オーク樽で酸化熟成させる方法（トラディション）．さらに酸化を推し進めたものは甘く華やかな，アーモンドやクルミのような芳醇で複雑な香りになり，モリー・ランシオと呼ばれる．希少な白は，若いものは緑がかった淡い金色．柑橘系やエキゾチック系の果実，アカシアの花の香りがし，爽やかな酸味があり力強い．熟成してくると古びた黄金色に変わり，蜂蜜やオレンジの皮の香り，スパイス入りのパンケーキ，ドライフルーツなどの風味が出てくる．モリー・ランシオは，オレンジ色を帯び，クルミやタバコなどの香りと，マディラ酒に似た甘く焦げた風味が加わる．年代の若いものは鮮やかなルビー色の色調．カシスやチェリー，木イチゴの香りが支配的で，タンニンのしっかりした味わい．しかし，年が経つにつれ煉瓦色，マホガニー色へと変化し，果物のコンフィ，リキュール，カカオ，煎ったコーヒー豆，蜜蝋など多様なアロマと風味が現れる．

▍テロワール

アグリ渓谷に広がる畑は，ほぼ全域にわたって片岩質と泥灰岩質の黒い土壌で覆われており，周囲を取り囲む石灰質の白い岩山と鮮やかなコントラストをなしている．1年のうち280日は晴れの日という豊富な太陽の光と，トラモンタン（Tramontane）と呼ばれる乾いた山風にさらされてブドウが完熟し，高い糖度を持つため，天然甘口ワインの醸造に適している．

- Roussillon(ルシヨン)
  - VDN (モリー) グルナッシュ・ノワール 60 〜 80%,カリニャン,ムルヴェードル,シラー
  - VDN (モリー・アンブレ) 80% 以上グルナッシュ・ブラン,グルナッシュ・グリ,マカブー,トゥルバ(マルヴォワジ・デュ・ルシヨン)
  - VDN (モリー・ブルナ,グルナ・テュィレ) グルナッシュ・ノワール 75% 以上,グルナッシュ・ブラン,グルナッシュ・グリ
  - VDN (若い) メロン,チーズ(AOP ブルー・デ・コース),チョコレートケーキ
  - VDN (熟成した) 野ウサギと栗の煮込み,鳥レバーのソテー バルサミコ酢風味,シガーとともに
  - VDN (モリー・ランシオ) チョコレートムース

AOP ブルー・デ・コース

AOC
Rivesaltes リヴザルト（1936）, Muscat de Rivesaltes ミュスカ・ド・リヴザルト（1956）

スペインと国境を接し，地中海に面したルシヨン地方は，AOCバニュルスやAOCモリーなどの天然甘口ワイン（VDN，ヴァン・ドゥー・ナチュレル）の銘醸地として名高く，リヴザルトもそのひとつ．地元のカタルーニャ語で「川の上流」を意味するリヴザルト村を中心に，ピレネー・ゾリアンタル県の85市町村（ミュスカは89町村）とオード県の9市町村で造られている．白と赤のVDNを産出しており，生産量が最も多く，また実に多様である．このほか，ミュスカ種を100%使用した白のVDN「ミュスカ・ド・リヴザルト」がある．特に，クリスマスの時期に出荷されるフレッシュな「ミュスカ・ド・ノエル（Muscat de Noël）」が人気だ．

❚ワインの特徴
 VDL （リヴザルト）若い白は色調は淡く，花の香りが特徴．その後，濃い黄金色や琥珀色の美しい色調で，ヘーゼルナッツ，アーモンド，クルミの殻，柑橘類の砂糖漬けや焙煎香のアロマを放つ「アンブレ」，深いルビー色の色調で，チェリー，カシス，木イチゴ，桑の実などの小さな赤や黒い果実のアロマが豊かな「グルナ」，褐色やオレンジ色を帯びたきれいな煉瓦色の色調で，コーヒー，カカオ，たばこの香りや，イチジク，干しスモモ，イチゴ，カリンの砂糖漬け，乾燥果実のアロマが複雑な「テュイレ」，さらに，テュイレに蜂蜜や乾燥果実の香りが加わり，独特な甘く焦げた香り（ランシオ香）が特徴の「ランシオ」へと変化していく．

 VDN （ミュスカ・ド・リヴザルト）一般的に溌剌さを残すために早めに瓶詰めする．緑やバラ色のニュアンスをもつ淡い色調．白桃，レモン，マンゴー，ミントなどのアロマが特徴．マスカット・ブドウを噛んでいるような印象を受ける．年を経ると琥珀色の光沢が見られ，蜂蜜やアンズの砂糖漬けのような香りが生まれ，力強くなる

❚テロワール
夏暑く乾燥する典型的な地中海性気候．年間降水量は500～600mm，トラモンタン（Tramontane）というたいへん強く乾いた風が3日に1度は通りすぎ，北西からの強い風や海からの風が吹く．標高の高さや海からの距離によって地中海性気候は和らぐ．

アグリ（Agly）川，テット（Têt）川，テク（Tech）川の3河川が横切り，段丘と丘陵の起伏を形づくる．土壌は非常に変化に富む．

- 🍇 Roussillon（ルシヨン）
- 🍇 VDN （リヴザルト）グルナッシュ・ノワール
-    VDN （リヴザルト・アンブレ），（リヴザルト・テュイレ）グルナッシュ・ブラン，グルナッシュ・グリ，グルナッシュ・ノワール，マカブー，トゥルバ（マルヴォワジ・デュ・ルシヨン）

- VDN （ミュスカ・ド・リヴザルト）ミュスカ・ブラン・ア・プティ・グラン，ミュスカ・ダレクサンドリ
- VDN （リヴザルト）イチジクのロースト木イチゴのクーリ添えなどのデザート
- VDN （リヴザルト・ランシオ）チョコレートムース
- VDN （ミュスカ・ド・リヴザルト）フォワグラ，レモンやオレンジのタルト，洋梨とアーモンドのケーキ，クレーム・ブリュレ夏のフルーツ添え，ネクタリンのムース

リヴザルトのランシオ熟成

ミュスカ・ド・リヴザルトとデザート

252　Roussillon

Savoie

サヴォワ

　雄大なアルプス山脈や，美しい森や湖といった自然が豊かな地方．スイス，イタリアと国境を接し，オート・サヴォワ県は，標高 4,810m，ヨーロッパ最高峰のモンブランを擁する．フレンチ・アルプス山脈には，登山やスキーを楽しむ人々が世界中から訪れる．白，ロゼ，赤，発泡性ワインが産出されるが，生産量の多くはフルーティーな白ワインである．日照を最もよく得られるよう，ブドウ畑は南東や南西向きになっている．土壌は粘土石灰質である．1032 年，神聖ローマ帝国に統合され，長い期間，イタリア - サヴォィア家（後のイタリア王家）の領土として栄えたため，イタリアとのつながりが深い．フランスに併合されたのは 1860 年である．牛乳から造られる保存性の高いセミハードとハードタイプチーズの名産地としても知られている．伝統的なチーズ料理としては「ラクレット」が有名．

AOC

Bugey ビュジェ, Bugey + nom de cru ビュジェ＋クリュ名 (2009), Rousette de bugey ルーセット・ド・ビュジェ (2011)

2009年に新設された白，ロゼ，赤のAOC．発泡性と非発泡性のワインが造られている．ブドウ畑はローヌ川を挟んで，オート・サヴォワ（Haut-Savoie）県，サヴォワ県（Savoie）の西隣に位置するアン（Ain）県に広がっている．ブルゴーニュ地方，ジュラ地方に囲まれているため，3地方の品種が混在しているところが興味深い．土着品種としては，主に発泡性の白ワインに使われているモレットがある．

なお，AOCビュジェのあとに，さらに地区名を併記できるものがある．それはマニクル（Manicle）とモンタニュー（Montagnieu）で，どちらも非発泡性ワインである．その他，セルドン（Cerdon）は発泡性ロゼワインに認められている．また，AOCルーセット・ド・ビュジェのあとに，ヴィリュー・ル・グラン（Virieu-le-grand）とモンタニュー（Montagnieu）をつけることも認められている．

■ワインの特徴

● 伝統的にさまざまなブドウ品種を用いる白ワインは，ブドウ品種により特徴が異なるが，主体はシャルドネ種．生き生きとして，後味が豊かでしなやかな味わいの辛口ワイン．

● 使用品種によってさまざまなピンク色の色調．フレッシュな果実の風味があり，すっきりと軽やかなワイン．

● ガメ種やピノ・ノワール種主体の場合は，軽やかで繊細なタンニンが特徴の，しばしばアロマティックな果実香のワインとなる．モンドゥーズ種主体の場合は，しっかりしたタンニンのボディとなる．黒い果実のアロマが特徴．アペラシオンにマニクルが付くと，ピノ・ノワール種主体となり，よりしっかりとしたボディとなる．アペラシオンにモンタニューが付くと，しばしばスパイシーなニュアンスが加わる．

★ ビュジェの発泡性やペティアンは，瓶内二次発酵，9か月以上の熟成が義務づけられている．フローラルな香り，軽やかでフレッシュな手軽に楽しめるワイン．アペラシオンにセルドンが付くロゼは，メトード・アンセストラルと表記することが義務付けられている．独特の瓶内発酵で造られ，非常にアロマティックなものとなる．モンタニューが付くワインは，12か月以上の瓶内熟成が義務づけられていて，より複雑なアロマのストラクチャーで，とてもしなやかな味わいが特徴．

■テロワール

海洋性気候で，年間を通して1,100mmから1,300mmの降水量があるが，同時に大陸性気候の影響も受けている．冬は長くときに寒さが厳しく，夏は暑い．アルプス山脈の隆起の結果できた褶曲と氷河期の浸食により，ジュラ山塊と同様に複雑な地質で構成されており，狭い渓谷が刻まれた起伏の多い小さな山々の斜面に畑は広がっている．

🍇 Savoie（サヴォワ）

🍇 ● シャルドネ
　　● ガメ，ピノ・ノワール

254　Savoie

- 🔴 ガメ，モンドゥーズ・ノワール，ピノ・ノワール
- ⭐ シャルドネ，ジャケール，モレット
- ★ ガメ，ピノ・ノワール
- 🟢 サヴォワサラダ，サヴォワ風フォンデュ，タルティフレット
- 🟣 シャルキュトリ
- 🔴 サヴォワ風グラタン，イワナの赤ワインソース，チーズ（AOP ルブロション・ド・サヴォワ）
- ★ ビスキュイ・ド・サヴォワ

サヴォワ地方の風景

AOC
Crémant de Savoie クレマン・ド・サヴォワ

2014

　サヴォワ地方はスイス，イタリアと国境を接し，雄大なアルプス山脈，美しい湖水など豊かな自然に恵まれた地．1032年に神聖ローマ帝国に統合され，長い間イタリアのサヴォィア家の領土として栄え，フランスに併合されたのは1860年という歴史から，イタリアとのつながりが深い地でもある．AOCヴァン・ド・サヴォワの生産地区が広範囲に分散しているが，その産地にほぼ重なる区域で，瓶内二次発酵方式で造られる発泡性白ワインに対して，2014年収穫のものから「クレマン・ド・サヴォワ」というAOCが認められるようになった．主品種はジャケール（40%以上）で，ジャケールとアルテスで全体の60%以上を占めることが条件となる．フランスでAOCを取得した8番目の「クレマン」だ．

┃ワインの特徴
★ヴァン・ド・サヴォワの中でもCrémant（クレマン）と名乗ることができる発泡性のワインは，そのアサンブラージュの大部分に白ブドウが使用されている．そのためフレッシュさや，生き生きとした軽やかな飲み口が特徴．色合いは淡く，グラスの中を細やかな泡が切れ目なく立ち上る．香りは生き生きとしていていながらエレガント，口中にフローラルなアロマやミネラル感，フルーティーさが広がる．

┃テロワール
　ヴァン・ド・サヴォワと同じ県に属するが，Ayze（アイーズ）を除いた，54のコミューンで収穫されたブドウから造られる．海洋性気候に属し，西風により湿度や温度変化が和らげられている．アルプス山塊の浸食によりさまざまに形成された土壌によって地区，区画ごとにブドウの品質への影響が現れる．

🔑　Savoie（サヴォワ）

🍇　★アリゴテ，アルテス，シャルドネ，ジャケール，モンドゥーズ・ブランシュ，ガメ，モンドゥーズ・ノワール

🍴　★チーズスフレ

AOC
Roussette de Savoie ルーセット・ド・サヴォワ, Roussette de Savoie + nom de commune ルーセット・ド・サヴォワ＋クリュ名

1973

　スイスとイタリアとの国境に近いオート・サヴォワ（Haut-Savoie）県とサヴォワ（Savoie）県に広がる白ワイン産地．ルーセット・ド・サヴォワという呼称が認められるのは，アルテス種（ルーセットとも呼ばれる）を100%使った白ワインのみ．そのなかでフランジー（Frangy），マレステル（Marestel），モントゥー（Monthoux），モンテルミノー（Monterminod）という名称の付いた4区画（クリュ）からできるワインには，それぞれのクリュ名を併記することができる．サヴォワ地方でのブドウ栽培の歴史は古く，紀元前6世紀末頃にさかのぼる．西暦1世紀頃に古代ローマ人の農学者コルメラ（Collumella）が，この地で栽培されていた「アンブロジカのブドウ」に関する記録を残している．このブドウが現在のどの品種に近いかについてはいろいろな仮説がある．

ワインの特徴
● 蜂蜜と黄桃，アンズなど黄色い果実の香りが特徴的な，ふくらみのある白ワイン．クリュを名乗るワインは，よりアルテス種の特徴が出て，ミネラル感，山岳のハーブ，レモンの皮のアロマを感じる．

テロワール
　海抜500mを上限に，山塊の傾斜地にブドウ畑がある．その山岳地形により，西からの風雨から守られており，1,000mmという年間降水量にも関わらず，ブドウはよく熟する．土壌は，石灰岩質の下層土の上に，中程度の傾斜で小石混じりのモレーン（氷河に運ばれた堆石土）が載っている．

> Savoie（サヴォワ）
> ● アルテス 100 %
> ● ザリガニなど甲殻類，イワナの網焼き，スズキフィレのソテー ジロール茸添え，チーズ（AOP ルブロション・ド・サヴォワ，AOP トム・デ・ボージュ，AOP アボンダンス，AOP ボーフォール）

サヴォワ　257

AOC
Seyssel セイセル, Seyssel Mousseux セイセル・ムスー

1942

スイス・アルプス山脈からレマン湖に入り，フランスへ流れるローヌ川の畔にあり，ジュネーヴの南約 40km に位置するセイセル村を中心とする産地．セイセルという名の村はオート・サヴォワ県とアン県に 2 つあり，両方の村とコルボノ（Corbonod）村で，非発泡性，発泡性の白ワインが造られている．AOC に認定されたのは 1942 年で，サヴォワのワインの中で最も古い．この地方は雄大なアルプスの山々と森，湖水が織りなす豊かな自然に囲まれている．特にオート・サヴォワ県はヨーロッパ最高峰の標高 4,810m のモンブラン（Mont Blanc）の地として有名．他にもヨーロッパで最も透明度が高いというアヌシー（Annecy）湖や，その湖畔に佇む「サヴォワのヴェネチア」と謳われるアヌシーの町などの美しい名所がある．

ワインの特徴
- 香りはフルーティーで，花のアロマを感じさせるフレッシュなワイン．特にスミレの香りが特徴で，白桃，洋梨などの白い果実の香りもしばしば感じられる．アルテス種のアサンブラージュ比率が高くなるほど，しっかりしたものとなる．
- ★瓶内二次発酵により造られ，1 年以上熟成される．辛口と半甘口がある．

テロワール
大陸性気候と海洋性気候の接するゾーンに位置している．西はジュラ山塊の斜面，東はアルプス山脈前山地帯の斜面の最良の日あたりの場所にブドウが植えられている．モレーン（氷河に運ばれた堆積土）の上にのった褐色土壌と，より軟質の砂岩が骨格となっている土壌の両方にブドウ畑がまたがっている．

- Savoie（サヴォワ）
- ●（セイセル）アルテス
- ●（セイセル・モレット）モレット
- ★アルテス，シャスラ，モレット
- ●イワナの塩焼き，ザリガニなど甲殻類，豚のルブロションと蕪のコンフィ添え，白ブーダン，チーズ（AOP シュヴロタン）
- ★黄スモモのタルト

AOC

Vin de Savoie ヴァン・ド・サヴォワ, Vin de Savoie + nom du cru ヴァン・ド・サヴォワ+クリュ名

1973

サヴォワ地方はスイス，イタリアと国境を接し，アルプス山脈，森林，湖水など豊かな自然に恵まれた地．AOC ヴァン・ド・サヴォワの生産地域はレマン湖畔，ローヌ川流域，イゼール（Isère）川流域に分散して広がっている．土壌と栽培品種の違いによって 16 の区画（クリュ）が特定されており，これらのクリュ名はエチケットへの併記が認められている．1948 年から AOC であったクレピー（Crépy）は，2009 年にクリュのひとつとして統括された．サヴォワ地方は特にチーズの産地として有名．牛乳で作られるセミハード，ハードタイプのチーズが多く，代表的なものに AOP ボーフォール（Beaufort），AOP ルブロション・ド・サヴォワ（Reblochon de Savoie），AOP アボンダンス（Abondance）などがある．

ワインの特徴

さまざまなブドウ品種を用いるサヴォワのワインは，ブドウ品種，その栽培地区により特徴が異なる．

- ●ハーブなどの植物系，フローラル系のアロマが主体で，しばしば微発泡を含む，軽やかでフレッシュな辛口ワイン．特にジャケール種，アルテス種主体のワインは，軽くフレッシュで，フルーティーな飲みやすいワインになる．
- ●淡い色合いが一般的だが，使用品種によってさまざまなピンク色の色調．果実の風味あふれるすっきりした，軽やかなワイン．
- ●ガメ種主体のワインはフルーティーな飲みやすいワインとなり，モンドゥーズ種主体のワインは色調も濃く，スパイシーな味わいとしっかりしたタンニンをもった良質の赤ワイン．
- ★★瓶内二次発酵，9 か月以上の熟成が義務づけられている．造り手によっては，軽い発泡性のペティアンもある．しばしばやや甘口に仕上がっており，軽やかでフレッシュな手軽に楽しめる発泡性ワイン．

テロワール

海抜 500m を上限に，山塊の傾斜地にブドウ畑がある．その山岳地形により西からの風雨から守られており，1,000mm という年間降水量にも関わらずブドウはよく熟する．土壌は，石灰岩質の下層土の上に中程度の傾斜で小石混じりのモレーン（氷河に運ばれた堆石土）がのっている．

- Savoie（サヴォワ）
- ※サヴォワ地方は，県別にブドウ品種が指定されている．
  - ●アリゴテ，アルテス，シャルドネ，ジャケール，モンドゥーズ・ブランシュ，ヴェルテリネ

オート・サヴォワ県：シャスラ，グランジェ，ルーセット・デーズ
イゼール県：マルサンヌ，ヴェルデス
- ●(クレレ) ●ガメ，モンドゥーズ・ノワール，ピノ・ノワール
サヴォワ県：カベルネ・フラン，カベルネ・ソーヴィニョン，ペルサン
イゼール県：ペルサン，エトレール・ド・デュイ，セルヴァナン，ジュベルタン
- ★アリゴテ，アルテス，シャルドネ，ガメ，ジャケール，モンドゥーズ・ブランシュ，モンドゥーズ・ノワール，ピノ・ノワール，ヴェルテリネ
オート・サヴォワ県：シャスラ
- ★クレマン▶アリゴテ，アルテス，シャルドネ，ジャケール，モンドゥーズ・ブランシュ，ガメ，モンドゥーズ・ノワール，ピノ・ノワール
オート・サヴォワ県：シャスラ，モレット

Savoie+クリュ名▶シャスラ
《Abymes》《Les Abymes》《Apremont》《Cruet》《Montmélian》
《Saint-Jeoire-Prieuré》ジャケール
《Arbin》《Saint-Jean-dela-Porte》モンドゥーズ・ノワール100%
《Ayze 白》グランジェ
《Chautagne 白》《Chignin 白》《Jongieux 白》ジャケール
《Chautagne 赤》《Chignin 赤》《Jongieux 赤》ガメ，モンドゥーズ・ノワール，ピノ・ノワール
《Chignin-Bergeron》ルーサンヌ100%
《Crépy》《Marignan》《Marin》《Ripaille》シャスラ

- ●マスのクールブイヨン煮，サヴォワ風フォンデュ，AOPボーフォール・チーズのスフレ，チーズ（AOP トム・デ・ボージュ）
- ●チーズ（AOP シュヴロタン，AOP アボンダンス）
- ●鹿肉の煮込み，チーズ（AOP ルブロション・ド・サヴォワ）
- ★★チーズスフレ

サヴォワ地方の風景

Sud-Ouest

南西

　ガロンヌ川両岸から，バスク地方，ピレネー山脈，ガスコーニュ地方からトゥールーズ近辺まで，広範囲にブドウ畑が点在する．大陸の影響を受けた大西洋気候だが，範囲が広いため，バスク地方は温暖で雨が多いところと，雨が少なく乾燥したところがある．さまざまな条件でいろいろなブドウが栽培されており，白，ロゼ，赤，甘口の白など，多様なワインが生まれる．たとえば，濃い深紅色で濃厚なカオールのワインは「黒いワイン」として12世紀頃から知られていた．フランスが誇る高級食材であるガチョウや鴨のフォワグラ，トリュフをはじめ，チーズ，バイヨンヌの生ハム，セップ茸，クルミ，唐辛子，赤ワイン漬けのプルーンなどの産地であり，食通をうならせる食材の宝庫でもある．広大な松林が広がる「ランド地方」では，伝統的に狩猟が行われている．年間500万人以上が訪れる，世界的に有名な巡礼の聖地「ルルド」を擁する．

AOC
Béarn ベアルン (1975), Béarn Bellocq ベアルン・ベロック (1990)

ピレネー山脈と大西洋に囲まれたピレネー・ザトランティック (Pyrénées-Atlantiques) 県，オート・ピレネー (Hautes-Pyrénées) 県，ジェール (Gers) 県に位置する AOC．畑は 3 地区に分散しているが，ベロック村を含む 4 町村で造られるワイン（白，ロゼ，赤）には，ベアルン・ベロック（Béarn Bellocq）という呼称が認められている．この地はスペインにあるカトリック教の聖地，サンティアゴ・デ・コンポステーラ巡礼の経由地であったため，巡礼者の疲れを癒すワインの商売で大いに栄えた．また 16 世紀の宗教戦争の時代には，プロテスタント派（ユグノー派）の本拠地となり，のちに仏国王アンリ 4 世となって，ナントの勅令を発し，宗教対立を鎮静させたアンリ・ド・ナヴァールを輩出した地でもある．19 世紀の文豪，アレクサンドル・デュマ（父）の歴史小説，「三銃士」のなかで，4 人の英雄の出身地としても登場する．

ワインの特徴
- ●透明感のある淡い黄色の色調．生き生きとして芳香高く，ときに蜂蜜のニュアンスがある．口に含んでも溌溂さと厚みのバランスの取れた辛口ワイン．
- ●やや赤褐色のニュアンスを含んだ深みのあるピンク色から淡いバラ色まである色調．繊細なアロマをもち，口に含むとフレッシュで果実の風味があり，充分な飲み応えのあるロゼワイン．
- ●深みのあるガーネット色の色調．赤い果実のジャムの香りにスパイシーさが加わることがある．味わいはしっかりとしたボディに，ボリュームのあるタンニンを感じる．

テロワール
ピレネー山脈の影響で湿った冷たい大気が遮られ，フェーン現象が起こることもあるが，概して湿潤で温暖な気候．年間降水量は，1,000mm から 1,300mm．
土壌は多様で 3 分される．

- 南西／Pyrénées（ピレネー）
- ●ラフィア・ド・モンカード必須，グロ・マンサン，プティ・マンサン
- ●●タナ（赤 50% 以上），カベルネ・フラン，カベルネ・ソーヴィニヨン
- ●サーモンのムニエル
- ●シャルキュトリ
- ● IGP ベアルンの家禽バスク風，IGP ベアルンの塩漬け肉，チーズ（トム・ド・ブルビ・ベアルン）

AOC
Bergerac ベルジュラック, Bergerac Sec ベルジュラック・セック, Côtes de Bergerac コート・ド・ベルジュラック

1936

　南西地方を横断して大西洋へと流れる豊かなドルドーニュ（Dordogne）川の両岸に広がる銘醸地．ボルドー地方に近い産地でもある．白，ロゼ，赤からなる AOC ベルジュラックと，半甘口の白である AOC コート・デュ・ベルジュラックがあり，2つの AOC の生産区域は重なっている．なお，AOC ベルジュラックの白には「辛口」と言う意味の「セック（Sec）」があえて表記されるが，これはこの地方に甘口の白ワインで有名な AOC が集中しているからである．この地のワイン産業は 13 世紀頃に栄えたが，英仏間の百年戦争や宗教戦争などが原因で数世紀の間低迷する．17 世紀になって，プロテスタント派のオランダ亡命をきっかけとしてワイン生産が再び盛り返し，19 世紀末までオランダとの通商が隆盛した．

■ワインの特徴
ベルジュラック▶
- セニエ法により作られた場合，非常に深いピンク色．香りは木イチゴのような果実の風味をもち，フレッシュなアロマを併せもつ．
- 繊細かつしなやかで，イチゴ，カシスなどの果実のアロマをもつ．飲みやすいワインで，2～3年以内に飲むのが良い．

ベルジュラック・セック▶
- 近年ソーヴィニヨン・ブラン種の栽培比率が増えてきた．フレッシュで，心地よい芳香があり，きりっとした酸味の口あたりと，ほどよい余韻が感じられる若飲みタイプ．

コート・ド・ベルジュラック▶
- ベルジュラック・セックと同様の品種であるが，一般的にセミヨン種を主体とし，遅摘みにより造られるやや甘口から甘口だが，フレッシュ感とまろやかさのバランスがよいワイン．
- 完熟度の高い区画のブドウを使用して造られ，しばしば樽熟成を経る．ベルジュラックの赤よりも，しっかりしたボディと複雑味がある．若いうちからリッチな果実の風味を楽しめるが，長期熟成もできる．ブラック・チェリーやカシスなどの風味，スミレのような花の香り，タール，たばこの葉，スパイシーさがあり，ときにはミネラル感やなめし皮などのニュアンスを含んだ，複雑なブーケをもつ．

■テロワール
　ベルジュラック地区は，東から西に向かってドルドーニュ川が貫き，かなりの数の支流が注ぎ込んでいる．大西洋により近いボルドーよりも海洋性気候が和らぎ，降水量が少なく，平均気温もやや低い傾向にある．畑は，日あたりのよい泥砂と粘土石灰

南西　263

岩からなるモンバジヤックの丘と，石灰岩質土壌と砂利で構成された大地に広がっている．

> 南西／Bergerac（ベルジュラック）
>
> ●● ミュスカデル，ソーヴィニヨン・ブラン，ソーヴィニヨン・グリ，セミヨン
>
> ●● カベルネ・フラン，カベルネ・ソーヴィニヨン，マルベック（コット），メルロ
>
> ベルジュラック▶
> ● アンコウのアルモリカン風，川カマスとアルプスイワナのテリーヌ ローリエ風味
> ● シャルキュトリ
> ● 家禽のロースト，レンズ豆と豚ばら肉の煮込み，クスクス，コック・オ・ヴァン
>
> コート・ド・ベルジュラック▶
> ● 家禽のクリーム煮
> ● 家禽網焼き

カベルネ・フラン種

AOC
Buzet ビュゼ

1973

南西地方を流れるロット川とガロンヌ川が合流する地点，ボルドー市内から車で1時間半ほど南東に方向へ下った場所にある銘醸地．この町の名は，「プリュノー・ダジャン（Pruneaux d'Agen）」で世界的に知られている．EU認定IGP（地理的表示保護）のドライプルーンの産地として世界的に有名なアジャン（Agen）市周辺に位置する．ガロンヌ川沿いに広がるビュゼは，白，ロゼ，赤3色のワインを生産しているが，赤の評価が特に高いAOCで，カベルネ・ソーヴィニヨン種やメルロ種などのボルドー品種とマルベック種から造られる．

なお，ビュゼ南東にAOCブリュロワ（AOC Brulhois）や，AOCサン・サルドス（Saint-Sardos）がある．

▎ワインの特徴

- 淡い色調．繊細で上品な仕上がり．白桃や柑橘類の心地よい果実のアロマをもつ．軽快な酸味のアクセントで，爽やかな口あたりの辛口ワイン．一方ミュスカデル種やセミヨン種主体で造られたワインは，よりアロマティックでまろやか．スパイス，焼き立てのパン，トロピカルフルーツの香りが特徴で，まろやかなテクスチャーの白ワイン．
- フルーティーで軽やかなタンニンとともに，口中で充分な複雑味をもつ．
- 華やかなフルーツのアロマ．桑の実，スミレの香りをもつ．また，しっかりしたタンニンは，オーク樽との相性がよい，熟成にしたがって，より軽やかに，繊細に，そしてアロマティックに変化していく．

▎テロワール

ボルドーとトゥールーズの間の，ロット・エ・ガロンヌ（Lot-et-Garonne）県のガロンヌ川沿岸に位置する．年間平均気温は約13℃．年間降水量は730mmとやや多めだが，年間日照時間1,936時間とブドウの成熟には好ましい．海抜150mのなだらかな丘は，ブールベンヌ（Boulebène＝アキテーヌ盆地の珪質の細かい土の層），南西地方の独特のテールフォール（Terrefort）という粘土質土壌がバランスよく構成されている．

- 南西／Lot-et-Garonne（ロット・エ・ガロンヌ）
- ●ミュスカデル，ソーヴィニヨン・ブラン，ソーヴィニヨン・グリ，セミヨン
  ●カベルネ・フラン，カベルネ・ソーヴィニヨン，マルベック（コット），メルロ
- ●小イカ，伊勢海老網焼き，うなぎの稚魚のアヒージョ，ニース風ピザパイ
  ●シャルキュトリ，トマトのタルト
  ●マグレ・ド・カナール，レンズ豆と豚ばら肉の煮込み，チリ・コン・カルネ，鶏レバーとニラの炒め，チーズ（AOPロカマドール）

AOC
Cahors カオール

1971

カオールはロット（Lot）川流域に広がる古い歴史を誇る赤ワインの AOC．マルベック種を 70% 以上使用した濃厚な味わいと濃い深紅色を特徴とし，昔から「黒いワイン」と呼ばれている．なお，現地ではマルベック種をコット種と呼んでいる．後にこの地方の運命を変えることになるアキテーヌ公爵家の姫君アリエノールとプランタジネット家のアンジュー伯アンリ（のちのイングランド王ヘンリー 2 世）の婚礼の宴を飾り，この婚姻によって英国王朝領となってからは英国に大量に輸出されるようになり，ボルドーワインと競い合うほどの人気を博した．中心地のカオール市は世界遺産登録の宗教建築物が多く，中世の面影が色濃く残る．その他，カオールの南のワインに AOC コトー・デュ・ケルシー（Coteaux du Quercy）があり，カベルネ・フランを主品種とするロゼと赤を産出している．

ワインの特徴
● 強く，タニックで熟成にある程度時間を要するが，若飲みすると，肉づきがよく，スパイシーなニュアンスの中に心地よい果実の風味を感じる．2～3 年すると，香りも閉じて堅い印象となる．熟成とともに，森の腐葉土の香りやスパイシーさと味わいとの調和が取れてくる．

テロワール
気候は海洋性であるが，ボルドーの降水量よりも少ないのが特徴．海抜 90m ほどのロット川の蛇行部分にある畑は，川のおかげで気温や土中の水分が保たれている．土壌は，川により中央山塊から運ばれた沖積土で，三段階の段丘となっている．段丘は，上に行くほど小石が多く混じり水はけがよい．

- 南西／Lot-et-Garonne（ロット・エ・ガロンヌ）
- ● マルベック（コット）70% 以上，メルロ，タナ
- ● シャルキュトリ，鴨のコンフィ，マグレ・ド・カナール，カスレ，ローストビーフ セップ茸添え，ヒメジのポワレ，洋梨ワイン煮，チーズ（AOP カンタル）

AOC
Côtes de Duras コート・ド・デュラス

1937

ロット・エ・ガロンヌ（Lot-et-Garonne）県の北西端にあるAOCで，北をAOCベルジュラック，南をコート・デュ・マルマンデに囲まれている．ボルドー地方上流に位置していることから，オー・ボルドー（Haut-Bordeaux）と呼ばれることもある．17世紀後半，キリスト教宗派間の対立を鎮めていたナントの勅令が廃止されたことで，この地域のプロテスタント派がオランダへ一斉亡命した．これがきっかけでコート・デュ・デュラスのワインはオランダへ盛んに輸出されるようになった．

■ワインの特徴
- ●上品で酸の際立った，それでいてデリケートでフルーティーな口中の味わいが特徴．
- ●香りから連想されるとおりの濃縮度があり，バランスがよい．良好な熟成も期待できる．
- ●セニエ法で造られる．色合いのピンクはさまざま．果実の風味が基調となり，さっぱりして口あたりがよい，気軽なワイン．
- ●一般的に果実の風味を基調とした気軽なワイン．樽熟成したものは，よりタニックでがっしりとしたボディのものもある．若いワインでもその生き生きとしたアロマを楽しむことができる．

■テロワール
地理的には，大西洋から内陸に100kmほど入ったところにあり，大陸性気候の影響を受けるが，すぐ近隣のボルドー地方よりは少雨，温暖といえる．泥灰岩質あるいは砂岩質の土壌が多く，石灰岩質や粘土石灰岩質の丘もある．土中に，砂岩や「ブールベンヌ（Boulbène＝アキテーヌ盆地の珪土質の細かい土）」が混じる場合は，白ワイン用品種に向いているといわれている．一般的に，赤ワイン用品種は石灰岩の混じった緻密な粘土質土壌に植えられている．

🔍	南西／Lot-et-Garonne（ロット・エ・ガロンヌ）
🍇	●●シュナン・ブラン，モーザック，ミュスカデル，オンダンク，ソーヴィニョン・ブラン，ソーヴィニョン・グリ，セミヨン
	●●カベルネ・フラン，カベルネ・ソーヴィニョン，マルベック（コット），メルロ
🍴	●甘鯛のカルパッチョ，スズキの香草焼き
	●IGP南西地方産鴨のフォワグラ，桃やイチゴのタルト，チーズ（AOPロックフォール）
	●シャルキュトリ，鶏ささみ，タコス
	●鴨のコンフィ，鶏の赤ワイン煮，サーロイン網焼き
	●（若い）仔牛のローストの椎茸添え

AOC
Côtes du Marmandais　コート・デュ・マルマンデ

1990

　ボルドー市の南東 85km に位置するマルマンデ村を中心とする産地．ワイン生産地域としては南西地方に入るが，そのなかでも最もボルドー地方に近い，北西寄りのブロックに属している．その畑は 19 世紀のフランスの文豪，スタンダールが「イタリアのトスカーナ」の景色と同様に美しいと称えたガロンヌ川両岸の渓谷に広がっている．この地より南のガスコーニュ（Gascogne）という地方は，フランスが世界に誇る高級食材であるフォワグラの産地のひとつ．また秋から冬にかけてイノシシや鹿，鳩などの狩猟が盛んで，その野性味溢れるジビエ料理が名物となっている．

ワインの特徴
- ●トロピカルフルーツや白い花のアロマが特徴で，ときには白桃やツゲの香りも感じる．まろやかで，生き生きと軽やかだが，余韻がある辛口のワイン．
- ●木イチゴのアロマとキャンディの風味がマッチしており，フレッシュで軽やかなタイプ．
- ●フルーツのアロマが繊細．熟成とともにスパイシーさをもったブーケに変化してくる．タンニンの調和とエレガンスがこのワインの特徴．

テロワール
　ガロンヌ川上流，ボルドー地方に隣接し，川をまたいで両岸に広がる．右岸の台地は，もろい砂岩層，石灰質の砂岩層，頁岩層，薄い泥岩層が川の浸食により形成されている．砂岩は小石混じり，目の粗い砂で構成された台地となる．

- 南西／Lot-et-Garonne（ロット・エ・ガロンヌ）
- ●ソーヴィニヨン・ブラン，ソーヴィニヨン・グリ，ミュスカデル，セミヨン
- ●●カベルネ・フラン，カベルネ・ソーヴィニヨン，メルロ
- ●カマス塩焼き
- ●シャルキュトリ，チーズ（トラップ・エシュルニャック）
- ●バベットステーキ，ローストビーフ

268　Sud-Ouest

AOC
Fronton フロントン

1975

南西地方の主要都市，トゥールーズ（Toulouse）から20km
ほど北上した地点にあり，AOCガイヤックの西隣りに位置する．
畑はタルン(Tarn)川流域の沖積土でできた段丘に広がる．トゥー
ルーズは赤煉瓦造りの建築物が立ち並ぶ美しい古都で，「バラ色
の町」と呼ばれている．9～13世紀にこの地方を統治したトゥ
ールーズ伯の宮廷が置かれた町で，フランス王家があったパリよ
りも華やかな宮廷文化が開花し栄華を極めた．14世紀にフラン
ス王領となるが，ルネサンス期には絹織物や藍色染料の交易で繁
栄した．世界の二大飛行機メーカーのひとつであるエアバス社の
本社がある．

▌ワインの特徴
● 鮮やかなピンクから，深みのあるガーネット色までさまざまな
色調．すっきりとした飲み口は，心地よい果実の風味で彩られ
る．
● スミレ，赤い果実，甘草の香りが特徴的で，特にネグレット種
の比率が高いワインは，より力強く，タニックなものとなる．

▌テロワール
トゥールーズ北西のタルンの台地にあり，粘土，シルト，砂，そして小さな砂利が
堆積している．そこに長い間の風化作用によってできたシルト，粘土，小石層が混在
している．鉄分と石英の多い小石混じり土壌が，赤ワインにアロマティックな特徴を
生み出す．

🍇　南西／Haute-Garonne（オート・ガロンヌ）

🍇　●●ネグレット50%以上，シラー40%以内

🍴　●シャルキュトリ
　　●牛リブロース，カスレ，トゥールーズ産ソーセージ，IGP南西地方産鴨の
　　　フォワグラ，鴨のコンフィ

南西　269

AOC

Gaillac ガイヤック

白 1938, ロゼ・赤 1970

タルン県の県都であるアルビ（Albi）は，中世の赤煉瓦造りの町並み美しい古都．20世紀末の天才画家，ロートレック誕生の地でもある．タルン川両河岸に広がるのがAOCガイヤックの畑である．珍しい地元品種を使った個性的な白，ロゼ，赤を生産．特に白は辛口，半甘口，発泡性と一通りの種類が造られている．発泡性はペルレ（Perlé）という微発泡性のもの，シャンパーニュと同じトラディショナル・スタイルのもの，地元の伝統的なメトッド・ガイヤコワーズ（Méthode Gaillacoise）によるものがある．白およびガメ種からマセラシオン・カルボニック法により造られる赤はプリムール（新酒）が認められている．なお，タルン川右岸には，AOCガイヤック・プルミエール・コート（Gaillac Première Côtes）がある．

■ワインの特徴

★ アロマティックな発泡性ワイン．「トラディショネル方式」と「メトッド・ガイヤソワーズ」で造られたものではニュアンスが異なる．半甘口もある．マロラクティック発酵の始まりに発酵を止めて造られた，フレッシュな果実の風味のある辛口の微発泡ワインもある．

● ときにエキゾチックな果実のアロマが特徴的．熟したリンゴ，洋ナシなどの果実の風味をもち，フレッシュな味わいの辛口ワイン．

● 遅摘みされたブドウより醸造された半甘口ワイン．洋ナシ，桃，アンズ，カリンの実などの香りが特徴．フレッシュながら，軽やかな甘味の余韻が続く．

● 軽やかで飲みやすい．ときにはキャンディやイチゴの香りを感じ，フレッシュ．

● さまざまな果実のアロマの中にスパイシーさがある．口あたりはまろやかで力強い．

■テロワール

海洋性の温暖な気候が春の遅霜のリスクから畑を守り，水分を確保する．南仏からの南風が，夏から秋にかけての地中海性の暑気と日照をもたらしている．

🍴 南西／Gaillac（ガイヤック）

🍇
- ●★ ラン・ド・レル，モーザック，モーザック・ロゼ，ミュスカデル
- ★（アンセストラル）モーザック，モーザック・ロゼ
- ●（ヴァンダンジュ・タルディヴ）ラン・ド・レル，オンダンク
- ●● デュラス，フェル，プリュネラール，シラー

🍴
- ★ タルトやチョコレートのデザート
- ● イワナ，ザリガニ，チーズ（カベクー，ペライユ）
- ● IGP南西地方産鴨のフォワグラ，フェンネル風味のケーキ
- ● シャルキュトリ，IGPロートレックのロゼニンニク
- ● 仔牛や牛肉のローストやポワレ，マグレ・ド・カナール，鴨のコンフィ

270　Sud-Ouest

AOC
Irouléguy イルレギー

1970

南西地方の AOC のなかで最南西端に位置し,スペイン国境のバスク(Basque)地方にある小さなアペラシオン.ワイン造りは中世の時代に始まり,スペインのキリスト教聖地,サンティアゴ・コンポステーラに向かう巡礼者たちの間で飲まれていた.赤の生産量が多いがフルーティーな白,ロゼも造っている.バスク地方の伝統料理,例えばプレ・バスケーズ(鶏とピーマンの煮込み)や,ピキロス(赤ピーマンの一種)と干し鱈のファルシ(詰め物)などとの相性が良い.ワイン以外にもたくさんの特産物がある.山岳地帯ではブルビ(Brebis)という羊乳製のチーズ造りがさかんで,特に有名なものとして AOP 認定のオッソ・イラティ(Ossau-Iraty)がある.その他にもバイヨンヌ(Bayonne)の生ハムやチョコレート,エスプレット(Espelette)村の AOP 認定の唐辛子などがある.

▌ワインの特徴
- ●果実の風味と花の香りが生き生きとして軽やかな,気軽なワイン.
- ●木イチゴ,スグリなどの赤い果実や柑橘系の香りのする飲みやすいワイン.
- ●熟した果実の香りをもち,なめし皮のニュアンスとスパイシーさを併せもつ.タニックで,しっかりしたボディがある.3~5年瓶熟させた方が,タンニンがまろやかになりアロマが引き立つようになる.

▌テロワール
海洋性気候ではあるが,山地の影響を受けている.フェーン現象で降雨量が抑えられているが,それでも年間 1,500mm に達する.斜面の畑は,秋は概ね穏やかで乾いているが,全体的にはブドウの生育が難しい気候である.海抜 1,000m の山脈により,他の低地から隔離されている.

- 南西/Pyrénées(ピレネー)
- ●クールビュ,プティ・クールビュ,グロ・マンサン,プティ・マンサン
- ●カベルネ・フラン,カベルネ・ソーヴィニヨン,タナ
- ●カベルネ・フラン,タナ
- ●スズキや家禽の鉄板焼き,ピキロス,干し鱈の詰め物,チーズ(AOP オッソー・イラティ)
- ●シャルキュトリ,タパス
- ●牛リブロース,仔牛のロースト,仔羊の香草焼き,チーズ(AOP カマンベール・ド・ノルマンディー,AOP ルブロション)

南西 271

AOC

Jurançon ジュランソン

1936

ピレネー山脈と大西洋に接するピレネー・ザトランティック県に位置する歴史あAOC．畑はポー（Pau）市の南に広がる．はるか昔は赤ワインも造られていたが，今は白の甘口と辛口のみ．特に名高い甘口はパスリヤージュ（Passerillage）という独特の方法で造られている．ブドウの房が樹についた状態で乾燥するまで待ってから遅摘みする方法で，糖度が高まったブドウから長期熟成に耐えるまろやかな美酒が生まれる．1996年にヴァンダンジュ・タルディヴ（Vindange Tardive）もAOCに認められた．地元のフォワグラや羊乳のブルビ・チーズとのマリアージュがすばらしい．ジュランソンのワインはこの地出身のブルボン王朝最初の国王，アンリ4世の洗礼用のワインとして使われ，以来フランス王家の儀式に欠かせないワインとなった．19世紀末の女流作家コレットも魅了され，「女性を惑わす魅惑者のよう」と称えている．なお，1975年にAOCに認定された辛口の白，ジュランソン・セック（Jurançon Sec）がある．

■ワインの特徴

ジュランソン▶
- 濃い麦わらから黄金の色調．果実の砂糖漬け，柑橘類，特にグレープフルーツ，トロピカルフルーツ，過熟した果実などの香りが感じられる．しっかりとした酸味とまろやかさと甘味とのバランスがよい．力強く，余韻が長い．

ジュランソン・ヴァンダンジュ・タルディヴ▶
- 果実の砂糖漬け，蜜蝋，柑橘類のアロマが複雑で芳香高い．パイナップルなどのトロピカルフルーツと過熟ブドウの風味の中にも繊細さが感じられる．甘さとコク，そして長い余韻とのバランスが抜群．

ジュランソン・セック▶
- 麦わら色の色合い．香りは白い花，トロピカルフルーツを感じる．きりっとした酸味があり，パッションフルーツ，アカシア，柑橘類のアロマと，しっかりとした余韻の後のかすかな苦みが特徴．

■テロワール

温暖で湿潤な海洋性気候が主であり，フェーン現象の要因となるピレネー山脈の影響を強く受けている．秋には乾燥して暑い気候となり，パスリヤージュや遅摘みが可能となる．本来ブドウ栽培が難しい気候（年間降水量1,200mm）ではあるが，起伏に富んだ地形のために好条件が生み出されている．傾斜のある畑のため排水性がよいことも見逃せない．

① AOCジュランソンの東部地区：ジュランソン特有の礫岩の上に載った石灰岩の小石が混じった粘土質土壌が主である

② 南部地区：風化したフリッシュ（砂岩，頁岩などの堆積物）が主体で，砂岩質・石

灰岩質の硬い層と砂質・粘土質の柔らかい層が交互に堆積している
③西部地区：珪土質の細かい土が多く，高台の上部は珪土質の小石で覆われている

- 南西／Pyrénées（ピレネー）
- ○●グロ・マンサン，プティ・マンサン，カマラレ・ド・ラスーブ，クールビュ，プティ・クールビュ，ローゼ
- （ヴァンダンジュ・タルディヴ）プティ・マンサン，グロ・マンサン2種のみ
- ●（ジュランソン，ヴァンダンジュ・タルディヴ）IGP南西地方産鴨のフォワグラ，肥育鳥のクリーム煮，スモークサーモン，チーズ（AOPロックフォール）
- ●（ジュランソン・セック）ニジマス，帆立貝，シャルキュトリ，トマトとピーマン入りオムレツ，カタルーニャ風手長海老，チーズ（AOPロカマドール）

ジュランソンのワイン畑

AOC
Madiran マディラン

1948

ポーから 40km ほど北を流れるアドゥール（Adour）川の中流域に位置する．AOC マディランでの畑は AOC パシュランク・デュ・ヴィク・ビルの畑と重なっており，すぐ北にはフランスが誇る二大ブランデーのひとつ，アルマニャック（Armagnac）の広大な産地が広がっている．イタリア・ルネサンス文化をフランスにもたらした国王フランソワ 1 世に愛されたワインと言われている．その北に AOC サン・モン(Saint-Mont)，北西に AOC テュルサン (Tursan) の畑があり，いずれも白，ロゼ，赤を産している．

ワインの特徴

● 黒みを帯びた濃赤色の非常に濃い色調．熟した赤や黒い実の果実香を放ち，樽熟成の場合は樽香とともにスパイシーさをもつ．熟成を経るごとにブーケの複雑性を帯び，伝統的なタイプは，長熟を約束するタニックなボディがある．最近の優れた造り手は，テロワールの特徴を生かしながら，伝統的な重い特徴を払拭している．

テロワール

気候は，主に海洋性気候で，南西部から北西部に向かって徐々に大陸性を帯びる．年間平均気温は，12.5℃であり，冬季の気温は穏やかで，夏は暑くなる．年間降水量は 1,000mm に達し，春に最大，夏季に最低となる．土壌は，3 種類に分類できる．
① 丘の上部は，崩積層にある丸い小石混じりの珪土質．
② 丘の下部には，硬化した砂岩，沼性あるいは湖性の石灰岩の上に，粘土石灰岩質土壌が載っている．
③ 斜面の下部は，珪土質の細かい土，ときおり泥土・粘土質で，透水性が低い．

- 南西／Pyrénées（ピレネー）
- ● タナ 60 ～ 80%，カベルネ・フラン，カベルネ・ソーヴィニヨン，フェル
- ● IGP 南西地方産鴨のフォワグラのポワレ，カスレ，マグレ・カナール，ガチョウのコンフィ白インゲンのムース添え，バレジュ・ガヴァルニ産羊背肉の玉ねぎ添え，仔羊の肩肉バスク風，仔牛の厚切りニヴェルネ風，ガスコーニュ牛腕肉ロワイヤル風，四川料理，チーズ（ペライユ），チョコレートのデザート

AOC
Marcillac マルシヤック

1990

　南西地方の中で最東のブロックにあたるアヴェロン（Averon）県にあるAOC．フェル・セルヴァドゥという珍しい地元品種を使ったロゼ，赤を産出．アヴェロン県は大自然に囲まれた高原地帯で，谷間にコンク（Conque），エスタン（Estaing）などの中世の教会を中心とする美しい小村が点在する．チーズ生産も盛んで，世界三大ブルーチーズのひとつ，山羊乳製のAOPロックフォール（Roquefort）のほか，AOPライヨールなどがある．

　ライヨールはオブラック高原にある小さな村の名前であるが，蜜蜂マークが目印の「ライヨール・ナイフ」で世界的にその名を知られている．ソムリエナイフやチーズナイフが特に有名だ．

　AOCマルシヤックのほか，アヴェロン県には，AOCコート・ド・ミロー（Côtes de Millau），AOCアントレーグ・ル・フェル（Entraygues -Le Fel），AOCエスタン（Estaing）がある．

▌ワインの特徴
- ●軽やかで果実の風味に富んだ，生き生きとしたワイン．およそ3年以内に消費される気軽なワイン．
- ●果実の風味に富んだ味わいで，カシス，桑の実，ブルーベリー，イチゴなど果実のアロマを伴う．ときには荒々しさを感じるほどリッチなタンニンが特徴的．

▌テロワール
　比較的穏やかな気候で，ところによっては地中海性，海洋性，大陸性が入り混じった影響を受けている．盆地のため，夏季は高温で乾燥している．ルージエール（Rougiers）と呼ばれる酸化鉄がリッチな粘土石灰岩質の急な斜面，あるいは石灰岩質土壌．平均標高は350mで，多くの区画が段丘に栽培されている．

🔍　南西／Aveyron（アヴェロン）

🍇　●フェル・セルヴァドゥ90%以上，カベルネ・ソーヴィニヨン，メルロ，プリュネラール

🍴　●アヴェロン産シャルキュトリ
　　●オブラック産サーロインステーキ赤バターソース，鹿肉，アリゴ（マッシュポテトとトムチーズと生クリーム），エストフィ（干し鱈とじゃが芋と卵のクルミ油あえ），チーズ（ペライユ）

南西　275

AOC
Monbazillac モンバジャック

1936

フランスの中央山塊を源流とし，南西地方を横断するドルドーニュ川周辺は，神秘的な古城が点在する風光明媚な土地．その流域は夏暑く，9月になると朝露が発生し，午後は気温が高くなり乾燥する．糖分の高い貴腐ブドウを作るボトリティス・シネレア（Botrytis cinerea）菌の発生に最適な気候であるため，甘口の白ワインの生産が盛んである．特に上質な貴腐ワインとして名高いのがモンバジャックである．18世紀に「ミュスカ・ワイン」という呼び名でオランダで大流行した．近隣には半甘口から甘口の <u>AOC ロゼット（Rosette）</u>がある．また，<u>AOC ソシニャック（Saussignac）</u>は甘口と極甘口のワインとなる．

▌ワインの特徴

● 干しブドウ状になった状態，ときには貴腐になった状態で仕込まれる．貴腐菌の作用のおかげで，特徴的な香りのネクターとなり，黄金色に輝き，熟成によって深みを帯びた色合いになる．香りは，蜂蜜，アカシア，白桃のアロマを放ち，これに柑橘類やミラベルの砂糖漬けのニュアンスが加わる．このアペラシオン特有の石灰岩質粘土の土壌の影響から，しっかりとしたアロマと複雑で力強いボディをもつ．

▌テロワール

AOC ベルジュラックの南，ドルドーニュ川の左岸に位置する．全体としては，5つの町村にまたがり石灰岩質粘土の土壌がベースとなっている．畑は，ドルドーニュ川岸の沖積層の台地から始まり，モンバジャックの丘を頂点に，周辺では石灰岩質，石灰岩質砂岩とさまざまに変化する．

- 南西／Bergerac（ベルジュラック）
- ● セミヨン，ソーヴィニヨン・ブラン，ソーヴィニヨン・グリ，ミュスカデル
- ● IGP 南西地方産鴨のフォワグラ，ルバーブのクリーム煮 木イチゴ添え，豚背肉のアンズ煮，チーズ（AOP ロックフォール），クルミやヘーゼルナッツ

Sud-Ouest

AOC

Montravel モンラヴェル, Côtes de Montravel コート・ド・モンラ ヴェル, Haut-Montravel オー・モンラヴェル

白 1937, 赤 2001

ドルドーニュ県の AOC のなかで最西端に位置し，ボルドー地方と隣接している．16世紀ルネサンス期の偉大な哲学者，モンテーニュゆかりの地でもある．モンラヴェルはドルドーニュ川流域の15町村に広がり，辛口の白と赤を産出．赤が AOC に認定されたのは 2001 年から．コート・ド・モンラヴェルは 9 町村，オー・モンラヴェルは 5 町村にまたがっており，いずれも遅摘みブドウによる甘口の白を造っているが，後者にはより濃厚な極甘口もある．ドルドーニュ県はペリゴール（Périgord）地方とも呼ばれ，「美食の地」として有名．最高級の黒トリュフから AOP 認定のクルミ，セップ茸，フォワグラ，鴨肉など，食通を唸らせる食材が豊富にある．

▌ワインの特徴

モンラヴェル▶
- ●辛口の白ワイン．シュール・リー熟成したものは，非常にアロマティックで，しばしば白ユリの香りがして，生き生きとしたブドウ本来の特徴が味わえる．樽で発酵，熟成したものは，よりコクのある，まろやかな味わいになる．
- ●熟した果実香，トーストの香り，ほんのりとヴァニラのニュアンスがある．ボリューム感があり，余韻が長い．リッチでボディのしっかりした力強いワインで，2 ～ 10 年の間に楽しめる．

コート・ド・モンラヴェル▶
- ●やや甘口の白ワイン．軽やかな甘味があり，モンラヴェル（白辛口）とオー・モンラヴェル（やや甘口から甘口白）の間の特徴をもつ．このワインは，心地よく軽やかな花の香りとともに，複雑なアロマを秘めている．

オー・モンラヴェル▶
- ●遅摘みされた干しブドウ状態で仕込まれるのでやや甘口の白ワイン．ブドウが貴腐になった場合は，例外として甘口となる場合がある．果実の砂糖漬けのアロマにあふれ，熟成できるポテンシャルをもっている．甘口は，フレッシュながらバランスの取れた濃縮感がある．

▌テロワール

ドルドーニュ川右岸に広がる地域で，川が蛇行するル・フレックス（Le Fleix）辺りからジロンド県との県境まで広がる．川の谷に張り出した丘は，フロンサックの軟質砂岩で構成され，カスティヨンの湖底堆積性の石灰岩，さらにその上に，海底で堆積したヒトデ石灰岩が載っている．丘の上部では，白い石灰岩が軟質砂岩で覆われている．

南西 277

- 南西／Bergerac（ベルジュラック）
- モンラヴェル▶
  - ●セミヨン 25 % 以上，ソーヴィニヨン・ブラン 25% 以上，ソーヴィニヨン・グリ 25% 以上，ミュスカデル
  - ●メルロ 50% 以上，カベルネ・フラン，カベルネ・ソーヴィニヨン，マルベック（コット）
- コート・ド・モンラヴェル▶
  - ●セミヨン 30% 以上，ソーヴィニヨン・ブラン，ソーヴィニヨン・グリ，ミュスカデル
- オー・モンラヴェル▶
  - ●セミヨン 50% 以上，ソーヴィニヨン・ブラン，ソーヴィニヨン・グリ，ミュスカデル
- モンラヴェル▶
  - ●平目の昆布締め，鱈の筒切りエンダイヴ添え，チーズ（AOP ロカマドール）
  - ●家禽のロースト，レンズ豆と豚ばら肉の煮込み，コック・オ・ヴァン，ブリュッセル・キャベツを詰めたホロホロ鳥，タブレ，ピッツァ，炒麺
- コート・ド・モンラヴェル，オー・モンラヴェル▶
  - ●IGP 南西地方産鴨のフォワグラ，鴨のオレンジソース，鶏のタジン，チーズ（AOP ロックフォール）

特産品のフォワグラ

AOC
Pacherenc du Vic-Bilh パシュランク・デュ・ヴィク・ビル, Pacherenc du Vic-Bilh Sec パシュランク・デュ・ヴィク・ビル・セック

1948

　ピレネー山脈に発し，ガスコーニュ地方を横断するアドゥール（Adour）川左岸に広がる白ワインの産地．畑は赤ワインを産出しているAOCマディランと重なっている．風変わりな呼称はこの地方の方言で「古い地方（ヴィク・ビル）」の「並んだ杭（パシュランク）」を意味し，かつてブドウ樹を杭に結び付けて栽培していたことを示している．甘口と辛口があり，古くから有名なのは甘口．辛口には「セック（sec）」と付記される．アドゥール川上流にはカトリック・キリスト教の聖地である「ルルド（Lourdes）」がある．19世紀に聖母マリアが出現したといわれる洞窟と，多くの病を治すと言い伝えられる「奇跡の泉」があることから，世界各国から信者が訪れている．

ワインの特徴

パシュランク・デュ・ヴィク・ビル▶
- パスリヤージュにより凝縮されたブドウから造られたワインの色合いは，麦わらから黄金を帯びた黄色で，蜂蜜やアーモンド，ヘーゼルナッツ，トロピカルフルーツなどのアロマが特徴．口あたりが繊細で，しっかりとした酸味とのバランスがとれた，まろやかな甘口の白ワイン．

パシュランク・デュ・ヴィク・ビル・セック▶
- 色合いは，輝きのある黄色．澆渕とした花の香りと柑橘系の果実の風味が特徴で，まろやかも加わり，バランスがよい辛口の白ワイン．

テロワール

　主に海洋性気候で，南西部から北西部に向かって徐々に大陸性を帯びる．年間平均気温は，12.5℃．冬季の気温は穏やかで，夏は暑くなる．年間降水量は1,000mmに達し，春に最大，夏季に最低となる．土壌は，3種類に分類できる．①丘の上部は，崩積層にある丸い小石混じりの珪土質．②丘の下部には，硬化した砂岩，沼性あるいは湖性の石灰岩の上に，粘土石灰岩質土壌が載っている．③斜面の下部は，珪土質の細かい土，ときおり泥土・粘土質で，透水性が低い．

- 南西／Pyrénées（ピレネー）
- ●●クールビュ，プティ・クールビュ，グロ・マンサン，プティ・マンサン　単独で80%以内，併せて60%以上
- パシュランク・デュ・ヴィク・ビル▶
  - ● IGP南西地方産鴨のフォワグラのイチジク添え，ケルシー産メロン AOPロカマドールチーズ添え，チョコレートのデザート
- パシュレランク・デュ・ヴィク・ビル・セック▶
  - ● サーモン網焼き，ジェール産鴨レバーのポトフ，インゲンの天ぷら

南西　279

AOC
Pécharmant ペシャルマン

1946

ドルドーニュ県のベルジュラック市のすぐ東に位置する赤ワインの産地で，畑は4町村にまたがり，約440haの南向きの緩やかな斜面に広がる．同県のなかで最も古くからブドウ栽培が行われていた地区といわれている．この地方がイングランド王領だった時代，ベルジュラック，ペシャルマン周辺のブドウ栽培地は「ヴィネ」と呼ばれていたが，そのワインは国王よりボルドー港までの出荷税免除の特権を受け，イングランドへの輸出で大いに繁栄した．17世紀になると隣のボルドーワインのコクとアルコール度を高めるためにブレンド用として使用されることも多かった．現在，この地域には甘口の白ワインの産地が多いが，そのなかでペシャルマンは濃厚な赤ワインのみを造り続けている．

ワインの特徴
● スグリなどの赤い果実に，カシス，桑の実などの黒い果実のアロマがある．樽熟成によりヴァニラなどの樽香が加わる．若いときには少々硬さを感じるほどのタンニンであるが，熟成にしたがって，しなやかな味わいになりブーケも充実してくる．アロマティックで力強い長熟型の赤ワイン．

テロワール
畑は，ドルドーニュ川の右岸，ベルジュラック市の北東に広がる．主に南向きの丘の斜面にあり，非常に日あたりがよい．穏やかな海洋性気候で，大西洋岸よりもやや降水量が少なく，平均気温は低めである．花崗岩由来のペリゴール（Périgord）砂質礫質の土壌が特徴で，その土壌中にトラン（Tran）と呼ばれる鉄分を多く含んだ粘土層がある．この深く，不浸透性の土壌構成がペシャルマンの香味特徴の源となっている．

- 南西／Bergerac（ベルジュラック）
- ● カベルネ・フラン，カベルネ・ソーヴィニヨン，マルベック（コット），メルロ単独で65％以内
- ● ガチョウや鴨のコンフィ，牛ランプ肉のステーキ ひら茸添え，タルタルステーキ，野ウサギの赤ワイン煮ロワイヤル風，チョコレートを使ったデザート

付　録

世界に広がる AOC 法の精神

明治学院大学教授 蛯原 健介

● 権力とワイン法

　フランスではじめてワインが造られるようになったのは，紀元前600年頃といわれている．ギリシアからやってきた入植者が，マッサリア（現在のマルセイユ）に植民市を建設し，ワインを造りはじめたのだという．その後，南仏を中心にブドウが栽培されていたが，ガリア戦役（前58～前51年）でカエサル率いるローマ軍が勝利すると，フランス（ガリア）全土がローマの支配するところとなり，ワイン産地もボルドー，ローヌ，ブルゴーニュへと広がっていった．

　時の権力は，たびたびワイン市場への介入を試みた．過剰生産の抑制を意図してローマ属州に植えられていたブドウ樹の半分以上を引き抜くことを命じたローマ皇帝ドミティアヌスの勅令（92年），ブルゴーニュワインの品質と名声を維持するためにガメの引き抜きを命じたブルゴーニュ公フィリップ2世の勅令（1395年），『法の精神』の著者モンテスキューを憤慨させた18世紀前半の植え付け禁止令などが知られている．もっとも，今日のワイン法や原産地呼称制度の基盤が築かれたのは19世紀末から20世紀初頭にかけてのことであり，それから数百年も前の規制との直接関係があるわけではない．

● 容易ではない産地画定

　ワインの品質は，原料のブドウの品質に左右される．そして，そのブドウの品質は，栽培技術もさることながら，それが栽培される場所，いわばテロワールに大きく依存している．高品質ワインの生産地は，やがて社会的評価を獲得し，ブランド力をもつこととなるが，法的な保護がなければ，産地偽装が横行したり，偽物が出回り，その評価が害されるおそれもある．まさしく，19世紀から20世紀にかけてのフランスは，そのような状況にあった．

　法律によってワインの原産地表示を規制しようとする最初の試みは，1905年の「商品販売における不正行為と，食料品と農産物の偽造の防止のための法律」であり，フランス消費者法の出発点に位置づけられる法律である．これにより，商品の品質や原産地について消費者を騙そうとする行為は刑事罰をもって禁止されることとなった．しかし，ワインの「原産地」をどのように画定するかは問題として残った．この点に関し，1908年の法律は，原産地の呼称を主張することのできる地域の範囲は「従来からの地元の慣習」にもとづいて画定することとした．

　産地の範囲の画定は容易ではない．「ボルドー」「シャンパーニュ」「ブルゴーニュ」を名乗ることができるのは，どの地域なのか．当初は行政が中心となって産地の線引きが行われたが，外されてしまった地域の生産者は当然反発する．また，産地の範囲が広く設定されれば，今度は，それが広すぎると批判する生産者も出てくる．実際，ボルドーやシャンパーニュでは，産地の範囲をめぐって生産者間で激しい衝突が引き起こされた．

　問題はそれだけではなかった．原産地の呼称を使用するのに，産地の範囲という地理的な条件さえクリアすればよいのか，あるいは，ワインの品質にかかわる要件まで含まれる

のか，という点が曖昧であった．1911 年に提出された法案では，原産地を名乗ることができるかどうかは「産地だけでなく，その産品の性質，構成，実質的な品質」を考慮して裁判官が決定することとされていたが，その後，「品質」に関する要件は抜け落ちてしまう．第一次世界大戦後，ヴェルサイユ条約にあわせて制定された 1919 年の原産地呼称保護法は，原産地呼称を名乗る要件として品質に言及していなかったため，その後の裁判所の判例では，地理的条件のみを考慮すればよいことになってしまった．

●「コントロール」されない原産地呼称

　1919 年の原産地呼称保護法には重大な欠陥が含まれていた．たしかにその法律は，原産地呼称の「保護」を目的にしていたが，その原産地呼称は「コントロール」されるものではなかった．

　1919 年の法律の下では，産地内でブドウを栽培し醸造すれば，どのようなワインであっても原産地呼称の使用が許された．その結果，品質の劣る多産品種や，北米品種とのハイブリッドが用いられたほか，湿地帯のようなブドウ栽培に向いていない場所に植えられたブドウさえ，原産地呼称ワインの原料に用いられるようになったのである．

　低品質ワインが原産地呼称を名乗る事態を放置していれば，その産地の名声は害されていく．1927 年に法改正が行われ，原産地呼称の使用に際して，産地だけでなく，栽培品種についても考慮に入れられるようになったが，それでもまだ十分ではなかった．その後，世界恐慌の影響でワインの販売不振が深刻化すると，日常消費用ワインの生産調整が試みられ，その収量規制が導入された．そうすると，生産者たちは，この規制を免れ，生産量を維持するべく，日常用ワインから原産地呼称ワインの生産へと移行するようになる．こうして，原産地呼称ワインの生産量は，低品質ワインを中心に，ますます増加していったのである．

● AOC の誕生

　こうした危機的な状況に立ち向かった人物がいた．AOC（原産地呼称統制）の生みの親といわれる上院議員ジョセフ・カピュスである．かれは，「コントロール」された原産地呼称，すなわち，アペラシオン・ドリジーヌ・コントロレ（Appellation d'origine contrôlée）の法案を国会に提出．この法案は，AOC を使用する条件として，生産地域や品種のほか，1 ヘクタールあたりの収量，最低アルコール濃度，栽培・醸造方法に関する要件を盛り込もうとするものであった．具体的な生産基準については，行政や裁判所が一方的に決定するのではなく，各産地の生産者組合の意見をもとに，新たに設けられる CNAO ＝ Comité national des appellations d'origine des vins et eaux-de-vie（ワイン・蒸留酒原産地呼称全国委員会）が決定することとされた．

　法案は，1935 年 7 月 30 日のデクレ＝ロワとして成立し，その後，主要なワイン産地が次々と AOC に登録された．なお，CNAO はその後名称が変更され，今日では INAO ＝ Institut national de l'origine et de la qualité（原産地・品質管理全国機関）となっている．

　1919 年法の原産地呼称とは異なり，AOC は，あらかじめ定められた生産基準にしたがって造られたワインでなければ，たとえその産地の範囲内で造られていても，その AOC を

名乗ることができない．原産地呼称の不正使用が実際に発生してから，裁判によって事後的に解決しようとする 1919 年法とは根本的な違いがある．

AOC ワインの生産量は，当初，きわめて限られており，1950 年代頃までは，全体の 10% 程度を占めるにすぎなかった．しかし，その一方で AOC ワイン以外の日常消費用ワインであっても，AOC ワインに匹敵する高品質なワインが造られていた．こうしたワインを一般の日常消費用ワインと区別し，差別化するため，1949 年，VDQS = Vin délimité de Qualité supérieure という新たなカテゴリーが設けられた．

● ヨーロッパ統合とフランスワイン

1957 年に調印されたローマ条約により，欧州経済共同体（EEC）が発足し，共通農業政策の一環として，ワインの共通市場制度が導入された．これにともない，加盟国のワインは，共同体レベルで，VQPRD = Vin de qualité produit dans une région déterminée（クオリティワイン）と Vin de table（テーブルワイン）という 2 つのカテゴリーに分類されることとなった．

フランスの AOC および VDQS は，ともに EU 法にいうクオリティワインに位置づけられた（イタリアの DOC および DOCG，のちに加盟国となるスペインの DO も同様）．他方で，テーブルワインの新たなカテゴリーとして，1968 年，ヴァン・ド・ペイ（Vin de pays）が誕生．もともとテーブルワインは，原則として産地表示が認められていなかったが，フランスのヴァン・ド・ペイについては，産地の表示が認められた．ラングドック地方で造られるヴァン・ド・ペイ・ドック（Vin de Pays d'Oc）などがそうである．

しかし，テーブルワインをめぐる状況は厳しく，過剰生産のワインが市場にあふれていた．余剰ワインを蒸留して工業用アルコールにしたり，生産量を抑制するために減反政策が実施された．1980 年代以降，ギリシア，スペイン，ポルトガルといったワイン生産国が次々と共同体に加盟すると，状況はますます悪化．南フランスでは，安価なイタリアワインの流入を阻止しようと，生産者が港を封鎖する事件が発生した．

このような危機に直面して，フランスでは，ラングドック地方を中心に，VDQS から AOC への昇格をめざす動きが顕著になってくる．そのひとつの契機が，のちに大統領となるジャック・シラク農業相が進めた「プラン・シラク」である．シラクは，ラングドックのブドウ畑を再編し，推奨品種への改植，最新の醸造設備導入のための支援策を打ち出し，高品質ワインの生産への転換を推進した．当初，ボルドー，ブルゴーニュ，シャンパーニュなどの有名産地は，ラングドックの AOC 昇格に反対していたものの，ミッテラン政権期になると，INAO の方針も変化し，次々と新たな AOC が誕生することになった．

● 2008 年の EU ワイン法改革

共通市場制度の導入以後，EU ワイン法は，ワイン市場の変化に対応すべく，たびたび改正されてきた．最近では，2008 年に大幅な改正が試みられており，ワインの品質区分，ラベル表示基準，醸造に関する規範のほか，各種支援制度の改革が実施された．

EU ワイン法の誕生以来，長年にわたって維持されてきたクオリティワインとテーブル

ワインの分類は廃止され，地理的表示の有無を基準に，地理的表示付きワインと地理的表示なしワインとの分類が導入された．地理的表示付きワインについては，産地とワインの結び付きを基準に，さらに2つのサブ・カテゴリーが設けられた．すなわち，AOP = Appellation d'origine protégée（保護原産地呼称）と IGP = Indication géographique protégée（保護地理的表示）であり，先行して導入されていた農産物の地理的表示制度にならったものである．

「EU 法によるワインの分類」

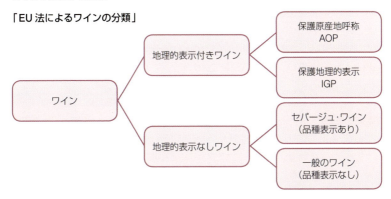

　従来の AOC ワインは，EU の新たな分類の下では，AOP に位置づけられ，また，これ以前はテーブルワインに分類されていたヴァン・ド・ペイは，地理的表示付きワインのもうひとつの類型である IGP に位置づけられることとなった．他方で，産地を表示できない一般のテーブルワインは，地理的表示なしワインに分類される．しかし，地理的表示なしワインであっても，一定の要件を満たした場合には，品種名や年号の表示が認められる．これは，チリやオーストラリアといった新世界ワインとの競争を意識したものといえる．なお，AOP については，伝統的に用いられてきた「AOC」の表示を維持することも認められている．

　AOP と IGP は，登録手続自体は同一であるが，それぞれの要件は異なっている．AOP は，「そのワインの品質および特性が，本質的または排他的に，固有の自然的・人的要素および特別な地理的環境に由来すること」，IGP については，「そのワインが，地理的由来に帰せられるべき品質，社会的評価，またはその他の特性を持っていること」が登録の要件とされている．

　具体的には，AOP は，当該産地のブドウを 100％使用し，かつ，ヴィティス・ヴィニフェラ種（Vitis vinifera）に属する品種を 100％使用することが条件とされ，IGP では，当該産地のブドウを 85％以上使用し，かつ，ヴィティス・ヴィニフェラ種に属する品種，または，ヴィティス・ヴィニフェラの交配品種を使用することが条件となっている．ヴィティス・ヴィニフェラ種とは，ヨーロッパブドウの種であり，カベルネ・ソーヴィニヨン，メルロ，ピノ・ノワール，シャルドネなどといった高品質ワインを生む品種はすべてこの種に含まれる．AOP では官能検査（ワインの外観，香り，味わいに関する検査）が必須とされているのに対し，IGP ではその実施が任意とされている点も異なる．

　AOP は，IGP に比べて，産地とワインとの強い結び付きが求められる．実際の生産

基準書を見ても，IGP ワインでは多くの品種が列挙されているが，AOP では，その産地で伝統的に使用されてきた代表的な品種に限定されるのが一般的である（たとえば，AOP／AOC ブルゴーニュの主要品種は，ピノ・ノワールとシャルドネ）．

● 保護される「原産地呼称」

　ひとたび登録された AOP や IGP は，法的に保護されることになり，それを使用できるのは，定められた生産基準を遵守して造られたワインに限定される．

　たとえば，「シャンパーニュ」が原産地呼称として保護されている以上，他の産地で製造されたものなど，生産基準を満たしていないスパークリングワインはシャンパーニュを名乗ることができない．瓶内二次発酵によりスパークリングワインを製造する製法をメトード・シャンプノワーズ（Méthode champenoise）と呼ぶことがあったが，「シャンプノワーズ」という表現はシャンパーニュの原産地呼称の侵害となるため，現在では，伝統的製法を意味するメトード・トラディッショネル（Méthode traditionnelle）などと表示されている．また，「イタリア産シャンパーニュ」「偽シャンパーニュ」「シャンパーニュ模造品」等々の表示も，本物のシャンパーニュではないことを消費者に伝えることはできるが，原産地呼称の侵害となるため，認められてはいない．

　原産地呼称の侵害に関して，ワインとは異なる産品による使用が問題となる場合もある．かつてイヴ・サンローラン社が「シャンパーニュ」という香水を販売したところ，この商品名は原産地呼称を侵害するものであるとの訴えが起こされ，販売が中止された例がある．また最近では，スマートフォンなどの「シャンパンカラー」といった表現が原産地呼称の侵害にあたるのではないかという懸念も表明されている．

　フランスにおいては，国内外で原産地呼称が侵害されていないか，その名声が不正に利用されていないかを INAO が監視している．

● AOC 法の広がり

　今日，フランスの年間ワイン生産量は，4000 万ヘクトリットル前後を推移している．このうち，AOP ワインが 45 ～ 47%程度，IGP ワインが 27 ～ 29%程度を占めている．AOP・IGP あわせた地理的表示付きワインのカテゴリー全体では，約 75%に達する．なお，EU 全体では，地理的表示付きワインの占める割合は 65%程度である．フランスのブドウ畑の面積は，近年減少傾向にあるが，全体の 60%程度（およそ 45 万ヘクタール）が AOP ワインの生産に向けられた畑となっている．

　実際に登録されているフランスワインの AOP／AOC の数は，2015 年時点で 366 件，IGP は 74 件であったが，AOP の統合や新規登録もあって，その数は若干変化することがある．フランス政府は，フランスワインの付加価値向上に努めていることから，フランスワインに占める AOP／AOC ワインの生産割合は高まっていくものと思われる．しかし，ワインについては，すでに多くの AOP・IGP が登録されていることもあって，今後，その登録件数が大きく増加するとは考えられず，むしろ，新規登録は，農産物や食品の AOP・IGP が中心になるものと予想される．

　1935 年にスタートした AOC 制度は，今日，より広範な産品をもカバーする地理的

表示制度へと発展をとげている．もともとワインや蒸留酒を対象としていた AOC は，1990 年からは一般の農産物や食品にも適用されるようになった．さらに，1992 年には，EU レベルで農産物・食品の地理的表示制度が導入され，のちにワインにも適用される AOP と IGP という二つの地理的表示のカテゴリーが設けられたのである．ワインについては，前述のように「AOC」の表記が認められているが，ワイン以外の産品については，2012 年 1 月以降は AOC の表記は禁止され，EU 法の表記にあわせて AOP の表示を行うこととなった．

AOP に登録されているワイン以外の産品としては，チーズではカマンベール・ド・ノルマンディ，コンテ，ロックフォールなどがあり，IGP には，バイヨンヌの生ハムであるジャンボン・ド・バイヨンヌ（Jambon de Bayonne），ロット＝エ＝ガロンヌ県を中心に生産されるプルーンであるプルノー・ダジャン（Pruneaux d'Agen）などが登録されている．最近では，工業製品についても地理的表示の保護制度が導入されており，リモージュ磁器（Porcelaine de Limoges）のように，地理的表示として登録されたものがある．

AOP・IGP 制度が生産者にもたらすメリットとして，地域ブランド産品として差別化が図られ，そのブランド力が付加価値として価格に反映されることがあげられる．EU の調査によれば，農作物・食品の地理的表示産品の付加価値は，通常品より約 1.55 倍高いという．たとえば，ブレス鶏（Volaille de Bress）は一般品の 4 倍の価格で取引され，エスプレット唐辛子（Piment d'Espelette）は，取り組みの成果により，価格や生産者が倍増するとともに，産地を訪問する観光客が増加するといった効果がみられるという．

● 地理的表示制度の模範としての AOC 法

AOC 法に起源をもつ地理的表示制度は，ヨーロッパ以外の国々でも急速に普及している．WTO（世界貿易機関）の TRIPS 協定（1994 年）では，地理的表示が知的財産権のひとつに位置づけられ，WTO 加盟国にはその保護のための措置をとることが義務づけられた．それ以降，EU 加盟国以外の国々でも地理的表示保護制度が導入され，現在では世界 100 か国以上で地理的表示が保護されているという．

フランス AOC 法の誕生から 80 年を迎えた 2015 年，ついに日本においても「日本版 AOC 法」とでもいうべき地理的表示法が施行された．これまでに「夕張メロン」「神戸ビーフ」「米沢牛」などのほか，「くまもと県産い草」や「伊予生糸」のような食用以外の産品の地理的表示も登録されている．もっとも，ワインや焼酎などの酒類については，この法律とは別の制度が用いられており，ワインの「山梨」「北海道」のほか，清酒の「日本酒」「山形」，焼酎の「薩摩」「球磨」などが地理的表示に登録されている．また，日・EU の EPA（経済連携協定）締結により，今後は，EU および日本の地理的表示を相互に保護していくこととなっている．このようにして，AOC 法の精神は，国境を越えて，ヨーロッパ各国へ，そして日本を含む世界中の国々へと広がっているのである．

主な白ワイン用ブドウ品種

①シャルドネ（Chardonnay）

ブルゴーニュ地方のほか，シャンパーニュ地方などで栽培される辛口の白ワイン品種の代表．発芽は遅いが，比較的早く成熟し，北フランスから南フランスに至る多様な気候のもとでよく育つ．白い花や洋梨，桃，アンズなどの果実の香りがあり，熟成すると，ナッツのような香ばしい香りとなる．酸味との調和のある力強い骨格をもった辛口ワインとなる．

②ソーヴィニヨン・ブラン（Sauvignon Blanc）

主にボルドー地方，ロワール河上流で栽培される．柑橘類の香りがあり，爽やかなで生き生きとした味わいが特徴．冷涼な地からはハーブ，青草の香りが強く，日照量の多い土地からは，トロピカルフーツの香りが現れる．土壌によっては，スモーキーな香りも感じられる．

③リースリング（Riesling）

ドイツなど冷涼な地域で栽培され，フランスでは，アルザス地方で栽培されている．小粒で晩熟．耐寒性があり，霜害に強く，冷涼な気候で優れた白ワインになり，辛口から極甘口の貴腐ワインまで造られる．フレッシュな酸味と甘みを兼ね備えたバランスのよい味わいとなり，凝縮したミネラル感がある．

④セミヨン（Sémillon）

ボルドー地方のグラーヴ地区，ソーテルヌ地区を代表する品種．小粒で果皮が薄く，貴腐になりやすい．酸味が少なくふくらみがあるため，ソーヴィニヨン・ブラン種とアサンブラージュされて，長命な辛口ワインになる．極甘口の貴腐ワインは黄金色で，凝縮した蜂蜜の香りのする，コクのある味わいになる．

⑤ミュスカデ（Muscadet）

ロワール地方下流のナント地区で栽培され，シュル・リー製法によって造られることが多い．レモンや青リンゴの香りが高く，爽やかな酸をもち，心地よいフレッシュなタイプのワインとなる．別名，ムロン・ド・ブルゴーニュと呼ばれ，ブルゴーニュ原産の品種だが，今ではブルゴーニュ地方では栽培されてない．

⑥シュナン・ブラン（Chenin Blanc）

主にロワール地方で栽培される．多様な個性をもち，辛口から甘口また，発泡性ワインと幅広く使われる．ほのかな白い花の香りをもち，酸味豊かで，フルーティーな味わいとなる．甘口ワインは蜂蜜，カリン，麦藁を思わせる香りがあり，豊かな味わいとなる．

⑦ゲヴュルツトラミネール（Gewürztraminer）

主にアルザス地方で栽培される．果皮はピンク色．ライチ，バラの花を思わせる香りが特徴で，華麗な豊な香りがある．Gewürz（ゲヴュルツ）とはドイツ語で芳香，香料の意味がある．糖度も非常に高く熟するため，しばしば甘口ワインに造られ，酸味が穏やかで，厚みのあるワインになる．

⑧ヴィオニエ（Viognier）

ローヌ地方北部で栽培が盛んで，最近ではラングドック地方で栽培されている．鮮やかな黄色で，白い花，白桃，アンズの特徴ある香りが豊富．酸味が穏やかな，アルコール度の高いコクのあるワインとなる．

⑨ミュスカ（Muscat）

このグループの中に何種類もの品種が含まれる．ミュスカ・ブラン・ア・プティ・グラン，ミュスカ・ダレクサンドリ，ミュスカ・オットネルが代表的品種である．ローヌ地方，ラングドック地方，ルシヨン地方で栽培されるミュスカ・ブラン・ア・プティ・グランとミュスカ・ダレクサンドリは天然甘口ワインの主要品種となり，フレッシュなマスカット香が生かされた濃厚な甘口ワインとなっている．アルザス地方ではミュスカ・ブラン・ア・プティ・グランとミュスカ・オットネルは，爽やかでフルーティーな辛口となっている．

主な白ワイン用ブドウ品種

主な赤ワイン用ブドウ品種

①カベルネ・ソーヴィニヨン（Cabernet Sauvignon）

ボルドー地方，南西地方で多く栽培されており，主に砂利・砂礫質土壌に植えられている．果房は小粒で，深く濃い色合い，香り高く，タンニンと酸が豊かであることが特徴．カシス，スパイス，チョコレートなどの香りがある．コクがあり長期熟成型のワインとなる．ボルドー地方では，カベルネ・フラン，メルロなどとアサンブラージュされる．

②カベルネ・フラン（Cabernet Franc）

ボルドー地方やロワール地方を中心に栽培されている．カベルネ・ソーヴィニヨンと比べると，熟期はやや早く，果房は大きい．色調が薄めでタンニンが多くないため，早く熟成する．若いワインではスミレ，木イチゴ，カシスの香りがあり，繊細でエレガントなワインを生み出す．ボルドー地方では，カベルネ・ソーヴィニヨン，メルロなどとアサンブラージュされる．

③ガメ（Gamay）

ボージョレー地方で多く栽培される品種．花崗岩や砂質の土壌に適している．サクランボやイチゴを思わせる華やかな香りがある．果実味豊かで，酸味が生き生きとしており，軽やかで爽やかなワインとなる．より上質なものは甘草のようなスパイスの香りをもつ．ロワール地方のトゥーレーヌ地区でも栽培されている．

④グルナッシュ（Grenache）

ローヌ地方南部とプロヴァンス地方，ラングドック地方，ルシヨン地方で栽培されている．果粒は小さく，暑さと乾燥に強い品種．色調が薄く，酸味が低めの平凡な赤ワインになりやすいため，他のワインとアサンブラージュされることが多い．ロゼワイン，天然甘口ワインにとって不可欠な品種でもある．ローヌ地方では，アルコール分が高く長期熟成型のワインとなる．

⑤ メルロ（Merlot）

　ボルドー地方のポムロール地区，サン・テミリオン地区，メドック地区，グラーヴ地区，南西地方，ラングドック地方，ルシヨン地方で栽培される．粘土質中心の土壌に適している．カベルネ・ソーヴィニヨン種よりやや大粒で，熟期が早い．熟成が早く，柔らかくまろやかな風味をもつワインとなる．濃い色合いで，カシスやブラックチェリーの黒い果実やプラムを思わせる香りがある．

⑥ ピノ・ノワール（Pinot Noir）

　ブルゴーニュ地方で広く栽培され，アルザス地方，ロワール河上流，シャンパーニュ地方などで栽培されている．房が小さく小粒．若いワインでは木イチゴやチェリーなどの赤い果実，カシスなどの黒い果実の華やかな香りがし，熟成すると甘草，紅茶，なめし革，森の腐葉土を思わせる複雑な香りが現れる．繊細さと芳醇さを兼ね備えたワインとなる．

⑦ シラー（Syrah）

　ローヌ地方北部で古くから栽培されている品種で，ローヌ地方全域，プロヴァンス地方，ラングドック地方，ルシヨン地方でも栽培される．粘土質と花崗岩土壌の酸化鉄を含んだ土壌に適している．深みのある濃い黒紫色，黒胡椒やブラックオリーヴのようなスパイシーな香りが特徴．酸味もタンニンも豊富で長期熟成型の重厚なワイン．

⑧ ムルヴェードル（Mourvèdre）

　ローヌ地方南部，プロヴァンス地方，ラングドック地方で栽培される．かつては大量生産品種として栽培されていたが，小粒で果皮が厚いクローンの選抜がされた近年では改良品種として注目されている．アルコール分が高く，タンニンが豊かで濃厚な味わいとなり，長期熟成に耐える．ブラックベリーを想わせる豊かな果実香が特徴で，熟成すると，なめし革やスパイシーな香りが出てくる．ワインに骨組みを与えたり，バランスのとれた味わいを出すため，アサンブラージュに使用される．

主な赤ワイン用ブドウ品種

チーズのタイプ

農業国フランスには多種多様なチーズがあり，「ひとつの村にひとつのチーズ」という言葉があるほどである．また，ワインとチーズは「最高のマリアージュ（結婚）」ともいわれる．

ミルクに乳酸菌やレンネット（凝乳酵素）を加えて固めたカード（凝乳）が，どのように加工・熟成されるかによって，出来上がるチーズはさまざまである．チーズは，まず「ナチュラルチーズ」と「プロセスチーズ」の2タイプに大別される．ナチュラルチーズは，微生物の活動が継続しているため，日々熟成し味や状態が変化する，まさに「生きている」チーズである．これに対しプロセスチーズは，ナチュラルチーズに熱を加えて加工したものなので，微生物は生存しておらず，熟成や味の変化はない．保存性に優れた食品といえる．

以下のチーズはすべてナチュラルチーズであり，分類方法もいくつかあるが，ここでは簡単に5種類に分けて解説する．

①フレッシュタイプ (Pâtes molles)

カード（凝乳）から，水分の乳清（ホエー）を抜いて作られる．熟成させないタイプのチーズで，日持ちしない．ホエーを抜いただけのもの，香草を入れたもの，練って作るものなどがある．

（例）AOP ブロッチュやブリヤ・サヴァラン

AOP ブロッチュ

②ソフトタイプ

●**白カビチーズ（Croûte fleurie）** 表面が白カビに覆われている．ふわふわしたものや，生クリームを加えて乳脂肪分を高めたクリーミーなダブルクリーム，トリプルクリームの濃厚な味わいのものなど，多種類がある．カビのある表面から中心部に向かって熟成が進むので，熟成途中のものは，中に芯と呼ばれる硬い部分が残っている．熟成が進むと強い匂いを伴い，コクのある味わいになるものがある．

AOP カマンベール

（例）AOP カマンベールや AOP ブリー・ド・モー

●**ウオッシュチーズ（Croûte lavée）** 表面を塩水，ワイン，マールなどで洗って作る．この作業は，チーズを腐敗から守る効果があり，それぞれ独特の風味を与える．中世の修道院で作られたのが始まりとされている．マイルドな風味のものや，納屋のような個性的な香りがするものなど，さまざまな個性がある．熟成が進むと，くさや，古漬け，魚醤のような強い匂いを発するものもある．

（例）AOP エポワスやラミ・デュ・シャンベルタン

AOP エポワス

292　付録

●**シェーヴルチーズ（Chèvre）** 山羊乳から作られ，春から夏にかけて旬を迎える．豊かな酸味に加えて，深いコクを持つものもある．フレッシュなものや乾燥熟成させたものがある．多くは表皮に特別な加工をしないが，熟成時の乾燥を防ぐため，表面にポプラの木炭紛をまぶして作るものがある．また，型くずれを防ぐため，中心に麦藁を通したものなど，個性的な外観のチーズがある．なお，シェーヴルチーズは，自然な表面をもつチーズの代表として紹介されることもある．また，羊乳を原料に作られるものは，ブルビ（Brebis）チーズという．

AOP シェル・シュル・シェール

※そのほか，牛乳を原料に作られる組織の柔らかいチーズなどもある．

（例）AOP ヴァランセや AOP シェル・シュル・シェール

③青カビタイプ（Bleu）

いわゆるブルーチーズのことで，青カビを入れて作る．フランス語ではペルシエ（persillée）ともいい，この名は青カビがパセリ（persil）を散りばめたように見えることに由来している．マイルドな味わいのものから，塩味のかなり強いものまであり，甘口のデザートワインと合わせると相性がよい．2000 年以上前からあったといわれるブルーチーズの王様，AOP ロックフォールが有名である．

AOP ロックフォール

※ソフト（パート・モル）タイプの中のひとつとして紹介されることもある．

（例）AOP ロックフォールや AOP ブルー・ドーヴェルニュー

④セミハードタイプ（非加熱圧搾チーズ，Presseés non cuites）

輸送が容易に行えるよう水分量を少なくし，保存性を高めたチーズ．冬の間，雪に閉ざされる山岳地帯の重要なタンパク源として作られるようになった．大型のものが多く見られる．カード（凝乳）を加熱する工程を経ないで，そのまま成型して作る．コクがあり，ミルキーな味わいのチーズ．

（例）AOP ルブロションやミモレット

ミモレット

⑤ハードタイプ（加熱圧搾チーズ，Presseés cuite）

セミハードタイプ同様，冬の間，雪に閉ざされる山岳地帯におけるタンパク源として重要な役割を果たしてきた．水分量がとても少なく，非常に保存性の高いチーズ．こちらも大型のものが多く見られる．カード（凝乳）を加熱する工程を経た後，成型して作る．コクと旨みのある味わい．

（例）AOP コンテや AOP ボーフォール

AOP コンテ

チーズのタイプ　　**293**

料理用語一覧

アーティチョーク チョウセンアザミ. 若いつぼみをゆでて食べる.

アイオリ(Ailloli) オリーヴオイル入りニンニクマヨネーズ.

アリゴ バター入りマッシュポテトとチーズ(トム)を練って作る, オーヴェルニュ地方の郷土料理.

アルモリカン風(à l'Armoricaine) アメリカ風(à l'Américaine)と同じ. 甲殻類の殻と香味野菜を炒めて魚のだし汁を加える.

アンティパスト イタリア料理の前菜.

アンドゥイエット 豚の小腸に大腸や胃, 喉肉, ばら肉などを詰めたもの.

アンドゥイユ 豚の大腸に小腸や胃, 喉肉, ばら肉などを詰めたもの.

ヴォロヴァン 肉や魚, マッシュルームのパイ包み.

ウサギのジブロット ウサギ肉のワイン煮込み.

ウッフ・ア・ラ・ネージュ 泡立てた卵白を茹でて冷まし, 牛乳と卵で作る, アングレーズソースに添えたデザート.

ヴルーテ 小麦粉を白色または褐色に炒めたルウを, 魚のだし汁や肉のだし汁でなめらかに溶きのばしたもの. 卵黄と生クリームでつないだ濃厚なポタージュを指すこともある.

ヴルーテ 卵黄と生クリームでつないだ濃厚なポタージュのフェンネル添え.

エクルヴィス ザリガニ.

エストフィ 干し鱈の蒸し煮にジャガイモ, トマト, 玉ねぎなどを入れた料理.

エストラゴン タラゴン. ハーブのひとつ. 甘い香りで, 臭み消しなどに使う.

オッソ・ブッコ 仔牛の骨付きすね肉を煮込んだ料理.

オレイエット ラングドック地方の揚げ菓子.

オングレステーキ 牛横隔膜上部(ハラミ)のステーキ.

カスレ 肉と白インゲン豆をトマトソースで煮込んだラングドック地方やピレネー地方の名物料理.

カソレット 鉄鍋.

カタルーニャ風 ニンニク, オリーヴオイル, ナッツ, ドライフルーツなどを使った料理.

カニストレリ コルシカ地方やイタリアの栗粉を使った伝統的な焼き菓子.

ガンバ(Gambas) 地中海産大海老.

キッシュ キッシュ・ロレーヌ. パイ生地にチーズ, ベーコン, 生クリーム, 溶き卵などを流して焼いたもの.

キドニー (仔牛などの)腎臓.

キャス・クルート(Casse-Croûtes) サンドウィッチ, 軽食, 弁当.

グージェール 薄力粉, 卵, バターなどで作った生地にチーズを入れて焼いた小さなシュー.

クスクス 蒸した粗挽きの小麦(スムール)に肉, 野菜を添え, 香辛料の利いたスープをかけた北アフリカ料理.

クネル 魚のすり身を団子状にしたもの. ソース・ベシャメルをかける.

クフタ 肉団子のトマトスープ煮. 中東の料理.

クラブケーキ カニ肉やパン粉, 卵, 玉ねぎ等で作るハンバーグ様の料理.

ケバブ 中東地域の料理. 肉類をローストしたものの総称.

コック・オ・ヴァン(Coq au Vin) 鶏の赤

ワイン煮.

湖南風　中国湖南省の郷土料理. 唐辛子を多く使う.

コンフィ（Confit）　肉はオイル煮, 果実は砂糖漬けを意味する.

コンポート（Compote）　果実をシロップやワインで煮たもの.

サヴォワ風　サヴォワ地方の料理. 特にポテトとチーズで作るグラタンは有名.

サンドル　スズキ科の大型の白身魚.

ジビエ（Gibier）　猟の獲物.

シャトーブリアン（Chateaubriand）　牛ヒレ肉の太い部分を厚く切ったもの.

シャルキュトリ　ハム・ソーセージ, パテ, リエットなど.

ジロール茸　アンズ茸. アンズのような香りと歯ごたえが好まれる.

スープ・オー・ピストゥ　白インゲン豆, トマト, ニンニク, 玉ねぎの入ったバジル風味のスープ.

スープ・ド・ポワソン（Soup de Poisson）　魚介のあらと野菜, サフランなどを煮込んで裏ごししたスープ.

すかんぽ　すいば. 筍のような茎に楕円形の葉. イタリア料理で使うルバーブと同じタデ科の植物. 酸味が特徴.

スムール　硬質小麦（デュラム・セモリナ）を水で湿らせてから挽き, 乾燥させたもの.

セップ茸　イタリアで言うポルチーニ茸. 香りが強く, 乾燥したものも多く使われる.

セビーチェ　ペルーの郷土料理. 魚介類に野菜を加えたマリネ. 柑橘類やハーブで味付けする.

セルヴラソーセージ（Cervelas）　ニンニクの香りを利かせた太くて短い腸詰.

ソース・シャスール　エシャロットとキノコを炒め, 白ワインを加えて煮詰めた後褐

色のフォン・ド・ヴォー を加えたソース.

タジン　モロッコの土鍋を使った煮込み料理.

タパス　スペインの小皿料理.

タブナード（Tapnade）　南フランスの伝統的な黒オリーヴのペースト.

タブレ　スムール（クスクスに使われる）のサラダ.

タラマ　鱈の卵をスモークしてペースト状にしたギリシャの前菜.

チリ・コン・カルネ　アメリカのテキサス州の料理. 豆と肉をスパイスで煮込んだ料理.

テクス・メクス料理　チリ・コン・カルネ, トルティーヤなどテキサスとメキシコ料理の融合.

トゥルト　挽肉などの具を詰めたパイの一種. アルザス・ロレーヌ地方の郷土料理.

ドフィネ風　じゃがいもなどを, グラタンのように調理したもの.

ナシゴレン　インドネシア, マレーシア料理のひとつ. 辛みのあるチャーハン.

ナンチュアソース　甲殻類から作るソース. アメリケーヌソース.

ニース風　ニシソワーズ. トマト, ニンニク, オリーブ油, バジルなどを入れて作られた料理.

ニヴェルネ風　ニヴェルネ特産の人参を付け合わせる.

ネム　ベトナム風揚げ春巻.

ノイリー風味　フレンチ・ベルモットであるノイリー・プラットを加えた料理.

バーニャ・カウダ　オリーヴオイルにアンチョビやニンニクを加えた温かいソースに生野菜をつけて食べる伊ピエモンテ料理.

バベットステーキ　牛ハラミ肉のステーキ.

パン・デピス　生姜やシナモン, アニス,

クローブ，ナツメグなどのスパイスと蜂蜜をたっぷりと加えて焼いたパン.

パンチェッタ プティ・サレ. 豚ばら肉の塩漬け.

肥育鶏 生後5か月の雌の鶏. 柔らかくジューシー.

ピエ・パケ 仔羊の胃袋に内蔵を詰めて煮込んだプロヴァンス地方の家庭料理.

ピカントソース ピクルスやエシャロットの入った褐色系ソース.

ピキロス バスク地方のピーマン.

ビスキュイ・ド・サヴォワ ドーム状の型に流して焼いた，サヴォワ地域のレモン風味のケーキ.

ヒメジ スズキ目の海水魚.

ファルシー 肉や野菜などの詰め物.

ブーシェ・ア・ラ・レーヌ パイ生地の中に魚介のクリーム煮を入れて焼いたもの.

ブーダン・ノワール（Boudin Noir） 豚の血が入った豚脂身，玉ねぎ，香辛料，香草のソーセージ.

ブーダン・ブラン（Boudin Blanc） 豚の血を含まない豚肉，仔牛肉，鶏肉，魚肉などの白いソーセージ.

ブーリード アイオリと卵黄入りのブイヤベース.

ブッフ・ブルギニョン（Boef Bourguignon） 牛肉をブルゴーニュの赤ワインと玉ねぎのソースで煮込んだフランスの伝統家庭料理.

プティ・サレ パンチェッタ，豚ばら肉の塩漬け.

フュイテ パイ生地を使った菓子や料理.

フュージョン料理 多国籍，あるいは無国籍と呼ばれる料理.

フランベ 料理の仕上げの際，香り付けのためにワインやブランデーをふりかけて火をつけアルコール分を飛ばす調理法.

フリテリ 栗のドーナツ.

ブルイヤード かき卵，スクランブルドエッグ.

プロヴァンス風 ニンニク，オリーヴオイル，ハーブをふんだんに使った料理.

ポシューズブルゴーニュ風 淡水魚の白ワイン煮，川魚のブイヤベース.

ポテ 煮込み料理. 基本的に豚肉と野菜.

ポトフ 肉と野菜を煮込んだ家庭料理.

ポワレ 油やバターを入れてフライパンで焼くこと.

マグレ・ド・カナール フォワグラを取った後の鴨やガチョウの胸肉.

マディラソース フォン・ド・ヴォーにマディラワインを加えたもの.

マレンゴ風 トマト，マッシュルームなどを加えた白ワイン風味の煮込み料理.

ムースリーヌ 泡立てた軽いバタークリーム.

ムサカ ギリシャ・トルコ料理，挽肉と茄子のオーブン焼き.

ムレットソース 赤ワインのソース.

メダル仕立て 肉や魚を大ぶりの円形や楕円形にカットした調理法.

ラタトゥイユ 茄子，トマト，ズッキーニ，玉ねぎ，ピーマンをオリーヴ油とニンニクで炒めて煮込む南仏料理.

ランド風 ランド風サラダは，生野菜の上に鴨肉やフォアグラを乗せたサラダ. またフォアグラを使った料理も指す.

リドボー 仔牛の胸腺. 白くて柔らかい.

ルイユ（Rouille） 赤唐辛子の利いたアイオリ.

若鶏のガストン・ジェラール風 白ワインで煮た鶏肉に，チーズとクリームを溶かし込んだソースをかけてオーブンでさっと焦げ目をつけた料理.

用語解説

㊡＝テイスティング用語

AOC（Appellation d'Origine Contrôlée）
原産地呼称統制法．ブドウの生産区域を限定し，厳しい栽培・醸造条件を規定している1935年制定のワイン法．この法律を遵守したワインをAOCワインと呼び，フランスの最上級カテゴリーとなり，INAO（原産地・品質管理全国機関）により管理されている．なお，AOCの下の階層に，地理的表示付きのワインとしてIGP（保護地理的表示）があり，IGPの下の階層に，地理的表示のないワインがある．

AOVDQS（Appellation d'Origine Vin Délimité de Qualité Supérieure）もしくはVDQS　原産地呼称上質指定ワイン．かつてAOCに次ぐワインで，INAOが管理していたが，2011年12月31日に廃止された．

IGP（Indication Géographique Protegée）　地理的表示保護．EUが設けている食品品質証明制度．

INAO（Institut National de l'Origine et de la Qualité）　原産地・品質管理全国機関．AOCワインのほか，AOP，IGP，STG産品の品質を管理する公的機関．

アエラシオン（Aération）　空気接触．空気に触れることが酸化と還元による変化を起こし，ことに香りに大きな影響を及ぼす．

アサンブラージュ（Assemblage）　調合．ブドウ品種，樹齢，区画の違うものなど別々に発酵させていたワインの中から上質ものを選んで混合すること．

アタック（Attaque）　㊡ ワインを口に含んだときにはじめに感じる印象のこと．味わいの強弱を表現する．

熱い（chaleureux）　㊡ アルコール度の高さにより力強い印象を与えるワイン．

厚みのある（ample, épais）　㊡ 口の中に全体に広がる重量感のあるワインを表すときに用いる表現．

アペリティフ（Apéritif）　食前酒．食欲を増進させるため，食事までの時間を楽しむために飲む酒類，飲料．

甘口（Liquoreux）　糖分が多く残っている甘いワイン．通常，残糖分45g/l以上のワインをいう．厚みがある味わいで，粘性が強い．この種のワインには貴腐ワイン，ヴァン・ド・パイユ（わらワイン），アイスワインなどが含まれる．

アルコール発酵（Fermantation Alcoolique）　ブドウ果汁に含まれる糖分が酵母の作用によって，アルコールと二酸化炭素に変化すること．

アロマ（Arômes）　㊡ 嗅覚で感じられる香りの総称．あるいはブドウに由来する香りに限定する場合がある．

第一アロマ（Arômes primaires）は原料となったブドウ品種に由来するもので，発酵の間に抽出される．品種によりそれぞれ異なる特徴がある．

第二アロマ（Arômes secondaires）は発酵に由来するアロマで，主に酵母の活動により生成される．

第三アロマ（Arômes tertiaires）は熟成によって現れる香り．ブーケ（bouque）ともいわれる．第一アロマや第二アロマの変化した複雑な香り，樽の使用，瓶熟成，熟成期間によってさまざまな香りに変化する．

アロマティック（aromatique）　ブドウの果実の芳香が多いこと．

ヴァンダンジュ・タルディブ(Vendange Tardive) 遅摘み. 完熟したブドウを収穫せずに, 過熟した状態で収穫すること. アルザス地方ではAOC名になっている.

ヴァン・ドゥー・ナチュレル(Vin Doux Naturel = VDN) ブドウ果汁の発酵中にアルコールを添加し, 発酵を止めて甘みを残した天然甘口ワイン.

ヴァン・ド・リクール(Vin de Liqueur = VDL) 未発酵のブドウ果汁にアルコールを添加し造る甘口リキュールワイン.

ヴァン・ド・レゼルヴ(Vins de Reserve) 収穫年表記なしのシャンパーニュなど, 発泡性ワインを醸造する際, 味わいを一定に保つために用いられる前年あるいはそれ以前に収穫の貯蔵ワイン.

ヴァン・ペティヤン(Vin Pétillant) 弱発泡性ワイン.

ヴァン・ムスー(Vin Moussoux) 発泡性ワイン(スパークリングワイン)の総称. 瓶内二次発酵, 伝来方式の発泡性ワインはAOCになっているが, タンク内二次発酵, 炭酸ガス注入法による発泡性ワインはAOCには認定されておらず, 一般には, これらをヴァン・ムスーと呼んでいる.

ウイヤージュ(Ouillage) 補酒. 樽熟成中, 目減りした樽にワインを注ぎ足して満杯にする作業.

エグタージュ(égouttage) 「雫を取り除く」の意. ブドウを潰した後, 破砕機や圧搾機から滴り落ちる果汁を取ること. 黒ブドウにこの方法を使うと, マセラシオン(醸し)をしていないため, とても淡いピンク色の果汁になり, ロゼワインに使用する.

エシェル・デ・クリュ(échelle des Crus) シャンパーニュ地方の畑と生産されるブドウの質をもとに, コミューン(村)を

パーセント表示により格付けするシステム. 80〜100%に分かれる.

エチケット(étiquette) ワインのボトルに貼られるラベル.

オイリー(gras) ⓣ ワインが厚みがあり, なめらかであること. 含まれる糖分とは関わりなく, ワインが粘性と厚みをもった柔らかさと豊かさによる心地よい味覚.

澱(Lie) 発酵が終了し働きが終わった酵母やブドウ由来の不溶成分などが沈殿したもの.

海洋性気候(Claimat Maritime) 海洋の影響を受けた, 夏涼しく, 冬暖かい温暖な気候.

輝きのある(brillant) ⓣ 色が澄んでいて, 光が輝くように反射し, 透明度が高いこと.

硬い(dur) ⓣ 過度な収斂性と酸味により, なめらかさが感じられない不調和のワインを指す.

噛み応えがある(mâche) ⓣ 厚みがあり力強いボリュームのあるワインに使う表現. 噛み応えがあるワイン.

カラフェ(Carafage) 若いワインを空気に触れさせるために移すこと. またはその容器.

ガリーグ(Garrigue) 地中海沿岸の石灰質の乾燥した荒地. 黄楊, 杜松などの灌木や, タイム, ローズマリーなどの香り高い野生のハーブが生育しており, これらの香りを「ガリーグ香」という.

既得アルコール度 果汁の天然糖分から発酵により得られるアルコールの容量(%).

絹のような(soyeux) ⓣ 絹のように, なめらかで流れるような味わいをいう. まろやかで, 繊細なタンニンを伴う上品なワインに使う.

木の香りのする(boisé) ⓣ 樽発酵や樽

熟成の間に，木の香りが付いたワインに使う．新樽の使用比率が高い場合や，樽熟成期間が長すぎる場合に木の香りが過分に付く．

貴腐ワイン（Pourriture Noble） よく熟したブドウ果の表面にボトリティス・シネレアと呼ばれる貴腐菌が繁殖したのが貴腐ブドウ．ブドウの皮の表面は蝋粉（ワックス）で覆われているが，貴腐菌がワックスを溶かすためブドウの水分を蒸散させて，干しブドウのようにしなびていき，糖分をはじめとしたさまざまな香味成分が濃縮される．非常に高い糖分を含んでいるこのブドウから造られる極甘口ワインが貴腐ワインである．

キメリジアン（Kimméridgien） 中生代ジュラ紀後期のキメリジアン階（1億5570万年～1億5080万年前），およびその期に形成された土壌．白亜質で小さな牡蠣の貝殻を多く含んでいる泥灰土．

キュヴェ（Cuvée） 醸造ロットごとに分けられた樽やタンクなどにあるワイン．特定の畑から造られた優れたワインも指す．シャンパーニュでは一番搾りの搾汁のことも表す．

凝縮した（concentré） ㋭ 味の濃厚さだけでなく，色の濃さ，香りの力強さを含めた，豊かで力強いワインを表す．ブドウがよく熟していたり，一般的には長いマセラシオン（醸し）の結果，タンニンが充分に存在しているときにも，凝縮したワインとなる．

魚卵状石灰石＝鮞状岩（Oolithe） 魚の卵のような丸い粒で構成されている石灰岩．

グラン・クリュ（Grand Cru） 特級畑．特にブルゴーニュ地方では AOC 格付けが畑までに及び，特級畑は最上級の格付け．

グリ（Gris） 黒ブドウから直接圧搾法により造られたロゼワイン．極く薄いピンク色を灰色（Gris）と称している．

クリマ（Climat） 元来，「気候，天候」の意．ブルゴーニュ地方ではブドウ畑の小さい区画ごとにミクロクリマ（微気候）の差がワインの独自性を産み出すため，この区画のことも表す．

クリュ（Cru） ブドウ畑．ブルゴーニュ地方では高品質のワインを生産できるブドウ畑を示し，格付けされている．ボルドー地方ではシャトーがブドウ畑を所有しているため，シャトーと同義語になっている．シャンパーニュ地方，ボージョレ地方では，上級ワインの生産村をクリュとして格付けしている．

クリュ・アルティザン（Cru Artisan） 「職人のクリュ」という意．自ら栽培，醸造を行う畑面積 5ha 以下のシャトーを対象としたメドックの格付け．

クリュ・クラッセ（Cru Classé） ボルドー地方のシャトー格付け．格付けされたシャトーを表すこともある．メドック，グラーヴ，ソーテルヌ・バルサック，サンテ・ミリオンの格付けがよく知られている．

クリュ・ブルジョワ（Cru Bourgeois） 1855 年のボルドー・メドック地区の格付けに選ばれなかったけれども高い水準のシャトーを評価するために，1932 年にボルドーの商工会議所によってつくられた格付け．現在は格付けとしてではなく，認証として毎年審査が行われ，年ごとに変動する．

クレーム・ド・カシス（Crème de Cassis） ブルゴーニュ地方の黒スグリから造られたリキュール．

クレマン（Crémant） 瓶内二次発酵により造られる高品質の発泡性ワインに与え

用語解説　**299**

られたアペラシオン． ボルドー，ブルゴーニュ，ロワール，アルザス，ジュラといった多くの地方で，AOC に認定されている．

クレレ（Clairet） 主にボルドー地方で造られる軽やかで果実味豊かな淡い赤ワインまたはロゼワイン． 200 年ほど前，ボルドーからイギリスに大量に輸出されており，「クラレット」と呼ばれた．

クロ（Clos） ブルゴーニュ地方の石垣に囲まれたブドウ畑を指すが，転じて特定の区画畑（クリマ）にも使う．

ケスタ（Cuesta） 一方が急傾斜，裏側がなだらかな丘陵． 傾斜した地層の侵食によりできた凸凹状の地形．

酵母（Levures） アルコール醗酵を行う微生物．ブドウの果実の表面に自然についているが，現在では，発酵がうまく進むように純粋培養酵母を添加することが多い．

コクあるいはボディ（Corps），コクのある（corsé） ㋐ 味の重厚さ，肉づきを表す．「コクがある」とは骨格や肉づきなどがしっかりとした味わいのワインを指し，「ボディがある」ともいう． 赤ワインではタンニンがしっかりして力強いストラクチャーを伴う．

シードル（Cidre） リンゴから造られた発泡酒．AOC をもつものにコルヌアイユ（Cornouaille）とペイ・ドージュ（Pay d'Auge）がある．

しっかりした骨格の（charpenté） ㋐ 豊かで，タンニンが充分あり，骨組みがしっかりとしているワイン． しっかりした骨格のワインは一般的に瓶内での熟成が可能である．

シャトー（Château） ブドウの栽培から製造までを行う醸造所．「城，館」の意だが保有は問わない．

重厚な（généreux, lourd） ㋐ アルコールも充分あり，味の構成が堅固なワイン．赤ワインでは締まったタンニンをもつ熟成型の非常にボディーの厚いワインについていう．

収斂性（Astringent） ㋐ タンニンによりもたらされ，舌や歯肉と歯茎の裏側が乾いて粗い粒子を感じるような印象を受ける． 若く，タンニンの強い赤ワインによく現れる．

シュル・リー（Sur Lie） 直訳は「澱の上」．発酵が終わった後，澱引きせず澱（酵母）と接触させたまま熟成させ，旨味と新鮮さをもたせる醸造方法． 伝統的にミュスカデに使われている．

上 堊統（Sénonien） 中生代白亜紀後期の上堊統（9960 万年〜 9350 万年前），およびその期に形成された土壌．

焦臭性（Empyreumatique） ㋐ 香りの分類のひとつ． トースト，焼いたアーモンド，コーヒー，カカオ，燻製などの香りの総称．

植物的な（végétal） ㋐ 野菜や青ピーマンの香りに代表される青臭い香り． 一般的にはあまり熟していないブドウに由来する．

シルト（Limon） 粒径 0.002 〜 0.02mm の土を土壌学でシルトと分類する．

シロッコ（Sirocco） サハラ砂漠から地中海一帯に吹きつける乾燥した南風．

スーティラージュ（Soutirage） 澱引き．ワインの上澄みを別の容器に移すことによって，樽などの底に溜まった沈殿物（澱）を分離する作業．

スキン・コンタクト（Skin Contact） 白ブドウを破砕後，果皮と果汁を低温で数時間浸漬した後，圧搾し，果汁を発酵させる方法． この方法は果皮に含まれる香気成分が抽出されるためブドウ品種の特

徴が現れやすい．マセラシオン・ペリキュレール（Macération Pelliculaire）ともいう．

スティル・ワイン（Vin Tranquille） 非発泡性ワイン．発酵が終わり，二酸化炭素の泡が表面に現れていない状態をスティルと呼ぶことに由来する．

ストラクチャー（Structure） ㋜ 骨格と全体の構造の印象を指す．

砂 粒径が 0.02 〜 2mm の土を土壌学で砂と分類する．

スパイシー（épicé） ㋜ 胡椒，シナモン，クローブなど香辛料を総称した香り．

澄んだ（limpide） ㋜ ワインが澄んでいて，浮遊している物質がない状態をいう．

セック（sec） 辛口．一般には残糖分 4g/l 未満．シャンパーニュの場合は残糖分 17 〜 35g/l になり，やや甘口となる．

セニエ法（Saignée） 「瀉血法」という意．黒ブドウを破砕してタンクに入れた後，果汁を抜き取ることをセニエ（瀉血）という．タンクの中のワインは果皮の比率が高くなるため，力強い赤ワインになり，抜き取った果汁はロゼワインに発酵させる．このロゼワインは，赤色にならぬよう，タンニンが抽出され過ぎないように，数時間から 24 時間という短期間のマセラシオンを行う．黒ブドウ品種に白ワインの醸造法を用いて造る直接圧搾法によるものよりも力強いロゼワインとなる．

セルス（Cers） ピレネー山脈からラングドック - ルシヨン地方に吹き降ろす北西風，西風．

セレクション・ド・グラン・ノーブル（Sélection de Grains Nobles） 「粒選り摘み」という意の特別なアルザス AOC の呼称．数回に分けて貴腐ブドウだけを収穫して醸造する甘口ワインで，品種ごとに最低糖度が規定されている．276g 以上のリースリング，ミュスカ，306g 以上のゲヴュルツトラミネール，ピノ・グリのみの品種に適用される．AOC コトー・デュ・レイヨンにも認められている．

村名アペラシオン（Appellation Communale） AOC では生産地域を規定しているが，ワインを産出する村の名前をつけたアペラシオン．例：AOC マルゴー．

タイユ（Taille） シャンパーニュ地方のブドウ圧搾規定で，4,000kg のブドウからテット・ド・キュヴェ 2,050ℓ を絞った次の 500l の絞られたブドウ果汁のこと．

大陸性気候（Climat Continental） 冬は寒く乾燥し，夏は暑い，海洋から遠い陸地の気温較差が著しい気候．

たっぷりとしたあるいは豊満な（ample） ㋜ 調和がとれ，口の中全体に長くいきわたる印象のあるワイン．

タンニン（Tanin） ブドウに含まれる渋味成分でポリフェノールのひとつ．収斂性，ストラクチャー，ボディをもたらす．タニックとはタンニンが豊かであるために，ワインに収斂性があること．

地域名アペラシオン（Appellation Régionale） AOC では生産地域を規定しているが，その地域全域で産出されるワインのアペラシオン．例：AOC オー・メドック，AOC マコン．

地方名アペラシオン（Appellation Générale） AOC では生産地域を規定しているが，その地方全域で産出されるワインのアペラシオン．例：AOC ボルドー．

底堊統（Turonienne） 中生代白亜紀後期底堊統（9350 万年〜 8930 万年前），およびその期に形成された土壌．

ティラージュ（Tirage） シャンパンの製造工程，二次発酵のための瓶詰め．収穫翌年の 1 月 1 日以降，一次発酵によ

り得たワインに酵母と庶糖を加えて瓶詰めして，二次発酵をさせる．

テット・ド・キュヴェ (Tête de te Cuvée) シャンパーニュ地方のブドウ圧搾規定で，4,000kg のブドウから絞った果汁 2,050ℓ をキュヴェもしくはテット・ド・キュヴェという．

デキャンタシオン (Décantation) あるいはデキャンタージュ (Décantatage) ワインをボトルからカラフに移す作業．澱を取り除いたり，空気に触れさせ，瓶熟成による還元臭を除去するために行う．若いワインの場合はカラフェして空気と触れさせることにより，香りが花開く．

デクレ (Décret) 政令．

テュフォー (Tuffeau) 中生代白亜紀後期の上堊統および底堊統時代に沈殿によりできた，パリ盆地の南西の境界にある白亜質から変化した石灰岩の岩．

伝来方式 (Méthode Ancestrale) 発泡性ワインの醸造法のひとつ．発酵途中のワインを瓶に詰め，密閉して，残りの発酵を瓶内で続ける方式．アルコール度 2 ～ 3％まで一次醗酵させた後，密栓した瓶の中で残糖により二次醗酵がはじまる．そのため二次発酵のためのティラージュは不要になる．ラングドック地方のリムー，ローヌ地方のディー，南西地方のガイヤックで行われている方式である．

動物的な (animal) ㋡ 動物の香りを思わせる香り．麝香，生肉，皮革など．熟成した赤ワインによく現われる．

ドザージュ (Dosage) シャンパーニュの製造工程で，「整合，配合」の意．リキュール・デクスペディシオン（シャンパーニュの原酒となったワインに，蔗糖を加えたもの）を添加する作業．この蔗糖の量で甘味度が決まる．

閉じている (fermé) ㋡ そのワインのも

つ香りが充分に発揮されていない状態ことを指す．本来の香りが現れていない状態を「このワインは閉じている」と表現する．反対は「開いている」．

ドメーヌ (Domaine) 「領地」の意．ブルゴーニュでは，ブドウ畑を所有し，栽培から瓶詰めまでを行うワインの生産者を指す．

トラディショネル方式＝伝統方式 (Méthode Traditionnelle) 発泡性ワインの醸造法の瓶内二次発酵法．非発泡性ワインを瓶詰めし，蔗糖と酵母を加え，密閉して瓶内で二次醗酵を起こさせ，そのまま澱を除去するシャンパーニュ方式と同じ方式．シャンパーニュ以外ではシャンパーニュ方式とは表示できないためトラディショネル方式と表示するようになった．

トラモンタン (Tramontane) ピレネー山脈から吹き降ろす強く乾いた西風，北西風．「山向こうの人」の意．

トレーサビリティ (Traceability) 生産・流通履歴を明確にし，安全性を証明したり，より正確な管理を行うことを指す．

肉づきのよい (Charnu) ㋡ 肉厚な味わい．荒々しさがなく，口中を満たしてくれ，充実して濃密な味わいの印象を与えるワイン．

ネゴシアン (Négociant) 生産者からワインを買いつけ，販売するワイン商．

粘土 粒径が 0.002mm 以下の土を土壌学で粘土と分類する．

バジョシアン (Bajocien) ジュラ紀中期バジョシアン階（1 億 7160 万年～ 1 億 6770 万年前），およびその期に形成された土壌．

パスリヤージュ (Passerillage) ブドウの糖分を凝縮させるために，収穫後，麦わらやすのこの上で，あるいは天井から吊

るして乾燥させる．ジュラ，ローヌ川流域の低湿の風通しのよいところで行われる．貴腐ブドウから造られるワインよりは控えめの甘口ワインとなる．ブドウの房が樹についたまま乾燥状態になるまで待ってから遅摘みすることを指すこともある．

バトニアン（Bathonien） ジュラ紀中期バトニアン階（1億6770万年〜1億6470万年前），およびその期に形成された土壌．

花開いた（épanoui） ㋜ ブーケが絶頂に達したワインの形容．飲み頃で，完璧に熟成したワインを指す．

バルサム性あるいは芳香性（Balsamique） ㋜ 香りの分類のひとつ．ヴァニラ，香，白檀，松ヤニなどの香り高いものの総称．

半甘口（Moelleux） 残糖分12〜45g/lと甘口（Liquoreux）よりは少ない甘口白ワイン．辛口でも厚みが酸味に勝っている場合にもこう形容される．

火打石あるいは燧石（Silex） ㋜ 銃の硝煙香を火打石を打った香りに結びつけている．特にシャブリやサンセールなどの石灰岩の土壌で造られるワインに見られるミネラルの印象が強い香りである．

ビオディナミ（Biodynami）＝バイオダイナミック農法（Biodynamics） 化学肥料，農薬を使用しない有機農法のなかでも，天体の動きなど自然現象とリズムを考慮した農法．オーストリアの哲学者ルドルフ・シュタイナー（Rudolf STEINER, 1861〜1925）が提唱した有機農法．自然のもつ治癒力やエネルギーによって土壌を活性化させ，ブドウ樹の生命力を高めることを重点にした農法．

開いている（ouvert） ㋜ 飲み頃に達し，香りが充分に放出されている状態．

ファルン（Faluns） 新生代第三紀ネオジーン中新世の貝殻の化石を含んだ石灰岩土壌．

フィネス（Finesse） ㋜ 繊細でエレガントなワインの形容．テロワールを反映した味わいと香りを備えた，熟成した調和のよいワインに使う最上の形容．

フィロキセラ（Phylloxera vastatrix） 19世紀後半にヨーロッパで猛威をふるったブドウの木の根につく害虫．害虫に対し抵抗力のあるアメリカ原産ブドウ樹の根にヴィティス・ヴィニフェラ（ヨーロッパのブドウ）の枝を接ぎ木することにより解決した．

風味（Flaveur） ㋜ ワインを口に入れた時，口から鼻腔を通って感じる香りで，口中香りともいわれる．ワインを吐き出した後，口蓋の後ろから鼻腔を通って感じるものは戻り香（アフター・フレーヴァー）と呼ぶ．

ブラン・ド・ノワール（Blanc de Noirs） 黒ブドウのみで造られた白ワイン．ピノ・ノワール種およびピノ・ムニエ種から造られたシャンパーニュを指すことが多い．充分に管理した圧搾により，果皮の色素が果汁に移るのを防ぐ．色の淡いブラン・ド・ノワールを得ることが可能．

ブラン・ド・ブラン（Blanc de Blancs） 白ブドウのみで造られた白ワイン．

フリッシュ（Flysch） 砂岩，頁岩などの堆積物．

ブルブ（Bourbes） 搾汁後の果皮などを指す．「泥土」の意．

プルミエ・クリュ（Premier Cru） 一級畑．ブルゴーニュではグラン・クリュに次ぐ優良畑．

母岩（Gangue） ブドウ畑の表土の下層にある基盤をなしている岩石．

マール（Marc） 滓．赤ワインのマセラシ

用語解説　303

オンが終わり，ワインをタンクから抜き取ったあとのブドウ滓．これを圧搾したワインは，フリーラン・ワイン（自然流出ワイン）より色が濃く，タンニン分も多く，このプレスワイン（圧搾ワイン）はアサンブラージュされる．圧搾後の搾り滓も指す．

マキ（Maquis） コルシカや地中海沿岸に生育する灌木，密林．

マセラシオン（Macération） 浸漬，醸し．赤ワインの醸造段階で，発酵中にブドウの固形物（果皮や種）を果汁に浸漬させて，色素，アロマ，タンニンなどの成分を抽出すること．この醸造方法を醸し発酵と呼ぶ．

マセラシオン・カルボニック（Macération Carbonique） 炭酸ガス浸漬法．二酸化炭素（炭酸ガス）で嫌気状態になっている密閉槽に果粒を潰さずにブドウを房ごと入れてマセラシオンを行う醸造方法．マセラシオンさせたブドウを取り出し，圧搾した果汁を発酵させると，渋みの少ない，華やかな香りが特徴の赤ワインになる．若飲みが可能で，新酒の醸造に用いられる．カリニャン種の場合は10〜20日間要する．

マセラシオン・セミ・カルボニック（Macération Semi-Carbonique） マセラシオン・カルボニックを自然発酵により生成される二酸化炭素気流中で4〜5日間行い，その後圧搾した果汁を発酵させる．ボージョレ地方で伝統的に採用された．マセラシオン・カルボニック期間が短いため，マセラシオン・セミ・カルボニックと呼ばれる．

マディラ化したあるいはマデリゼ（Madérisé） Ⓣ 長い熟成を経て，琥珀色を帯び，マディラワインのような香味となったワインを形容する．酸化が進み，ワインの末期になっていることを示す．

マリアージュ（Mariage） ワインと料理の相性を指す．よい相性を「マリアージュがよい」と言う．

円み（Ronde） Ⓣ なめらかで肉づきがあり，円みのある心地よい印象の味わい．柔らかいワイン．

マロラクティック発酵（Fermantation Malo-Lactique） リンゴ酸（Acide Malique）が乳酸菌の働きにより乳酸と二酸化炭素に変化すること．鋭い酸味がまろやかになり，バター，生クリーム，ヨーグルトなど乳系の香りを形成する．ワインの微生物学的な安定性を高める効果もある．

ミクロクリマ（Micro-climat） 微気候．畑の方位，勾配，標高などの差により，微小に変化している気候．ブルゴーニュ地方では畑の気候に微小な差があり，ワインに影響を与えている．

ミストラル（Mistral） フランス南東部に吹く地方風．冬から春にかけてアルプス山脈からローヌ河谷を通って地中海に吹き降ろす，寒冷で乾燥した烈しい北風，北西風．

ミュタージュ（Mutage） アルコールを添加すること．発酵途中のブドウ果汁にアルコールを添加する方法が主流であるが，良い収穫年には，圧縮前のブドウの実が残っている段階でアルコールを添加する方法もある．

ミレジム（Millésime） ワインの醸造年度．ブドウの収穫年をいうことが多い．英語でヴィンテージ（Vintage）という．

メトッド・ガイヤコワーズ Méthode Gaillacoise ガイヤックで行われる伝来方式（Méthode Ancestrale）．

メトッド・ディオワーズ（Méthode Dioise） ディーで行われる伝来方式（Méthode

304　付録

Ancestrale).

モノポル（Monopole） 単独の生産者によって所有されている畑のこと.

余韻（Persistance） ㋜ ワインを飲み込みあるいは吐き出した後の香味の持続する時間. 余韻の長いほど高品質なワインといわれる.

ラベル・ルージュ（Label Rouge） 農産物, 畜産物の優良品質を保証するフランス農水省認定の制度.

ランシオ（Rancio） 太陽にさらした樽のなかでの長期熟成の間に得られる酸化熟成香.

リアス統（Lias） 中生代ジュラ紀前期（1億9960万年〜1億7560万年前）のリアス統, およびその期に形成された土壌.

リベッキオ（Libeccio） 地中海特有の暖かい南西の強風.

リュット・レゾネ＝減農薬栽培（Lutte Rai- **sonnée）** 使用する農薬を必要最小限に抑えて栽培する減農薬農法.

礫 粒径が2mm以上の土を礫と土壌学で分類する.

レス黄土（Lœss） 砂漠や氷河に堆積したシルトを主とした細粒性の岩粉が風に運ばれ堆積したもので, その鉱物成分は石英が多く, 雲母や長石などが含まれている.

レンジヌ（Rendzines） 湿潤な森林植生下において石灰岩や泥灰岩, 苦灰岩のように炭酸カルシウムや炭酸マグネシウムを多量に含む岩石から生成された土壌.

ロースト（Rôti） ㋜ 焙煎したコーヒー豆, カカオなどに代表される焙煎香を表す. ヘーゼルナッツ, アーモンド, トースト, 焼いた肉や樽熟成からくる焦げた木の香りも焼いた香りとしてロースト香とされている.

写真素材提供ご協力一覧

㈱アグリ

アサヒビール㈱

アズマ株式会社

㈱アンジュエ

㈱飯田

出水商事㈱

㈱稲葉

㈱ヴァンパッシオン（VIN PASSION & CIE）

㈲ヴィジョネア

㈱ヴィノスやまざき

㈱ヴィントナーズ

㈱エイ・エム・ズィー

エスポア

エノテカ㈱

MT GESTION CULINAIRE

オエノングループ合同酒精㈱

㈱オーデックス ジャパン

㈱岡永

㈱オルヴォー

キッコーマン㈱

木下インターナショナル㈱

㈱グッドリブ

月桂冠㈱

こあらや

国分株式会社

サッポロビール㈱

三国ワイン㈱

サントリー㈱

JSR トレーディング ㈱

ジェロボーム㈱

㈱スマイル

㈱センチュリートレーディングカンパニー

大榮産業㈱

ディオニー㈱

㈱徳岡

豊通食料㈱

㈱中島董商店

日仏商事㈱

日本リカー㈱

バール ア フロマージュ スー ヴォワル

㈱八田

㈱日野屋

㈱ファインズ

㈱フィラディス

ブリストル・ジャポン㈱

㈱プリンスフーズ

フレンチ・エフ・アンド・ビー・ジャパン㈱

ボニリジャパン㈱

三ツ星貿易㈱

㈱ミレジム

メルシャン㈱

㈱モトックス

㈱ヤマオカゾーン

㈱横浜君嶋屋

ラ・ヴィネ

㈱ラシーヌ

㈱ラック・コーポレーション

㈱ルミエール

【監 修】

蛯原 健介 (えびはら・けんすけ)
明治学院大学法学部 グローバル法学科 教授.
博士 (法学). 専門はワイン法・公法学.
主な著書に「はじめてのワイン法」(虹有社),「世界のワイン法」(日本評論社) など.

【編 者】

佐藤 秀良 (さとう・ひでよし)
慶應義塾大学法学部政治学科卒.
シニアソムリエ<一般社団法人日本ソムリエ協会認定>.
株式会社プリンスホテル, 一般社団法人日本ソムリエ協会を経て現職 SOPEXA
JAPON コンサルタント.
主な著書に「バーテンダーのためのワイン講座」((一般社団法人)日本バーテンダー協会
機関誌「Gazette」).
共訳に「地図で見る世界のワイン～ The World Atlas of Wine」(産調出版) などがある.

須藤 海芳子 (すどう・みほこ)
青山学院大学社会情報学部(修士). 明治学院大学文学部フランス文学部卒業.
ソムリエ<社団法人日本ソムリエ協会>. シュヴァリエ<シャンパーニュ騎士団>.
著書に「美味しいワインの基礎知識」(KK ベストセラーズ) などがある.

河 清美 (かわ・きよみ)
東京外国語大学フランス語学科卒. 翻訳家.
主な訳書に「ワインは楽しい!」(パイインターナショナル) などがある.

大滝 敦史 (おおたき・あつし)
山梨大学大学院工学研究科発酵生産学専攻修了.
エノログ(ワイン醸造技術管理士)<一般社団法人葡萄酒技術研究会認定>, DUAD (ワイン
テイスティング適正資格)<ボルドー大学醸造学部認定>, シニアソムリエ<一般社団法人日
本ソムリエ協会認定>, シャトー・メルシャン バイス・ゼネラル・マネージャー.

旅するように学ぶ
フランスAOCワインガイド

2018年8月30日　第1刷発行

監　修	蛯原　健介（えびはら・けんすけ）
編　者	佐藤　秀良（さとう・ひでよし）
	須藤海芳子（すどう・みほこ）
	河　　清美（かわ・きよみ）
	大滝　敦史（おおたき・あつし）
発行者	株式会社 三省堂　代表者北口克彦
印刷者	三省堂印刷株式会社
発行所	株式会社 三省堂

〒101-8371　東京都千代田区神田三崎町二丁目22番14号
電話　編集　（03）3230-9411
営業　（03）3230-9412
http://www.sanseido.co.jp/

〈AOC ワインガイド・320pp.〉

落丁本・乱丁本はお取り替えいたします。

ISBN978-4-385-36057-7

本書を無断で複写複製することは、著作権法上の例外を除き、禁じられていま
す。また、本書を請負業者等の第三者に依頼してスキャン等によってデジタル化
することは、たとえ個人や家庭内での利用であっても一切認められておりません。